SERIE CORONEL 01

EDITORIAL INFINITO

¡Haciendo Historia!

Producido por Editorial Infinito (República Bolivariana de Venezuela)

DEPÓSITO LEGAL: TA2019000066

ISBN: 9789801809029

DIAGRAMACIÓN INTERNA: EDITORIAL INFINITO, San Cristóbal – Venezuela (2020)

DISEÑO DE PORTADA: EDITORIAL INFINITO, San Cristóbal – Venezuela (2020)

EDITOR LITERARIO: Lcdo./Magister Pedro A. Coronel López

SERIE CORONEL

SEGUNDA EDICIÓN

250⁺

EJERCICIOS RESUELTOS DE LÍMITES DE LAS FORMAS

$\frac{0}{0}$ $\frac{\infty}{\infty}$ $\infty-\infty$ 1^{∞}

CON APLICACIONES

INCLUYE FUNDAMENTO TEÓRICO

- Ejercicios resueltos paso a paso
- Para cursos autodirigidos
- Herramienta útil tanto para estudiantes como profesores
- Ideal para una preparación eficiente para los exámenes
- Refuerza las habilidades matemáticas en la resolución de problemas

PEDRO P. CORONEL PÉREZ / PABLO J. CORONEL LÓPEZ

Pedro Pablo Coronel Pérez

Profesor jubilado del Instituto Universitario de Tecnología Agro – Industrial Región los andes (actualmente Universidad Politécnica Territorial). Estuvo adscrito al departamento de electrónica industrial en las asignaturas de circuitos eléctricos y laboratorio de física. Colaboró en el proyecto nacional de formación (PNF) en las asignaturas de matemática I y matemática II.

Pablo Josué Coronel López

Ingeniero electricista egresado del Instituto Universitario de Tecnología Agro – Industrial Región los andes. Ejerció funciones como preparador en matemática I, matemática II y matemática aplicada a la ingeniería en el departamento del PNF en ingeniería mecánica e ingeniería eléctrica.

EDITORIAL INFINITO

¡Haciendo Historia!

Producido por Editorial Infinito (República Bolivariana de Venezuela)

A mis padres (+)

EDITORIAL INFINITO

¡Haciendo Historia!

Producido por Editorial Infinito (República Bolivariana de Venezuela)

CONTENIDO

EDITORIAL INFINITO

¡Haciendo Historia!

Producido por Editorial Infinito (República Bolivariana de Venezuela)

Unos comentarios de los autores

¡Bienvenidos a la segunda edición de 250 Ejercicios Resueltos de Límites de las formas o tipos de indeterminaciones $\frac{0}{0}.\frac{\infty}{\infty}, \infty - \infty, 1^{\infty}$ con aplicaciones de modelado! La editorial infinito se enorgullece en presentar a la comunidad estudiantil y profesoral en esta edición ejercicios de modelados matemáticos orientados en las áreas de administración y economía tales como: Ingreso, utilidad, demanda. En la física y en modelos matemáticos en general tales como: La ley de enfriamiento de Newton, llenado y vaciados de tanques, tanques de mezclados. El propósito de este libro es presentar a quienes cursan estudios universitarios en las áreas de administración y economía, ingeniería, educación en matemáticas o en cualquier área donde se aplique el cálculo matemático, una serie de ejercicios sobre LÍMITES, y sus aplicaciones muy representativos y resueltos en forma detallada.

El número de ejercicios incluidos permite que el libro pueda ser utilizado también como texto tanto por el alumno como por el profesor en el desarrollo de este importante tema de límites. En otras palabras, por ser el libro de límites **tipo problemario** sirve de guía, orientación para la resolución de otros ejercicios más complejos. Lo anterior constituye la esencia y la filosofía del libro de límites. Es por esto, que los ejercicios están resueltos con una metodología que los autores la hemos denominado **paso a paso**, es decir, detallando en aspectos algebraicos, aspectos donde el estudiante suele tener ciertos tropiezos.

Los autores se han esmerado en la explicación de los procedimientos utilizados en la resolución de cada uno de los problemas. Los ejercicios han sido seleccionados con el objeto de ampliar los conocimientos adquiridos en clase, así como también para que el estudiante adquiera práctica en la resolución de problemas y así prevenirle ante las dificultades con que normalmente tropieza el estudiante.

Esperamos que disfruten de la segunda edición de 250 Ejercicios Resueltos de Límites de las formas o tipos de indeterminaciones $\frac{0}{0}.\frac{\infty}{\infty}, \infty - \infty, 1^{\infty}$ con aplicaciones de modelado. Como siempre, serán bienvenidos los comentarios y sugerencias para continuar mejorando la obra. **¡Que mi Dios los bendiga!**

Pedro Pablo Coronel Pérez
Autor

Pablo Josué Coronel López
Autor

Pedro Alberto Coronel López
Editor Literario

EDITORIAL INFINITO

¡Haciendo Historia!

Producido por Editorial Infinito (República Bolivariana de Venezuela)

Fundamento teórico para Límites

¡Haciendo Historia!
Producido por Editorial Infinito (República Bolivariana de Venezuela)

Intuición Matemática del concepto de Límite.

Límite de una función cuando x tiende a un número.

Sea la siguiente función:

$$f(x) = \frac{16 - x^2}{4 + x},$$

su dominio es el conjunto de todos los números reales excepto -4. Aunque $f(-4)$ no está definido, $f(x)$ puede calcularse para cualquier valor de x cercano a -4. La tabla muestra que cuando x se acerca a -4 por la izquierda o por la derecha, los valores funcionales $f(x)$ están acercándose a 8; esto es, cuando x está próximo a -4, $f(x)$ está próximo a 8. Entonces, 8 es el **límite** de f cuando x tiende a -4 y se escribe:

$$f(x) \rightarrow 8 \quad cuando \quad x \rightarrow -4 \quad o\ bien \quad \lim_{x \to -4} \frac{16 - x^2}{4 + x} = 8$$

$\longrightarrow$ $\longleftarrow$

x se aproxima a -4 por la izquierda *x se aproxima a -4 por la derecha*

x	- 4.1	- 4.01	- 4.001	- 4	-3.999	-3.99	-3.9
$f(x)$	8.1	8.01	8.001	8	7.999	7.99	7.9

$f(x)$ se aproxima a 8 *$f(x)$ se aproxima a 8.*

$\longrightarrow$ $\longleftarrow$

Comentario: En la medida que x se aproxima a -4 por ambos lados, la función tiende a 8. Nunca es igual a 8, ya que la función no está definida para $x = -4$. El comentario se debe a que aparece en la tabla el 8 y esto se puede prestar a confusión.

En la siguiente figura se muestra la gráfica de la función. En dicha gráfica, podemos decir que cuando x se acerca a -4 por la izquierda o por la derecha, los valores funcionales de $f(x)$ están acercándose a 8. Entonces, 8 es el **límite** de f cuando x tiende a -4.

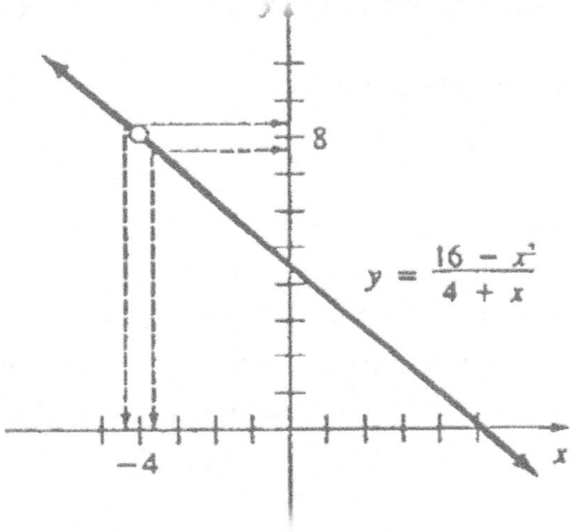

Definición intuitiva.

La noción de que $f(x)$ **tiende al número** L **cuando** x **tiende al número** a se define, en general, de la manera siguiente:

Si $f(x)$ puede aproximarse arbitrariamente a un número finito L, tomando a x suficientemente cercano pero distinto de un número a, tanto por el lado izquierdo como por el lado derecho de a, entonces $\lim_{x \to a} f(x) = L$.

Se usará la notación $x \to a^-$ para denotar que x tiende a a por la izquierda y $x \to a^+$ para expresar que x tiende a a por la derecha. De este modo, si los límites laterales $\lim_{x \to a^-} f(x)$ y $\lim_{x \to a^+} f(x)$ tienen un valor común L:

$$\lim_{x \to a^-} f(x) = \lim_{x \to a^+} f(x) = L,$$

se dice entonces que $\lim_{x \to a} f(x) = L$ existe y se escribe:

$$\lim_{x \to a} f(x) = L.$$

Usualmente se hará referencia al número L como el límite de f en a. Sin embargo, se debe observar que:

La existencia del límite de una función f *en* a no depende si f está realmente definida en a, sino solamente de si f está definida para x cerca de a.

Propiedades de los límites con ejemplos.

1. El límite de la suma (o resta) de dos funciones en un punto es igual a la suma (o resta) de límites de estas funciones en el punto en cuestión, es decir:

Si $\lim_{x\to a} f(x) = L$ $\quad y \quad$ $\lim_{x\to a} g(x) = K$ **entonces,** $\lim_{x\to a}(f \pm g)(x) = L \pm K.$

Ejemplo. $f(x) = 4x^2 + 3$, $g(x) = \sqrt{x}$ **con** $x \to 4$. **Si** $\lim_{x\to 4}(4x^2 + 3) = 67$ $\quad y \quad$ $\lim_{x\to 4}\sqrt{x} = 2$ **entonces,** $\lim_{x\to 4}(f + g)(x) = 69.$

2. El límite del producto de dos funciones en un punto es igual al producto de límites de estas funciones en el punto en cuestión, es decir:

Si $\lim_{x\to a} f(x) = L$ $\quad y \quad$ $\lim_{x\to a} g(x) = K$ **entonces,** $\lim_{x\to a}(f \,.\, g)(x) = L\,.\,K.$

Ejemplo. $f(x) = x + 3$, $g(x) = x^2$ **con** $x \to 2$. **Si** $\lim_{x\to 2} x + 3 = 5$ $\quad y \quad$ $\lim_{x\to 2} x^2 = 4$ **entonces,** $\lim_{x\to 2}(f \,.\, g)(x) = 20$

3. Siguiendo estas dos primeras propiedades, podemos afirmar que si la función $f(x)$ es un polinomio, el límite en cualquier punto es igual al valor del polinomio en ese punto, es decir:

Ejemplo. Si $f(x) = x$ **y** $g(x) = -2$ **entonces,** $\lim_{x\to a} f(x) = \lim_{x\to a} x = a \rightarrow$

$\rightarrow$ **y** $\lim_{x\to a} g(x) = \lim_{x\to a} -2 = -2.$

4. El límite del cociente de dos funciones en un punto es igual al cociente de límites de estas funciones en el punto en cuestión, siempre que el denominador no sea 0, es decir:

Si $\lim_{x\to a} f(x) = L$ **y** $\lim_{x\to a} g(x) = K$ **entonces,** $\lim_{x\to a}(f/g)(x) = L/K.$

Ejemplo. Si $f(x) = x - 2$ **y** $g(x) = x$ **con** $x \to 4$. **Si** $\lim_{x\to 4}(x - 2) = 2$ **y** $\lim_{x\to 4} x = 4$ **entonces,** $\lim_{x\to a}(f/g)(x) = \frac{2}{4} = \frac{1}{2}.$

5. El límite de la potencia de dos funciones en un punto es igual a la potencia de límites de estas funciones en el punto en cuestión, siempre que ambas funciones no sean 0 al mismo tiempo, es decir:

Si $\lim_{x\to a} f(x) = L$ **y** $\lim_{x\to a} g(x) = K$ **entonces,** $\lim_{x\to a} f(x)^{g(x)} = L^K.$

Ejemplo. **Si** $f(x) = x^2 - 2$ **y** $g(x) = 3$ **con** $x \to 2.$ **Si** $\lim_{x\to 2}(x^2 - 2) = 2$ **y** $\lim_{x\to 2} 3 = 3$ **entonces** $\lim_{x\to 2} f(x)^{g(x)} = 2^3 = 8$

6. El límite de una potencia

Si $\lim_{x\to a} f(x) = L$ *entonces*, $\lim_{x\to a}[f(x)]^n = L^n.$

Ejemplo. Si $f(x) = x^3 - 2$ **con** $x \to 2$ **y n=3,** $\lim_{x\to 2}(x^3 - 2) = 6$ **entonces** $\lim_{x\to 2}[f(x)]^n = 6^3 = 216$

7. Múltiplo escalar

Si $\lim_{x\to a} f(x) = L$ *y* $b(escalar)$ *entonces*, $\lim_{x\to a}[bf(x)] = bL.$

Ejemplo. Si $f(x) = x$ **con** $x \to 2$ **y b=3,** $\lim_{x\to 2}(x) = 2$ **entonces,** $\lim_{x\to 2}[bf(x)] = bL = 3 * 2 = 6$

8. Límite de una raíz.

El límite de la raíz $n - ésima$ de una función, es la raíz $n - ésima$ del límite siempre que el límite exista y tenga una raíz $n - ésima$ real.

Teorema:

Sea $\lim_{x\to a} f(x) = L$ y sea y n un entero positivo. $Si\ L > 0$ cuando n es cualquier entero positivo, o si $L \leq 0$ cuando n es un entero positivo impar, entonces:

$$\lim_{x\to a}[f(x)]^{\frac{1}{n}} = L^{\frac{1}{n}}.$$

Ejemplo. Evaluar $\lim_{x\to 9}\sqrt{x}.$ $\lim_{x\to 9} x = 9 > 0$**, por el teorema anterior se tiene que:**

$$\lim_{x\to 9}\sqrt{x} = \left[\lim_{x\to 9} x\right]^{\frac{1}{2}} = 9^{\frac{1}{2}} = 3.$$

Límites de funciones trigonométricas.

Sea c un número real en el dominio de una función trigonométrica dada.

1. $\lim_{x\to a} sen\, x = sen\, a$ 2. $\lim_{x\to a} cos\, x = cos\, a$ 3. $\lim_{x\to a} tan\, x = tan\, a$

4. $\lim_{x\to a} cot\, x = cot\, a$ 5. $\lim_{x\to a} secx = sec\, a$ 6. $\lim_{x\to a} cscx = csc\, a.$

Ejemplos. a) $\lim_{x \to 0} tan\, x = tan\,(0) = 0$ b) $\lim_{x \to \pi}(x\, cos\, x) = \left(\lim_{x \to \pi} x\right)\left(\lim_{x \to \pi} \cos x\right) = \pi \cos(\pi) = -\pi$
c) $\lim_{x \to 0} sen^2 x = \lim_{x \to 0}(sen\, x)^2 = 0^2 = 0.$

Dos límites especiales o notables:

$$\lim_{x \to 0} \frac{sen\, x}{x} = 1, \qquad \lim_{x \to 0} \frac{1 - \cos x}{x} = 0.$$

Una estrategia para el cálculo de límites.

1. Aprenda a reconocer cuáles límites pueden evaluarse por medio de la sustitución directa (estos límites se encuentran en las propiedades de los límites).

2. Si el límite $f(x)$ cuando x se aproxima a a no se puede evaluar por sustitución directa, tratar de encontrar una función g que coincida con f para todo x distinto de $x = a$. (Seleccionar una g tal que el límite de g(x) se pueda evaluar por medio de la sustitución directa.)

Límites en los que interviene infinito.

El límite de una función f cuando x tiende al número a no existirá siempre que los valores funcionales crezcan o decrezcan sin cota. En las figuras a y b, el hecho de que los valores funcionales $f(x)$ crezcan sin cota cuando x tiene el valor de a se denota mediante:

$$f(x) \to \infty, \quad cuando\; x \to a \quad o\; bien \quad \lim_{x \to a} f(x) = \infty.$$

En la figura 1(b), los valores funcionales decrecen sin cota cuando x tiende al valor a y se denota:

$$f(x) \to -\infty, \quad cuando\; x \to a \quad o\; bien \quad \lim_{x \to a} f(x) = -\infty.$$

Generalmente, cualquier límite de los tipos:

$$\lim_{x \to a} f(x) = \infty, \quad \lim_{x \to a} f(x) = -\infty$$

$$\lim_{x \to a^-} f(x) = \infty, \quad \lim_{x \to a^-} f(x) = -\infty, \quad y$$

$$\lim_{x \to a^+} f(x) = \infty, \quad \lim_{x \to a^+} f(x) = -\infty,$$

es un **límite infinito**.

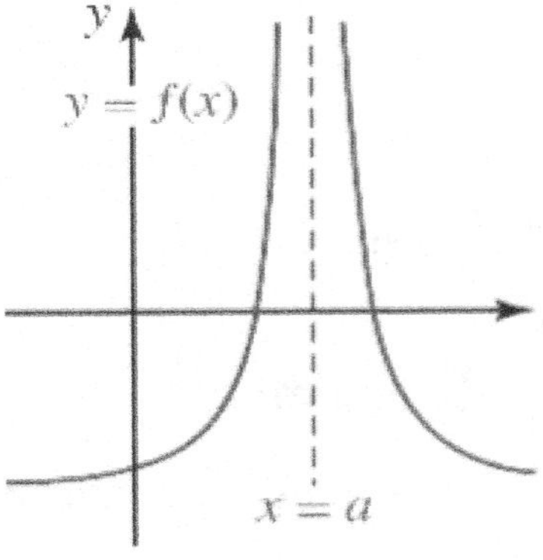

$a)\ \lim_{x \to a} f(x) = \infty$

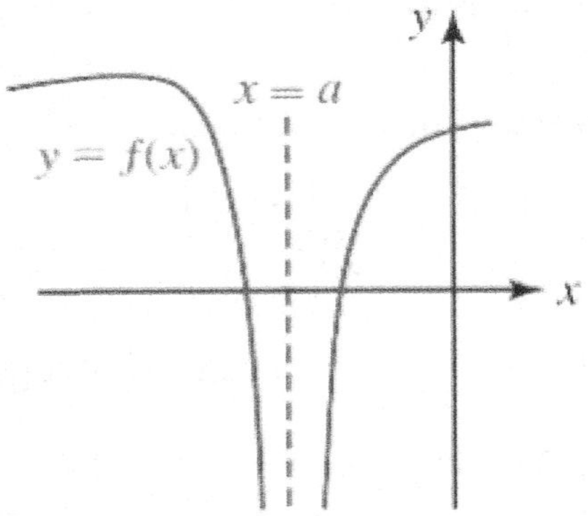

$b)\ \lim_{x \to a} f(x) = -\infty$

Límites al infinito.

Una función f podría aproximarse a un valor constante L al crecer o decrecer sin cota la variable independiente x. Se expresan de la siguiente forma:

$$\lim_{x \to +\infty} f(x) = L, \quad o\ bien \quad \lim_{x \to -\infty} f(x) = L,$$

para denotar un **límite al infinito**.

Indeterminaciones.

Un límite cuyo resultado no sea un número ni tampoco $+\infty$, ni $-\infty$, se dice que es una indeterminación y, por ello, debe estudiarse con más detenimiento para llegar a resolverlo:
$\lim_{x \to a} f(x)$ es indeterminado cuando da: $\frac{0}{0}, \frac{\infty}{\infty}, \infty - \infty, 1^{\infty}, 0 * \infty$.

Indeterminación de la forma $\frac{0}{0}$.

Generalmente se trata de un cociente de polinomios, de manera que ambos polinomios se anulan en el punto (a) en el que se calcula el límite. Para resolver estos casos se debe dividir el numerador y el denominador entre x – a. También utilizamos **la técnica de cancelación** de términos comunes cuando se factoriza el numerador o el denominador o ambos. Si los límites contienen raíces, en una expresión con una diferencia de funciones, en estos casos se suele multiplicar y dividir la función por su conjugado (es decir, por la misma expresión en la que se ha cambiado el + por el –). Esta técnica se conoce como **la técnica de racionalización**.

Indeterminación de la forma $\frac{\infty}{\infty}$.

Generalmente se trata de un cociente de polinomios siendo a = $+\infty$ o $-\infty$. La técnica para resolver este tipo de indeterminación consiste en dividir tanto el numerador como el denominador entre la mayor potencia de x que aparezca en la fracción. La siguiente información también es útil para resolver esta forma de indeterminación.

1. Si el grado del numerador es mayor que el grado del denominador, entonces el límite de la función racional no existe, tiende a infinito.

2. Si el grado del numerador es menor que el grado del denominador, entonces el límite de la función racional es cero (0).

3. Si el grado del numerador es igual al grado del denominador, entonces el límite de la función racional es el cociente de los coeficientes dominantes.

4. El límite cuando $x \to \infty$ de una función polinómica es $+\infty$ o $-\infty$ si el término de mayor grado es positivo o negativo.

Indeterminación de la forma $\infty - \infty$.

Para levantar este tipo de indeterminación, es necesario transformarla en indeterminaciones de la forma $\frac{0}{0}$ ó $\frac{\infty}{\infty}$, las cuales ya sabemos resolver. Este levantamiento se realiza a través de artificios matemáticos u operaciones matemáticas.
Esta indeterminación es muy usual entre funciones que contienen raíces, en una expresión con una diferencia de funciones. En estos casos se suele multiplicar y dividir la función por su conjugado (es decir, por la misma expresión en la que se ha cambiado el (+) por el (–).

Indeterminación de la forma 1^{∞}.

Estas indeterminaciones se presentan en límites de la forma: $\lim_{x \to x_0} f(x)^{g(x)}$ donde f y g son funciones reales que satisfacen lo siguiente: $\lim_{x \to x_0} f(x) = 1$ y $\lim_{x \to x_0} g(x) = \infty$.
Esto significa que estas indeterminaciones ocurren en límites de potencia donde la base es una función que tiende a 1 y el exponente es otra función que tiende a infinito, cuando x tiende a x_0.
Cuando se verifica que el límite a calcular es de la forma 1^{∞} se puede aplicar la siguiente fórmula:

$$\lim_{x \to x_0} f(x)^{g(x)} = e^{\lim_{x \to x_0} g(x)(f(x)-1)}.$$

Para el cálculo de estos límites también se utilizan límites notables a saber:

1. **Límites trigonométricos.**

$$\lim_{x\to 0}\frac{sen\,x}{x}=1;\qquad \lim_{x\to 0}\frac{1-\cos x}{x^2}=\frac{1}{2};\qquad \lim_{x\to 0}\frac{1-\cos x}{x}=0;\qquad \lim_{x\to 0}\frac{\tan x}{x}=1;$$

2. Límites Exponenciales y el Número e.

$$\lim_{x\to\infty}\left(1+\frac{1}{x}\right)^x=e;\quad \lim_{x\to 0}(1+x)^{\frac{1}{x}}=e;\qquad \lim_{x\to 0}\frac{a^x-1}{x}=\ln a;\quad \lim_{x\to 0}\frac{e^x-1}{x}=1$$

3. Límite Logarítmico.

$$\lim_{x\to 0}\frac{\ln(1+x)}{x}=1$$

4. Límite de Potencia.

$$\lim_{x\to 0}\frac{(1+x)^n-1}{x}=n;$$

¿Por qué son notables?

Se llaman así porque, al intentar evaluarlos por sustitución directa, todos resultan en una indeterminación del tipo: $0/0$ o 1^{∞}. Es importante, tener presente estos límites notables, ya que puedes simplificar funciones complejas sin tener que aplicar identidades largas cada vez.

Indeterminación de la forma $\mathbf{0}*\infty$

Los límites son del tipo:

$$\lim_{x\to a} f(x)\,g(x)$$

que puede resolverse con esta modificación:

$$\lim_{x\to a} f(x)\,g(x)=\frac{g(x)}{\frac{1}{f(x)}}.$$

Tablas de Operaciones con el Infinito

¡Haciendo Historia!

Producido por Editorial Infinito (República Bolivariana de Venezuela)

SUMAS Y RESTAS CON INFINITO

Infinito más un número	$\infty + \boldsymbol{k} = \infty$
Infinito menos un número	$\infty - \boldsymbol{k} = \infty$
Infinito más Infinito	$\infty + \infty = \infty$
Infinito menos Infinito	$\infty - \infty \rightarrow \boldsymbol{Indeterminación}$

PRODUCTOS CON INFINITO

Infinito por un número	$\infty * (\pm \boldsymbol{k}) = \pm\infty, \boldsymbol{si\ k \neq 0}$
Infinito por infinito	$\infty * \infty = \infty$
Infinito por cero	$\boldsymbol{0} * \infty \rightarrow \boldsymbol{indeterminación}$

COCIENTES CON INFINITO Y CERO

Cero partidos por un número	$\frac{\mathbf{0}}{\boldsymbol{k}} = \mathbf{0}$
Un número partido por cero	$\frac{\boldsymbol{k}}{\mathbf{0}} \rightarrow +\infty \ \boldsymbol{o} - \infty$
Un número partido por infinito	$\frac{\boldsymbol{k}}{\infty} = \mathbf{0}$
Infinito partido por un número	$\frac{\infty}{\boldsymbol{k}} \rightarrow +\infty \ \boldsymbol{o} - \infty$
Cero partidos por infinito	$\frac{\mathbf{0}}{\infty} = \mathbf{0}$
Infinito partido por cero	$\frac{\infty}{\mathbf{0}} \rightarrow +\infty \ \boldsymbol{o} - \infty$
Cero partidos por cero	$\frac{\mathbf{0}}{\mathbf{0}} \rightarrow \ \boldsymbol{Indeterminación}$
Infinito partido por infinito	$\frac{\infty}{\infty} \rightarrow \ \boldsymbol{Indeterminación}$

POTENCIAS CON INFINITO Y CERO

Un número elevado a cero	$k^0 = 1, k \neq 0$
Cero elevado a cero	$0^0 \to Indeterminación$
Infinito elevado a cero	$\infty^0 \to Indeterminación$
Cero elevado a un número	$0^k = \begin{cases} 0 & si\ k > 0 \\ \nexists\mathbb{R} & si\ k < 0 \end{cases}$
Un número elevado al infinito	$k^\infty = \begin{cases} \infty & si\ \ k > 1 \\ 0 & si\ \ 0 < k < 1 \end{cases}$
Cero elevado a infinito	$0^\infty = 0$
Infinito elevado a infinito	$\infty^\infty = \infty$
Uno elevado a infinito	$1^\infty \to Indeterminado$

Bibliografía

Larson R, Hostetler R. Y Edwards B. (1995).
Cálculo. Volumen 1. México. McGraw-Hill.

Zill G, Dennis (1985).
Cálculo con Geometría Analítica. México, Grupo Editorial Iberoamérica.

Wisniewski Piotr M. y Banegas G. Ana L. (2004).
Introducción a las matemáticas universitarias. México. McGraw-Hill.

Pita R, Claudio. (1998).
Cálculo de una variable. México, Prentice- Hall Hispanoamericana.

LÍMITES ALGEBRAICOS INDETERMINADOS DE LA FORMA $\frac{0}{0}$

EDITORIAL INFINITO
¡Haciendo Historia!
Producido por Editorial Infinito (República Bolivariana de Venezuela)

$$\lim_{x\to 5}\left(\frac{x-5}{x^2-25}\right)$$

001

Al evaluar el límite problema por sustitución directa, el lector puede apreciar que se presenta una indeterminación matemática de la forma $\frac{0}{0}$, es decir:

$$\lim_{x\to 5}\left(\frac{\boldsymbol{x}-5}{x^2-25}\right)=\frac{5-5}{5^2-25}=\frac{0}{0}.$$

Solución:

Para la resolución del problema se utiliza la técnica de cancelación, para lo cual se factoriza el denominador. Cómo en el denominador se tiene una diferencia de cuadrados, se procede a la factorización utilizando la siguiente fórmula: $\boldsymbol{a^2-b^2=(a+b)(a-b)}$.

Es importante destacar lo siguiente: Si la variable x tiende a 5 ($x \to 5$), es obvio que ($x-5 \to 0$), esto nos indica que debe aparecer un término $(x-5)$ en la factorización del polinomio del denominador que cancele el término $(x-5)$ en el numerador. El término $(x-5)$ es el responsable que se dé la indeterminación $\frac{0}{0}$.

Por tanto, se tiene:

$$\lim_{x\to 5}\left(\frac{(\boldsymbol{x}-5)}{x^2-25}\right)=\lim_{x\to 5}\left(\frac{(\boldsymbol{x}-5)}{(\boldsymbol{x}+5)\,(\boldsymbol{x}-5)}\right).$$

Se cancelan los factores semejantes:

$$\lim_{x\to 5}\left(\frac{\boldsymbol{x}-5}{x^2-25}\right)=\lim_{x\to 5}\frac{1}{(\boldsymbol{x}+5)}.$$

Se evalúa el límite resultante:

$$\lim_{x\to 5}\left(\frac{\boldsymbol{x}-5}{x^2-25}\right)=\lim_{x\to 5}\frac{1}{(\boldsymbol{x}+5)}=\frac{1}{(5+5)}=\frac{1}{10}.$$

En consecuencia, se ha obtenido el valor real del límite:

$$\boxed{\boldsymbol{\lim_{x\to 5}\left(\frac{x-5}{x^2-25}\right)=\frac{1}{10}\ o\ 0.1}}$$

Interpretación del resultado: En cálculo, cuando decimos que el **límite** es $1/10\ o\ 0.1$, estamos definiendo el comportamiento de la función a medida que te acercas al punto $(x=5)$ tanto por la derecha como por la izquierda. En el fundamento teórico del presente libro se explica el concepto de límite. En el punto $(x=5)$, la función no existe o no está definida, es discontinua.

002

$$\lim_{x \to 2} \left(\frac{2 - x}{x^2 - 4} \right)$$

Se evalúa inicialmente el límite y se nota que la indeterminación matemática es de la forma $\frac{0}{0}$.

$$\lim_{x \to 2} \left(\frac{2 - x}{x^2 - 4} \right) = \frac{2 - 2}{2^2 - 4} = \frac{0}{0}$$

Solución:

Para la resolución del problema se utiliza la técnica de cancelación, para lo cual se factoriza el denominador. Cómo en el denominador se tiene una diferencia de cuadrados, se procede a la factorización utilizando la siguiente fórmula: $\boldsymbol{a^2 - b^2 = (a + b)(a - b)}$.

Es importante destacar lo siguiente: Si la variable x tiende a 2 ($x \to 2$), es obvio que ($x - 2 \to 0$), esto nos indica que debe aparecer un término $(x - 2)$ en la factorización del polinomio del denominador que cancele el término $(x - 2)$ en el numerador. El término $(x - 2)$ es el responsable que se dé la indeterminación $\frac{0}{0}$:

$$\lim_{x \to 2} \left(\frac{2 - x}{x^2 - 4} \right) = \lim_{x \to 2} \frac{(2 - \boldsymbol{x})}{(\boldsymbol{x} + 2)\,(\boldsymbol{x} - 2)}$$

Para que el numerador sea idéntico a uno de los factores del denominador, podemos extraer un signo negativo (factor común -1) y al cancelar términos semejantes se tiene:

$$\lim_{x \to 2} \left(\frac{2 - x}{x^2 - 4} \right) = -\lim_{x \to 2} \frac{(\boldsymbol{x} - \boldsymbol{2})}{(\boldsymbol{x} + 2)\,(\boldsymbol{x} - 2)} = -\lim_{x \to 2} \frac{1}{(\boldsymbol{x} + 2)}.$$

Se evalúa el límite resultante:

$$\lim_{x \to 2} \left(\frac{2 - x}{x^2 - 4} \right) = -\frac{1}{2 + 2} = -\frac{1}{4}.$$

En consecuencia, se ha obtenido el valor real del límite:

$$\boxed{\lim_{x \to 2} \left(\frac{\mathbf{2} - \boldsymbol{x}}{\boldsymbol{x}^2 - \mathbf{4}} \right) = -\frac{\mathbf{1}}{\mathbf{4}}}$$

$$\lim_{x \to -3} \left(\frac{x^2 + x - 6}{x^2 - 9} \right)$$

003

Se evalúa el límite por sustitución directa y la indeterminación es de la forma $\frac{0}{0}$.

$$\lim_{x \to -3} \left(\frac{x^2 + x - 6}{x^2 - 9} \right) = \frac{(-3^2) - 3 - 6}{3^2 - 9} = \frac{0}{0}.$$

Solución:

Se procede a factorizar tanto el polinomio del numerador como el polinomio del denominador:

$$\lim_{x \to -3} \left(\frac{x^2 + x - 6}{x^2 - 9} \right) = \lim_{x \to -3} \frac{(x + 3)(x - 2)}{(x + 3)\,(x - 3)}$$

Se cancelan términos para obtener:

$$\lim_{x \to -3} \left(\frac{x^2 + x - 6}{x^2 - 9} \right) = \lim_{x \to -3} \frac{(x - 2)}{(x - 3)}$$

Se evalúa el límite resultante:

$$\lim_{x \to -3} \left(\frac{x^2 + x - 6}{x^2 - 9} \right) = \frac{(-3 - 2)}{(-3 - 3)} = \frac{-5}{-6} = \frac{5}{6}.$$

Por consiguiente, obtenemos el valor real del límite:

$$\boxed{\lim_{x \to -3} \left(\frac{x^2 + x - 6}{x^2 - 9} \right) = \frac{5}{6} \approx 0.833}$$

Interpretación del resultado: En cálculo, cuando decimos que el **límite** es $5/6 \approx 0.833$, estamos definiendo el comportamiento de la función a medida que te acercas al punto $(x = -3)$ tanto por la derecha como por la izquierda. En el fundamento teórico del presente libro se explica el concepto de límite. En el punto $(x = -3)$, la función no existe o no está definida, es discontinua.

004

$$\lim_{x\to 4}\left(\frac{x^2-5\boldsymbol{x}+4}{x^2-2\boldsymbol{x}-8}\right)$$

Por sustitución directa se obtiene la forma indeterminada $\frac{0}{0}$:

$$\lim_{x\to 4}\left(\frac{x^2-5\boldsymbol{x}+4}{x^2-2\boldsymbol{x}-8}\right)=\left(\frac{4^2-5*4+4}{4^2-2*4-8}\right)=\frac{0}{0}.$$

Solución:

Observe el lector que tanto el numerador como el denominador son polinomios. Esto nos indica que debemos factorizar el polinomio del numerador y el polinomio del denominador. Y se cancelan términos semejantes para obtener el límite resultante.

Por tanto, se tiene:

$$\lim_{x\to 4}\left(\frac{x^2-5\boldsymbol{x}+4}{x^2-2\boldsymbol{x}-8}\right)=\lim_{x\to 4}\frac{(\boldsymbol{x}-4)(\boldsymbol{x}-1)}{(\boldsymbol{x}-4)\,(\boldsymbol{x}+2)}=\lim_{x\to 4}\frac{(\boldsymbol{x}-1)}{(\boldsymbol{x}+2)}.$$

Nota: Si $\boldsymbol{x}\to 4\ entonces, x-4\to 0$. Esta situación genera un factor común en ambos polinomios $(\boldsymbol{x}-\boldsymbol{4})$. El cual permite romper o levantar la indeterminación. Cuando se factoriza ambos polinomios se puede apreciar la presencia de ese factor $(\boldsymbol{x}-\boldsymbol{4})$.

Se evalúa el límite resultante y al simplificar se tiene:

$$\lim_{x\to 4}\left(\frac{x^2-5\boldsymbol{x}+4}{x^2-2\boldsymbol{x}-8}\right)=\frac{4-1}{4+2}=\frac{3}{6}=\frac{1}{2}.$$

En consecuencia, obtenemos el valor real del límite:

$$\boxed{\lim_{x\to 4}\left(\frac{\boldsymbol{x}^2-5\boldsymbol{x}+4}{\boldsymbol{x}^2-2\boldsymbol{x}-8}\right)=\frac{1}{2}}$$

$$\lim_{x \to 0} \frac{\sqrt{x+5} - \sqrt{5}}{x}$$

005

Por sustitución directa se obtiene la forma indeterminada $\frac{0}{0}$:

$$\lim_{x \to 0} \frac{\sqrt{x+5} - \sqrt{5}}{x} = \frac{\sqrt{0+5} - \sqrt{5}}{0} = \frac{0}{0}.$$

Para resolver el límite problema se utiliza la técnica de racionalización, la cual consiste en multiplicar y dividir tanto el numerador como el denominador por la expresión conjugada de: $\sqrt{x+5} - \sqrt{5}$:

$$\lim_{x \to 0} \frac{\sqrt{x+5} - \sqrt{5}}{x} = \lim_{x \to 0} \frac{\left(\sqrt{x+5} - \sqrt{5}\right)\left(\sqrt{x+5} + \sqrt{5}\right)}{x\left(\sqrt{x+5} + \sqrt{5}\right)}.$$

En el numerador de la expresión anterior se presenta el producto de la suma por la diferencia que es igual a una diferencia de cuadrados y al resolver se tiene:

$$\lim_{x \to 0} \frac{\sqrt{x+5} - \sqrt{5}}{x} = \lim_{x \to 0} \frac{x+5-5}{x\left(\sqrt{x+5} + \sqrt{5}\right)} = \lim_{x \to 0} \frac{x}{x\left(\sqrt{x+5} + \sqrt{5}\right)}.$$

Cancelando la x, se obtiene el límite resultante:

$$\lim_{x \to 0} \frac{\sqrt{x+5} - \sqrt{5}}{x} = \lim_{x \to 0} \frac{1}{\left(\sqrt{x+5} + \sqrt{5}\right)}.$$

Evaluando el límite resultante se tiene:

$$\lim_{x \to 0} \frac{\sqrt{x+5} - \sqrt{5}}{x} = \frac{1}{\left(\sqrt{0+5} + \sqrt{5}\right)} = \frac{1}{\left(\sqrt{5} + \sqrt{5}\right)}$$

$$= \frac{1}{\left(2\sqrt{5}\right)} \frac{\left(2\sqrt{5}\right)}{\left(2\sqrt{5}\right)} = \frac{\left(2\sqrt{5}\right)}{(4 * 5)} = \frac{2\sqrt{5}}{20} = \frac{\sqrt{5}}{10}.$$

En consecuencia, obtenemos el valor real del límite:

$$\boldsymbol{\lim_{x \to 0} \frac{\sqrt{x+5} - \sqrt{5}}{x} = \frac{\sqrt{5}}{10}} \quad \textbf{\textit{o aproximadamente}} \ \mathbf{0.2236}$$

006

$$\lim_{x \to 0} \frac{\sqrt{2+x} - \sqrt{2}}{x} = \frac{0}{0}$$

En el límite aparece la forma $\frac{0}{0}$ directamente. Se le sugiere al lector operar matemáticamente para corroborar dicha indeterminación.

Para resolver el límite problema se utiliza la técnica de racionalización, la cual consiste en multiplicar y dividir tanto el numerador como el denominador por la expresión conjugada de: $\sqrt{2+x} - \sqrt{2}$. Y haciendo operaciones algebraicas se obtiene el límite resultante.

Por tanto, se tiene:

$$\lim_{x \to 0} \frac{\sqrt{2+x} - \sqrt{2}}{x} = \lim_{x \to 0} \frac{\left(\sqrt{2+x} - \sqrt{2}\right)\left(\sqrt{2+x} + \sqrt{2}\right)}{x\left(\sqrt{2+x} + \sqrt{2}\right)}$$

$$\lim_{x \to 0} \frac{\sqrt{2+x} - \sqrt{2}}{x} = \lim_{x \to 0} \frac{2+x-2}{x\left(\sqrt{2+x} + \sqrt{2}\right)} = \lim_{x \to 0} \frac{x}{x\left(\sqrt{2+x} + \sqrt{2}\right)}$$

Cancelando la x, se obtiene el límite resultante:

$$\lim_{x \to 0} \frac{\sqrt{2+x} - \sqrt{2}}{x} = \lim_{x \to 0} \frac{1}{\left(\sqrt{2+x} + \sqrt{2}\right)}.$$

Se evalúa el límite resultante y al racionalizar se obtiene:

$$\lim_{x \to 0} \frac{\sqrt{2+x} - \sqrt{2}}{x} = \frac{1}{\left(\sqrt{2+0} + \sqrt{2}\right)} = \frac{\sqrt{2}}{4}.$$

Por consiguiente, se ha obtenido el valor real del límite:

$$\boxed{\lim_{x \to 0} \frac{\sqrt{2+x} - \sqrt{2}}{x} = \frac{\sqrt{2}}{4}}$$

$$\lim_{x\to 4} \frac{\sqrt{x+5} - 3}{x-4} = \frac{0}{0}$$

007

En el límite aparece la forma $\frac{0}{0}$ directamente. Se le sugiere al lector operar matemáticamente para corroborar dicha indeterminación.

Para resolver el límite problema se utiliza la técnica de racionalización, la cual consiste en multiplicar y dividir tanto el numerador como el denominador por la expresión conjugada de: $\sqrt{x+5} - 3$. Y haciendo operaciones algebraicas se obtiene el límite resultante.
Por tanto, se tiene:

$$\lim_{x\to 4} \frac{\sqrt{x+5} - 3}{x-4} = \lim_{x\to 4} \frac{\left(\sqrt{x+5} - 3\right)\left(\sqrt{x+5} + 3\right)}{(x-4)\left(\sqrt{x+5} + 3\right)}$$

$$\lim_{x\to 4} \frac{\sqrt{x+5} - 3}{x-4} = \lim_{x\to 4} \frac{x+5-9}{(x-4)\left(\sqrt{x+5} + 3\right)} = \lim_{x\to 4} \frac{(x-4)}{(x-4)\left(\sqrt{x+5} + 3\right)}$$

Cancelando términos semejantes se obtiene el límite resultante:

$$\lim_{x\to 4} \frac{\sqrt{x+5} - 3}{x-4} = \lim_{x\to 4} \frac{1}{\left(\sqrt{x+5} + 3\right)}$$

Evaluando el límite resultante, obtenemos:

$$\lim_{x\to 4} \frac{\sqrt{x+5} - 3}{x-4} = \frac{1}{\left(\sqrt{4+5} + 3\right)} = \frac{1}{\left(\sqrt{9} + 3\right)} = \frac{1}{6}.$$

En consecuencia, se ha obtenido el valor real del límite:

$$\lim_{x\to 4} \frac{\sqrt{x+5} - 3}{x-4} = \frac{1}{6} \text{ o aproximadamente } 0.1666$$

008

$$\lim_{x\to 3} \frac{\sqrt{x+1} - 2}{x-3} = \frac{0}{0}$$

En el límite aparece la forma $\frac{0}{0}$ directamente. Se le sugiere al lector operar matemáticamente para corroborar dicha indeterminación.

Para resolver el límite problema se utiliza la técnica de racionalización, la cual consiste en multiplicar y dividir tanto el numerador como el denominador por la expresión conjugada de: $\sqrt{x+1} - 2$. Y haciendo operaciones algebraicas se obtiene el límite resultante.
Por tanto, obtenemos:

$$\lim_{x\to 3} \frac{\sqrt{x+1} - 2}{x-3} = \lim_{x\to 3} \frac{\left(\sqrt{x+1} - 2\right)\left(\sqrt{x+1} + 2\right)}{(x-3)\left(\sqrt{x+1} + 2\right)}$$

$$\lim_{x\to 3} \frac{\sqrt{x+1} - 2}{x-3} = \lim_{x\to 3} \frac{x+1-4}{(x-3)\left(\sqrt{x+1} + 2\right)} = \lim_{x\to 3} \frac{(x-3)}{(x-3)\left(\sqrt{x+1} + 2\right)}$$

Cancelando términos semejantes se obtiene el límite resultante:

$$\lim_{x\to 3} \frac{\sqrt{x+1} - 2}{x-3} = \lim_{x\to 3} \frac{1}{\left(\sqrt{x+1} + 2\right)}.$$

Evaluando el límite resultante se obtiene:

$$\lim_{x\to 3} \frac{\sqrt{x+1} - 2}{x-3} = \frac{1}{\left(\sqrt{3+1} + 2\right)} = \frac{1}{4}.$$

En consecuencia, obtenemos el valor real del límite:

$$\boxed{\lim_{x\to 3} \frac{\sqrt{x+1} - 2}{x-3} = \frac{1}{4}}$$

$$\lim_{x \to 0} \frac{\left[\frac{1}{(3+x)}\right] - \frac{1}{3}}{x} = \frac{0}{0}$$

009

En el límite aparece la forma $\frac{0}{0}$ directamente. Se le sugiere al lector operar matemáticamente para corroborar dicha indeterminación.

Se simplifica el numerador:

$$\left[\frac{1}{(3+x)}\right] - \frac{1}{3} = \frac{3 - \mathrm{x} - 3}{3(x+3)} = -\frac{x}{3(x+3)}.$$

Por tanto, se obtiene:

$$\lim_{x \to 0} \frac{\left[\frac{1}{(3+x)}\right] - \frac{1}{3}}{x} = \lim_{x \to 0} - \frac{\frac{x}{3(x+3)}}{x} = \lim_{x \to 0} - \frac{x}{3x(x+3)}$$

Cancelando la x, se obtiene el límite resultante:

$$\lim_{x \to 0} \frac{\left[\frac{1}{(3+x)}\right] - \frac{1}{3}}{x} = -\lim_{x \to 0} \frac{1}{3(x+3)}$$

Se evalúa el límite resultante:

$$\lim_{x \to 0} \frac{\left[\frac{1}{(3+x)}\right] - \frac{1}{3}}{x} = -\frac{1}{3(0+3)} = -\frac{1}{9}.$$

Por consiguiente, obtenemos el valor real del límite:

$$\boxed{\lim_{x \to 0} \frac{\left[\frac{1}{(3+x)}\right] - \frac{1}{3}}{x} = -\frac{1}{9}}$$

010

$$\lim_{x \to 0} \frac{\left[\frac{1}{(4+x)}\right] - \frac{1}{4}}{x} = \frac{0}{0}$$

En el límite aparece la forma $\frac{0}{0}$ directamente. Se le sugiere al lector operar matemáticamente para corroborar dicha indeterminación.

Procediendo análogamente al caso anterior se tiene:

$$\left[\frac{1}{(4+x)}\right] - \frac{1}{4} = \frac{4 - x - 4}{4(x+4)} = -\frac{x}{4(x+4)}.$$

Por tanto, se obtiene el límite resultante:

$$\lim_{x \to 0} \frac{\left[\frac{1}{(4+x)}\right] - \frac{1}{4}}{x} = \lim_{x \to 0} \frac{-\frac{x}{4(x+4)}}{x}$$

$$\lim_{x \to 0} \frac{\left[\frac{1}{(4+x)}\right] - \frac{1}{4}}{x} = \lim_{x \to 0} -\frac{x}{4x(x+4)} = -\lim_{x \to 0} \frac{1}{4(x+4)}.$$

Evaluando el límite resultante se obtiene:

$$\lim_{x \to 0} \frac{\left[\frac{1}{(4+x)}\right] - \frac{1}{4}}{x} = -\frac{1}{4(0+4)} = -\frac{1}{16}.$$

Por consiguiente, se obtiene el valor real del límite:

$$\boxed{\lim_{x \to 0} \frac{\left[\frac{1}{(4+x)}\right] - \frac{1}{4}}{x} = -\frac{1}{16}}$$

$$\lim_{\Delta x\to 0}\frac{2(x+\Delta x)-2x}{\Delta x}=\frac{0}{0}$$

011

Se elimina el paréntesis, se cancelan términos semejantes, para obtener el límite resultante y su respectiva evaluación:

$$\lim_{\Delta x\to 0}\frac{2(x+\Delta x)-2x}{\Delta x}=\lim_{\Delta x\to 0}\frac{2x+2\Delta x-2x}{\Delta x}$$

$$=\lim_{\Delta x\to 0}\frac{2\Delta x}{\Delta x}=\lim_{\Delta x\to 0}2=2.$$

Por tanto, se obtiene:

$$\boxed{\lim_{\Delta x\to 0}\frac{2(x+\Delta x)-2x}{\Delta x}=2.}$$

El resultado confirma que la derivada de $f(x)=\mathbf{2x}$ es efectivamente $f'(x)=\mathbf{2}$.

$$\lim_{\Delta x\to 0}\frac{(x+\Delta x)^2-x^2}{\Delta x}=\frac{0}{0}$$

012

Se procede a resolver el cuadrado de $x+\Delta x$ para hallar el límite resultante y su evaluación:

$$\lim_{\Delta x\to 0}\frac{(x+\Delta x)^2-x^2}{\Delta x}=\lim_{\Delta x\to 0}\frac{x^2+2x\,\Delta x+(\Delta x)^2-x^2}{\Delta x}$$

$$=\lim_{\Delta x\to 0}\frac{2x\,\Delta x+(\Delta x)^2}{\Delta x}=\lim_{\Delta x\to 0}\frac{\Delta x(2x+\Delta x)}{\Delta x}.$$

Se cancelan términos semejantes y se evalúa el límite resultante:

$$\lim_{\Delta x\to 0}\frac{(x+\Delta x)^2-x^2}{\Delta x}=\lim_{\Delta x\to 0}(2x+\Delta x)=(2x+0)=2x.$$

Por tanto, se obtiene:

$$\boxed{\lim_{\Delta x\to 0}\frac{(x+\Delta x)^2-x^2}{\Delta x}=2x}$$

El resultado confirma que la derivada de $f(x)=\mathbf{x^2}$ es efectivamente $f'(x)=\mathbf{2x}$.

013

$$\lim_{\Delta x \to 0} \frac{(x+\Delta x)^2 - 2(x+\Delta x) + 1 - (x^2 - 2x + 1)}{\Delta x} = \frac{0}{0}$$

Eliminando los paréntesis, cancelando términos semejantes, sacando factor común y evaluando el límite resultante, se tiene:

$$\lim_{\Delta x \to 0} \frac{x^2 + 2x\,\Delta x + (\Delta x)^2 - 2x - 2\Delta x + 1 - x^2 + 2x - 1}{\Delta x} = \lim_{\Delta x \to 0} \frac{2x\,\Delta x + (\Delta x)^2 - 2\Delta x}{\Delta x}$$

$$= \lim_{\Delta x \to 0} \frac{\Delta x(2x + \Delta x - 2)}{\Delta x}$$

$$= \lim_{\Delta x \to 0} (2x + \Delta x - 2) = 2x - 2.$$

En consecuencia, se ha encontrado el límite:

$$\boxed{\lim_{\Delta x \to 0} \frac{(x+\Delta x)^2 - 2(x+\Delta x) + 1 - (x^2 - 2x + 1)}{\Delta x} = 2x - 2}$$

El resultado confirma que la derivada de $f(x) = \mathbf{x^2 - 2x + 1}$ es efectivamente $f'(x) = \mathbf{2x - 2}$.

014

$$\lim_{\Delta x \to 0} \frac{(x+\Delta x)^3 - x^3}{\Delta x} = \frac{0}{0}$$

Para resolver el cubo de la suma se utiliza la fórmula $(\mathbf{a}+\mathbf{b})^3 = \mathbf{a}^3 + 3\mathbf{a}^2\mathbf{b} + 3\mathbf{a}\mathbf{b}^2 + \mathbf{b}^3$, cancelando términos semejantes, sacando factor común y evaluando el límite resultante se tiene:

$$\lim_{\Delta x \to 0} \frac{x^3 + 3x(\Delta x)^2 + 3x^2\Delta x + (\Delta x)^3 - x^3}{\Delta x} = \lim_{\Delta x \to 0} \frac{\Delta x(3x(\Delta x) + 3x^2 + (\Delta x)^2)}{\Delta x}$$

$$= \lim_{\Delta x \to 0} 3\,x\,\Delta x + 3x^2 + (\Delta x)^2 = 3x^2.$$

En consecuencia, se ha encontrado el límite:

$$\boxed{\lim_{\Delta x \to 0} \frac{(x+\Delta x)^3 - x^3}{\Delta x} = 3x^2}$$

El resultado confirma que la derivada de $f(x) = \mathbf{x^3}$ es efectivamente $f'(x) = \mathbf{3x^2}$.

$$\lim_{x\to -1}\left(\frac{x^2-1}{x+1}\right)=\frac{0}{0}$$

015

¡Queda de parte del lector corroborar la indeterminación $\frac{0}{0}$!

A continuación, se procede a factorizar x^2-1:

$$\lim_{x\to -1}\left(\frac{x^2-1}{x+1}\right)=\lim_{x\to -1}\frac{(x+1)(x-1)}{(x+1)}.$$

se cancelan términos semejantes, se evalúa el límite resultante para encontrar el valor del límite:

$$\lim_{x\to -1}\left(\frac{x^2-1}{x+1}\right)=\lim_{x\to -1}(x-1)=-1-1=-2 \quad \rightarrow \quad \boxed{\lim_{x\to -1}\left(\frac{x^2-1}{x+1}\right)=-2}$$

$$\lim_{x\to -1}\left(\frac{2x^2-x-3}{x+1}\right)=\frac{0}{0}$$

016

¡Queda de parte del lector corroborar la indeterminación $\frac{0}{0}$!

Se procede a factorizar $2x^2-x-3$. Cuando $x\ \rightarrow\ -1$ el límite da $0/0$, por tanto, $(x+1)$ debe ser uno de los factores. La factorización queda así: $2x^2-x-3=(x+1)(2x-3)$.

En consecuencia, se tiene:

$$\lim_{x\to -1}\left(\frac{2x^2-x-3}{x+1}\right)=\lim_{x\to -1}\frac{(x+1)(2x-3)}{(x+1)}.$$

Se cancela los términos semejantes y se evalúa el límite resultante:

$$\lim_{x\to -1}\left(\frac{2x^2-x-3}{x+1}\right)=\lim_{x\to -1}=(2x-3).$$

Por consiguiente, se procede a evaluar el límite resultante para encontrar el valor real del límite:

$$\lim_{x\to -1}\left(\frac{2x^2-x-3}{x+1}\right)=\lim_{x\to -1}=(2x-3)=2(-1)-3=-5$$

$$\boxed{\lim_{x\to -1}\left(\frac{2x^2-x-3}{x+1}\right)=-5}$$

017

$$\lim_{x \to 2} \left(\frac{x^3 - 8}{x - 2} \right) = \frac{0}{0}$$

Se factoriza el numerador utilizando la fórmula de la diferencia de cubos:

$$a^3 - b^3 = (a - b)(a^2 + ab + b^2) \quad \rightarrow \quad x^3 - 8 = x^3 - 2^3 = (x - 2)(x^2 + 2x + 4)$$

En consecuencia, se tiene:

$$\lim_{x \to 2} \left(\frac{x^3 - 8}{x - 2} \right) = \frac{(x - 2)(x^2 + 2x + 4)}{(x - 2)} \quad \rightarrow \quad \lim_{x \to 2} \left(\frac{x^3 - 8}{x - 2} \right) = \lim_{x \to 2} (x^2 + 2x + 4).$$

Ahora se procede a evaluar el límite resultante para encontrar el valor real del límite:

$$\lim_{x \to 2} \left(\frac{x^3 - 8}{x - 2} \right) = \lim_{x \to 2} (x^2 + 2x + 4) = 4 + 4 + 4 = 12 \quad \rightarrow \quad \boxed{\lim_{x \to 2} \left(\frac{x^3 - 8}{x - 2} \right) = 12}$$

018

$$\lim_{x \to -1} \left(\frac{x^3 + 1}{x + 1} \right) = \frac{0}{0}$$

Se factoriza el numerador utilizando la fórmula de la suma de cubos:

$$a^3 + b^3 = (a + b)(a^2 - ab + b^2) \quad \rightarrow \quad x^3 + 1 = x^3 + 1^3 = (x + 1)(x^2 - x + 1)$$

En consecuencia, se tiene:

$$\lim_{x \to -1} \left(\frac{x^3 + 1}{x + 1} \right) = \frac{(x + 1)(x^2 - x + 1)}{(x + 1)} \quad \rightarrow \quad \lim_{x \to -1} \left(\frac{x^3 + 1}{x + 1} \right) = \lim_{x \to -1} (x^2 - x + 1).$$

Ahora se procede a evaluar el límite resultante para encontrar el valor real del límite:

$$\lim_{x \to -1} \left(\frac{x^3 + 1}{x + 1} \right) = \lim_{x \to -1} (x^2 - x + 1) = 1 + 1 + 1 = 3$$

$$\boxed{\lim_{x \to -1} \left(\frac{x^3 + 1}{x + 1} \right) = 3}$$

$$\lim_{x\to 16} \frac{4 - \sqrt{\boldsymbol{x}}}{\boldsymbol{x} - 16} = \frac{0}{0}$$

019

Se multiplica y se divide tanto el numerador como el denominador por la conjugada de la expresión $4 - \sqrt{\boldsymbol{x}}$, la cual es: $4 + \sqrt{\boldsymbol{x}}$.

$$\lim_{x\to 16} \frac{4 - \sqrt{\boldsymbol{x}}}{\boldsymbol{x} - 16} = \lim_{x\to 16} \frac{\left(4 - \sqrt{x}\right)\left(4 + \sqrt{x}\right)}{(x-16)(\left(4 + \sqrt{x}\right)}$$

$$\lim_{x\to 16} \frac{4 - \sqrt{\boldsymbol{x}}}{\boldsymbol{x} - 16} = \lim_{x\to 16} \frac{(16-x)}{(x-16)(\left(4 + \sqrt{x}\right)} = -\lim_{x\to 16} \frac{(x-16)}{(x-16)(\left(4 + \sqrt{x}\right)}$$

Se cancelan términos semejantes, se evalúa el límite resultante para encontrar el límite:

$$\lim_{x\to 16} \frac{4 - \sqrt{\boldsymbol{x}}}{\boldsymbol{x} - 16} = -\lim_{x\to 16} \frac{1}{\left(4 + \sqrt{x}\right)} = -\frac{1}{8}.$$

$$\boxed{\lim_{x\to 16} \frac{\mathbf{4} - \sqrt{\boldsymbol{x}}}{\mathbf{x - 16}} = -\frac{\mathbf{1}}{\mathbf{8}}}$$

$$\lim_{x\to 0} \frac{\left[\frac{1}{(2+\boldsymbol{x})}\right] - \frac{1}{2}}{\boldsymbol{x}} = \frac{0}{0}$$

020

Se simplifica el numerador y luego se cancelan términos semejantes:

$$\lim_{x\to 0} \frac{\left[\frac{1}{(2+x)}\right] - \frac{1}{2}}{x} = \lim_{x\to 0} \frac{\frac{-x}{2(2+x)}}{x} = \lim_{x\to 0} - \frac{x}{2x(2+x)} = -\lim_{x\to 0} \frac{1}{2(2+x)}$$

Por tanto, al evaluar el límite resultante se encuentra el valor real del límite:

$$\lim_{x\to 0} \frac{\left[\frac{1}{(2+x)}\right] - \frac{1}{2}}{x} = -\lim_{x\to 0} \frac{1}{2(2+x)} = -\lim_{x\to 0} \frac{1}{2(2+0))} = -\frac{1}{4}$$

$$\boxed{\lim_{x\to 0} \frac{\left[\frac{\mathbf{1}}{(\mathbf{2}+\boldsymbol{x})}\right] - \frac{\mathbf{1}}{\mathbf{2}}}{\boldsymbol{x}} = -\frac{\mathbf{1}}{\mathbf{4}}}$$

021

$$\lim_{x \to 2} \left(\frac{x^5 - 32}{x - 2} \right) = \frac{0}{0}$$

Se reescribe el límite:

$$\lim_{x \to 2} \left(\frac{x^5 - 32}{x - 2} \right) = \lim_{x \to 2} \left(\frac{x^5 - 2^5}{x - 2} \right)$$

En el numerador de la fracción se presenta una diferencia de potencias impares iguales divisible por $x - 2$. Se resuelve utilizando la fórmula siguiente:

$$\frac{a^5 - b^5}{a - b} = a^4 + a^3b + a^2b^2 + ab^3 + b^4.$$

Despejando $a^5 - b^5$, se tiene:

$$a^5 - b^5 = (a - b)(a^4 + a^3b + a^2b^2 + ab^3 + b^4). \text{ Donde } a = x \text{ y } b = 2.$$

Aplicamos la fórmula despejada y tomando en cuenta el valor de a y b, se tiene:

$$\lim_{x \to 2} \left(\frac{x^5 - 2^5}{x - 2} \right) = \lim_{x \to 2} \frac{(x - 2)(x^4 + 2x^3 + 4x^2 + 8x + 16)}{(x - 2)}.$$

Se cancelan los factores semejantes y se evalúa el límite resultante:

$$\lim_{x \to 2} \left(\frac{x^5 - 2^5}{x - 2} \right) = \lim_{x \to 2} (x^4 + 2x^3 + 4x^2 + 8x + 16)$$

$$\lim_{x \to 2} \left(\frac{x^5 - 2^5}{x - 2} \right) = 2^4 + 2(2)^3 + 4(2)^2 + 8(2) + 16 = 80.$$

En consecuencia, se ha obtenido el valor real del límite:

$$\boxed{\lim_{x \to 2} \left(\frac{x^5 - 32}{x - 2} \right) = 80}$$

$$\lim_{x\to 2}\left(\frac{x^2-2\boldsymbol{x}}{x^2-4\boldsymbol{x}+4}\right)=\frac{0}{0}$$

022

Se factoriza tanto el numerador como el denominador y se evalúa el límite resultante:

$$\lim_{x\to 2}\left(\frac{x^2-2x}{x^2-4x+4}\right)=\lim_{x\to 2}\frac{x(x-2)}{(x-2)(x-2)}=\lim_{x\to 2}\frac{x}{(x-2)}=\frac{2}{(2-2)}=\frac{2}{0}.$$

Cuando el límite resulta en una constante distinta de cero dividida por cero $\left(\frac{k}{0}\right)$, el límite **no existe** (tiende al infinito). Para ser más precisos, podemos observar los límites laterales:

Por la derecha (2^+): esto quiere decir que $x-2>0\ \rightarrow\ x>2$. Por tanto se tiene:

$$\lim_{x\to 2^+}\frac{x}{(x-2)}=\frac{+}{+}=+\infty.$$

Por la izquierda (2^-): esto quiere decir que $x-2<0\ \rightarrow\ x<2$. Por tanto se tiene:

$$\lim_{x\to 2^-}\frac{x}{(x-2)}=\frac{+}{-}=-\infty.$$

Como los límites laterales no coinciden, se dice simplemente el límite general **no existe**. No es necesario decir tiende al infinito.

$$\lim_{x\to -3}\left(\frac{x^2+\boldsymbol{x}-6}{\boldsymbol{x}+3}\right)=\frac{0}{0}$$

023

Se factoriza el numerador y se cancelan términos semejantes:

$$\lim_{x\to -3}\frac{(\boldsymbol{x}+3)(\boldsymbol{x}-2)}{(\boldsymbol{x}+3)}=\lim_{x\to -3}(\boldsymbol{x}-2).$$

Se evalúa el límite resultante:

$$\lim_{x\to -3}(\boldsymbol{x}-2)=-3-2=-5.$$

En consecuencia, se ha obtenido el valor real del límite:

$$\boldsymbol{\lim_{x\to -3}\left(\frac{x^2+x-6}{x+3}\right)=-5}$$

024

$$\lim_{x\to 0} \frac{\sqrt{x+1} - 1}{x} = \frac{0}{0}$$

Para resolver el límite problema se utiliza la técnica de racionalización, la cual consiste en multiplicar y dividir tanto el numerador como el denominador por la expresión conjugada de: $\sqrt{x+1} - 1$.

Por tanto, se tiene:

$$\lim_{x\to 0} \frac{\sqrt{x+1} - 1}{x} = \lim_{x\to 0} \frac{\left(\sqrt{x+1} - 1\right)\left(\sqrt{x+1} + 1\right)}{x\left(\sqrt{x+1} + 1\right)}$$

En el numerador de la expresión anterior se presenta el producto de la diferencia por la suma que es igual a una diferencia de cuadrados y al resolver se tiene:

$$\lim_{x\to 0} \frac{\sqrt{x+1} - 1}{x} = \lim_{x\to 0} \frac{x+1-1}{x\left(\sqrt{x+1} + 1\right)} = \lim_{x\to 0} \frac{x}{x\left(\sqrt{x+1} + 1\right)}.$$

Se cancelan términos semejantes:

$$\lim_{x\to 0} \frac{\sqrt{x+1} - 1}{x} = \lim_{x\to 0} \frac{1}{\left(\sqrt{x+1} + 1\right)}.$$

Se evalúa el límite resultante:

$$\lim_{x\to 0} \frac{\sqrt{x+1} - 1}{x} = \lim_{x\to 0} \frac{1}{\left(\sqrt{x+1} + 1\right)} = \frac{1}{\left(\sqrt{0+1} + 1\right)} = \frac{1}{2}.$$

En consecuencia, obtenemos el valor real del límite:

$$\boxed{\lim_{x\to 0} \frac{\sqrt{x+1} - 1}{x} = \frac{1}{2}}$$

$$\lim_{x \to 3} \left(\frac{x^3 - 27}{x^2 - 9} \right) = \frac{0}{0}$$

025

Se factoriza tanto el numerador como el denominador, se cancelan términos semejantes y se evalúa el límite resultante:

$$\operatorname{Lim}_{x \to 3} \left(\frac{x^3 - 27}{x^2 - 9} \right) = \operatorname{Lim}_{x \to 3} \frac{(x - 3)(x^2 + 3x + 9)}{(x + 3)(x - 3)} = \operatorname{Lim}_{x \to 3} \frac{(x^2 + 3x + 9)}{(x + 3)} = \frac{27}{6} = \frac{9}{2}.$$

Por consiguiente, se obtiene el valor real del límite:

$$\boxed{\lim_{x \to 3} \left(\frac{x^3 - 27}{x^2 - 9} \right) = \frac{9}{2}}$$

$$\lim_{x \to -1} \left(\frac{x^2 - 1}{x^2 + 3x + 2} \right) = \frac{0}{0}$$

026

Se factoriza tanto el numerador como el denominador, se cancelan términos semejantes y se evalúa el límite resultante:

$$\lim_{x \to -1} \left(\frac{x^2 - 1}{x^2 + 3x + 2} \right) = \lim_{x \to -1} \frac{(x + 1)(x - 1)}{(x + 2)(x + 1)}$$

$$\lim_{x \to -1} \left(\frac{x^2 - 1}{x^2 + 3x + 2} \right) = \lim_{x \to -1} \frac{(x - 1)}{(x + 2)} = \frac{-1 - 1}{-1 + 2} = -2.$$

Por consiguiente, se obtiene el valor real del límite:

$$\boxed{\lim_{x \to -1} \left(\frac{x^2 - 1}{x^2 + 3x + 2} \right) = -2}$$

027

$$\lim_{h \to 0} \frac{(x+h)^3 - x^3}{h} = \frac{0}{0}$$

Se resuelve el cubo de la suma, se factoriza, se cancelan términos semejantes y se evalúa el límite resultante:

$$\lim_{h \to 0} \frac{x^3 + 3xh^2 + 3x^2h + h^3 - x^3}{h} = \lim_{h \to 0} \frac{h(3xh + 3x^2 + h^2)}{h} = \lim_{h \to 0} (3xh + 3x^2 + h^2) = 3x^2.$$

En consecuencia, hemos encontrado el límite:

$$\boldsymbol{\lim_{h \to 0} \frac{(x+h)^3 - x^3}{h} = 3x^2}$$

028

$$\lim_{x \to -2} \frac{2 + x}{x^2 - 4} = \frac{0}{0}$$

Se factoriza el denominador, se cancelan términos semejantes y se evalúa el límite resultante:

$$\operatorname{Lim}_{x \to -2} \frac{2 + x}{x^2 - 4} = \lim_{x \to -2} \frac{(x+2)}{(x+2)(x-2)} = \lim_{x \to -2} \frac{1}{(x-2)} = \frac{1}{(-2-2)} = -\frac{1}{4}.$$

En consecuencia, hemos encontrado el límite:

$$\boldsymbol{\lim_{x \to -2} \frac{2 + x}{x^2 - 4} = -\frac{1}{4}}$$

$$\lim_{x \to 2} \frac{(x^3 - 7x^2 + 16x - 12)}{(x^3 - 7x + 6)} = \frac{0}{0}$$

029

Se factoriza el numerador:

	1	-7	16	-12
2		2	-10	12
	1	-5	6	0

Esto significa que 2 es raíz del polinomio y el factor es $(x-2)$.

Y el cociente es $x^2 - 5x + 6$. Se factoriza el polinomio cociente cuyas soluciones son 2 y 3.

Sus factores son $(x-2)(x-3)$.

Por tanto, el polinomio numerador queda factorizado así:

$$x^3 - 7x^2 + 16\text{x} - 12 = (x-2)(x-2)(x-3).$$

Se factoriza el denominador:

	1	0	-7	6
2		2	4	-6
	1	2	-3	0

Esto significa que 2 es raíz del polinomio y el factor es $(x-2)$.

Y el cociente es $x^2 + 2x - 3$. Se factoriza el polinomio cociente cuyas soluciones son -3 y 1.

Sus factores son $(x+3)(x-1)$.

Por tanto, el polinomio denominador queda factorizado así:

$$x^2 - 7\text{x} + 6 = (x-2)(x+3)(x-1).$$

En consecuencia, obtenemos el valor real del límite:

$$\lim_{x\to 2} \frac{(x^3 - 7x^2 + 16x - 12)}{(x^3 - 7x + 6)} = \lim_{x\to 2} \frac{(x-2)(x-2)(x-3)}{(x-2)(x+3)(x-1)}$$

$$\lim_{x\to 2} \frac{(x^3 - 7x^2 + 16x - 12)}{(x^3 - 7x + 6)} = \lim_{x\to 2} \frac{(x-2)(x-3)}{(x+3)(x-1)} = \frac{0}{5} = 0$$

$$\boxed{\lim_{x\to 2} \frac{(x^3 - 7x^2 + 16x - 12)}{(x^3 - 7x + 6)} = 0}$$

030

$$\lim_{x\to 1} \frac{x^3 - 3x + 2}{x^3 - x^2 - x + 1} = \frac{0}{0}$$

Análogamente al caso anterior se factoriza el numerador aplicando Ruffini dando como resultado los siguientes factores: $(x-1), (x-1), (x+2)$. Luego se factoriza el denominador aplicando Ruffini, dando como resultado los siguientes factores: $(x-1), (x-1), (x+1)$.

Por tanto, se tiene

$$\lim_{x\to 1} \frac{x^3 - 3x + 2}{x^3 - x^2 - x + 1} = \lim_{x\to 1} \frac{(x-1)(x-1)(x+2)}{(x-1)(x-1)(x+1)}$$

Cancelando términos semejantes y evaluando el límite resultante se obtiene el valor real del límite:

$$\lim_{x\to 1} \frac{(x+2)}{(x+1)} = \frac{3}{2}$$

$$\boxed{\lim_{x\to 1} \frac{x^3 - 3x + 2}{x^3 - x^2 - x + 1} = \frac{3}{2}}$$

LÍMITES TRIGONOMÉTRICOS INDETERMINADOS DE LA FORMA $\frac{0}{0}$

EDITORIAL INFINITO

¡Haciendo Historia!

Producido por Editorial Infinito (República Bolivariana de Venezuela)

$$\lim_{x \to 0} \frac{senx}{5x}$$

031

Al evaluar el límite, el lector puede apreciar que se presenta una indeterminación matemática de la forma $\frac{0}{0}$, es decir:

$$\lim_{x \to 0} \frac{\text{sen}\boldsymbol{x}}{5\boldsymbol{x}} = \frac{\text{sen}(0)}{5\,(0)} = \frac{0}{0}.$$

Para resolver el límite, se requiere la utilización de los límites especiales o notables. En nuestro caso el límite:

$$\lim_{x \to 0} \frac{\text{sen}\boldsymbol{x}}{\boldsymbol{x}} = 1.$$

El límite del ejercicio es:

$$\lim_{x \to 0} \frac{\text{sen}\boldsymbol{x}}{5\boldsymbol{x}}.$$

Al sacar factor común $\frac{1}{5}$ obtenemos el límite notable:

$$\lim_{x \to 0} \frac{\text{sen}\boldsymbol{x}}{5\boldsymbol{x}} = \frac{1}{5} \lim_{x \to 0} \frac{\text{sen}\boldsymbol{x}}{\boldsymbol{x}}$$

Evaluando, se obtiene:

$$\lim_{x \to 0} \frac{\text{sen}\boldsymbol{x}}{5\boldsymbol{x}} = \frac{1}{5} \ . \ 1 = \frac{1}{5}.$$

En consecuencia, se ha obtenido el valor real del límite:

$$\boxed{\lim_{x \to 0} \frac{\textbf{sen}\boldsymbol{x}}{\boldsymbol{5x}} = \frac{\boldsymbol{1}}{\boldsymbol{5}}}$$

032

$$\lim_{x \to 0} \frac{\operatorname{sen}^2 x}{x}$$

Al evaluar el límite se obtiene la indeterminación $\frac{0}{0}$. ¡Hágalo!

$$\lim_{x \to 0} \frac{\operatorname{sen}^2 x}{x} = \lim_{x \to 0} \left[\frac{\operatorname{sen} x \, . \operatorname{sen} x}{x} \right] = \lim_{x \to 0} \frac{\operatorname{sen} x}{x} \lim_{x \to 0} \operatorname{sen} x = 1(0) = 0.$$

Nota: Observe que el $\operatorname{sen}^2 x$ se descompone en $\operatorname{sen} x \, . \operatorname{sen} x$. Luego se divide un $senx$ con la x, y así se obtiene el límite especial o notable.

Por consiguiente, hemos obtenido el valor real del límite:

$$\boldsymbol{\lim_{x \to 0} \frac{\operatorname{sen}^2 x}{x} = 0}$$

033

$$\lim_{x \to 0} \frac{3(1 - \cos x)}{x}$$

Al evaluar el límite, el lector puede notar que se presenta una indeterminación matemática de la forma $\frac{0}{0}$, es decir:

$$\lim_{x \to 0} \frac{3(1 - \cos x)}{x} = \frac{3(1 - \cos(0))}{0} = \frac{0}{0}.$$

Multiplicando y dividiendo por la conjugada del numerador, utilizando la identidad trigonométrica pitagórica $\operatorname{sen}^2 x + \cos^2 x = 1$ y aplicando algebra de límites se obtiene el resultado del límite:

$$\operatorname{Lim}_{x \to 0} \frac{3(1 - \cos x)}{x} = \lim_{x \to 0} \frac{3(1 - \cos x)(1 + \cos x)}{x(1 + \cos x)}$$

$$= \lim_{x \to 0} \frac{3(1 - \cos^2 x)}{x(1 + \cos x)} = \lim_{x \to 0} \frac{3\operatorname{sen}^2 x}{x(1 + \cos x)} = \lim_{x \to 0} \frac{3\operatorname{sen} x \operatorname{sen} x}{x(1 + \cos x)}$$

$$\operatorname{Lim}_{x \to 0} \frac{3(1 - \cos x)}{x} = 3 \left[\lim_{x \to 0} \frac{\operatorname{sen} x}{x} \lim_{x \to 0} \frac{\operatorname{sen} x}{(1 + \cos x)} \right] = 3 \left[1 \, . \, \frac{0}{2} \right] = 0$$

$$\boldsymbol{\lim_{x \to 0} \frac{3(1 - \cos x)}{x} = 0}$$

$$\lim_{x \to 0} \frac{\tan^2 x}{x}$$

034

Al evaluar el límite se obtiene la indeterminación $\frac{0}{0}$. ¡Hágalo!

Se reescribe la $tanx$ en función de $senx$ y $cosx$ con el objetivo de construir el límite notable correspondiente. Posteriormente se evalúan los límites:

$$\lim_{x \to 0} \frac{\frac{\text{sen}^2 x}{\cos^2 x}}{x} = \lim_{x \to 0} \frac{\text{sen}^2 x}{x\,(\cos^2 x)} = \left[\lim_{x \to 0} \frac{\text{sen}x}{x} \;.\; \lim_{x \to 0} \frac{\text{sen}x}{\cos^2 x}\right] = \left[1 \;.\; \frac{0}{1}\right] = 0.$$

En consecuencia, se obtiene el valor real del límite:

$$\boxed{\lim_{x \to 0} \frac{\tan^2 x}{x} = 0}$$

$$\lim_{x \to \frac{\Pi}{4}} \frac{1 - \tan x}{\text{sen}x - \cos x}$$

035

Al evaluar el límite se obtiene la indeterminación $\frac{0}{0}$. ¡Hágalo!

Se reescribe la $tanx$ en función de $senx$ y $cosx$ y se realizan las operaciones trigonométricas:

$$\text{Lim}_{x \to \frac{\Pi}{4}} \frac{1 - \tan x}{\text{sen}x - \cos x} = \lim_{x \to \frac{\Pi}{4}} \frac{1 - \frac{\text{sen}x}{\cos x}}{\text{sen}x - \cos x} = \lim_{x \to \frac{\Pi}{4}} \frac{\frac{\cos x - \text{sen}x}{\cos x}}{\text{sen}x - \cos x} = -\lim_{x \to \frac{\Pi}{4}} \frac{(\text{sen}x - \cos x)}{\cos x\;(\text{sen}x - \cos x)}$$

$$= -\lim_{x \to \frac{\Pi}{4}} \frac{1}{\cos x} \;\to\; \text{se evalúa el límite resultante:}$$

$$\text{Lim}_{x \to \frac{\Pi}{4}} \frac{1 - \tan x}{\text{sen}x - \cos x} = -\lim_{x \to \frac{\Pi}{4}} \frac{1}{\cos x} = -\frac{1}{\cos\frac{\pi}{4}} = -\frac{1}{\frac{1}{\sqrt{2}}\frac{\sqrt{2}}{\sqrt{2}}} = -\frac{1}{\frac{\sqrt{2}}{2}} = -\frac{2\sqrt{2}}{2} = -\sqrt{2}.$$

En consecuencia, se obtiene el valor real del límite:

$$\boxed{\lim_{x \to \frac{\Pi}{4}} \frac{1 - \tan x}{\text{sen}x - \cos x} = -\sqrt{2}}$$

036

$$\lim_{x \to 0} \frac{\operatorname{sen}\boldsymbol{x}\,(1 - \cos\boldsymbol{x})}{2\boldsymbol{x}^2}$$

Al evaluar el límite se obtiene la indeterminación $\frac{0}{0}$. ¡Hágalo!

Multiplicando y dividiendo por la conjugada del numerador, utilizando la identidad trigonométrica pitagórica $\operatorname{sen}^2\boldsymbol{x} + \cos^2\boldsymbol{x} = 1$ y aplicando algebra de límites se obtiene el resultado del límite:

$$\lim_{x \to 0} \frac{\operatorname{sen}\boldsymbol{x}\,(1 - \cos\boldsymbol{x})}{2\boldsymbol{x}^2} = \lim_{x \to 0} \frac{\operatorname{sen}\boldsymbol{x}\,(1 - \cos\boldsymbol{x})(1 + \cos\boldsymbol{x})}{2\boldsymbol{x}^2(1 + \cos\boldsymbol{x})} = \lim_{x \to 0} \frac{\operatorname{sen}\boldsymbol{x}\,(1 - \cos^2\boldsymbol{x})}{2\boldsymbol{x}^2(1 + \cos\boldsymbol{x})}$$

$$= \lim_{x \to 0} \frac{\operatorname{sen}\boldsymbol{x}\,(\operatorname{sen}^2\boldsymbol{x})}{2\boldsymbol{x}^2(1 + \cos\boldsymbol{x})} = \frac{1}{2}\left[\lim_{x \to 0} \frac{\operatorname{sen}^2\boldsymbol{x}}{\boldsymbol{x}^2} \lim_{x \to 0} \frac{\operatorname{sen}\boldsymbol{x}}{(1 + \cos x)}\right]$$

$$\lim_{x \to 0} \frac{\operatorname{sen}\boldsymbol{x}\,(1 - \cos\boldsymbol{x})}{2\boldsymbol{x}^2} = \frac{1}{2}\left[\lim_{x \to 0} \left(\frac{\operatorname{sen}\boldsymbol{x}}{\boldsymbol{x}}\right)^2 \lim_{x \to 0} \frac{\operatorname{sen}\boldsymbol{x}}{(1 + \cos\boldsymbol{x})}\right] = \frac{1}{2}(1 * 0) = 0.$$

Por consiguiente, se ha encontrado el valor real del límite:

$$\boldsymbol{\lim_{x \to 0} \frac{\operatorname{sen}x\,(1 - \cos x)}{2x^2} = 0}$$

037

$$\lim_{\theta \to 0} \frac{\cos\theta \tan\theta}{\theta}$$

Al evaluar el límite se obtiene la indeterminación $\frac{0}{0}$. ¡Hágalo!

Se reescribe la $tanx$ en función de $senx$ y $cosx$ para encontrar el límite notable, y se realizan las operaciones trigonométricas:

$$\lim_{\theta \to 0} \frac{\cos\theta \tan\theta}{\theta} = \lim_{\theta \to 0} \frac{\cos\theta \,\frac{\operatorname{sen}\theta}{\cos\theta}}{\theta} = \lim_{\theta \to 0} \frac{\operatorname{sen}\theta}{\theta} = 1.$$

En consecuencia, obtiene el valor real del límite:

$$\boldsymbol{\lim_{\theta \to 0} \frac{\cos\theta \tan\theta}{\theta} = 1}$$

$$\lim_{h\to 0} \frac{(1-\cos h)^2}{h}$$

038

Al evaluar el límite se obtiene la indeterminación $\frac{0}{0}$. ¡Hágalo!

Para resolver el límite hay que utilizar el límite notable:

$$\operatorname{Lim}_{h\to 0} \frac{(1-\cos h)}{h} = 0.$$

Por tanto, se procede a encontrar el límite notable y evaluar los limites:

$$\lim_{h\to 0} \frac{(1-\cos h)^2}{h} = \lim_{h\to 0} \frac{(1-\cos h)}{h} \lim_{h\to 0} (1-\cos h) = 0.$$

En consecuencia, obtenemos el valor real del límite:

$$\boxed{\lim_{h\to 0} \frac{(1-\cos h)^2}{h} = 0}$$

$$\lim_{\theta\to \Pi} (\theta \sec\theta)$$

039

Se reescribe el límite de la siguiente forma:

$$\lim_{\theta\to \Pi} (\theta \sec\theta) = \lim_{\theta\to \Pi} \theta \lim_{\theta\to \Pi} \frac{1}{\cos\theta}.$$

Se evalúan los límites correspondientes:

$$\lim_{\theta\to \Pi} (\theta \sec\theta) = \pi\,(-1) = -\pi.$$

En consecuencia, el límite evaluado es:

$$\boxed{\lim_{\theta\to \Pi} \theta \sec\theta = -\pi}$$

040

$$\lim_{x \to \frac{\Pi}{2}} \frac{\cos x}{\cot x}$$

Al evaluar el límite se obtiene la indeterminación $\frac{0}{0}$. ¡Hágalo!

Se reescribe el límite de la siguiente forma:

$$\lim_{x \to \frac{\Pi}{2}} \frac{1}{\cot x} \cos x,$$

Como:

$$\frac{1}{\cot x},$$

es igual a la $\tan x$ se tiene:

$$\lim_{x \to \frac{\Pi}{2}} \frac{1}{\cot x} \cos x = \lim_{x \to \frac{\Pi}{2}} \tan x \cos x.$$

Se reescribe la $tanx$ en función de $senx$ y $cosx$ y se realizan las operaciones trigonométricas:

$$\lim_{x \to \frac{\Pi}{2}} \frac{1}{\cot x} \cos x = \lim_{x \to \frac{\Pi}{2}} \left[\frac{\operatorname{sen} x}{\cos x} \cos x\right] = \lim_{x \to \frac{\Pi}{2}} \operatorname{sen} x.$$

Evaluando el límite resultante se obtiene:

$$\lim_{x \to \frac{\Pi}{2}} \frac{1}{\cot x} \cos x = \operatorname{sen} \frac{\pi}{2} = 1.$$

En consecuencia, se obtuvo el valor del límite:

$$\boxed{\lim_{x \to \frac{\Pi}{2}} \frac{\cos x}{\cot x} = 1}$$

$$\lim_{x \to 0} \frac{\text{sen}2x}{\text{sen}3x}$$

041

Al evaluar el límite se determina la forma $\frac{0}{0}$ ¡Hágalo!

Para resolver el límite problema, es necesario convertir tanto el numerador como el denominador en expresiones equivalentes al límite especial:

$$\lim_{x \to 0} \frac{\text{sen}x}{x} = 1,$$

esto se hace de la siguiente manera. Se divide entre $2x$ al sen$2x$ y se multiplica por $2x$. De igual forma se hace con sen$3x$.

Por tanto, al aplicar propiedades de límites se tiene:

$$\lim_{x \to 0} \frac{\text{sen}2x}{\text{sen}3x} = \lim_{x \to 0} \frac{\frac{\text{sen}2x}{2x} 2x}{\frac{\text{sen}3x}{3x} 3x} = \frac{\lim\limits_{x \to 0} \frac{\text{sen}2x}{2x} \lim\limits_{x \to 0} 2x}{\lim\limits_{x \to 0} \frac{\text{sen}3x}{3x} \lim\limits_{x \to 0} 3x}.$$

Los límites:

$$\lim_{x \to 0} \frac{\text{sen}2x}{2x} \quad , \quad \lim_{x \to 0} \frac{\text{sen}3x}{3x},$$

son equivalentes al límite especial:

$$\lim_{x \to 0} \frac{\text{sen}x}{x} = 1.$$

Por tanto, los límites son iguales a 1.

En consecuencia, obtenemos el valor real del límite:

$$\lim_{x \to 0} \frac{\text{sen}2x}{\text{sen}3x} = \frac{\lim\limits_{x \to 0} 2x}{\lim\limits_{x \to 0} 3x} = \lim_{x \to 0} \frac{2x}{3x} = \lim_{x \to 0} \frac{2}{3} = \frac{2}{3}$$

$$\boxed{\lim_{x \to 0} \frac{\text{sen}2x}{\text{sen}3x} = \frac{2}{3}}$$

Regla general:

Para cualquier límite de la forma $\lim\limits_{x \to 0} \frac{\text{sen ax}}{\text{sen bx}}$, el resultado siempre será $\frac{a}{b}$.

042

$$\lim_{t \to 0} \frac{\text{sen}3t}{2t}$$

Al evaluar el límite se determina la forma $\frac{0}{0}$ ¡Hágalo!

El procedimiento para resolver el ejercicio es análogo al ejercicio anterior:

$$\lim_{t \to 0} \frac{\text{sen}3t}{2t} = \frac{1}{2} \lim_{t \to 0} \frac{\text{sen}3t}{t} = \frac{1}{2} \lim_{t \to 0} \frac{\text{sen}3t}{\frac{3t}{3}} = \frac{3}{2} \lim_{t \to 0} \frac{\text{sen}3t}{3t} = \frac{3}{2} . 1 = \frac{3}{2}.$$

Por consiguiente, se obtiene el valor real del límite:

$$\boxed{\lim_{t \to 0} \frac{\text{sen}3t}{2t} = \frac{3}{2}}$$

043

$$\lim_{x \to 0} \frac{1}{x} \text{ sen } \frac{x}{3}$$

Se reescribe el límite para determinar la forma $\frac{0}{0}$ ¡Hágalo!

Se reescribe el límite para ir construyendo el límite especial o notable correspondiente:

$$\lim_{x \to 0} \frac{1}{x} \text{ sen } \frac{x}{3} = \lim_{x \to 0} \frac{\text{sen}\frac{x}{3}}{x} = \lim_{x \to 0} \frac{\text{sen}\frac{x}{3}}{\frac{x * 3}{3}}$$

$$\lim_{x \to 0} \frac{1}{x} \text{ sen } \frac{x}{3} = \frac{1}{3} \lim_{x \to 0} \frac{\text{sen}\frac{x}{3}}{\frac{x}{3}} = \frac{1}{3} * 1 = \frac{1}{3}.$$

Por consiguiente, se obtiene el valor real del límite:

$$\boxed{\lim_{x \to 0} \frac{1}{x} \text{sen } \frac{x}{3} = \frac{1}{3}}$$

Comentario: El lector puede apreciar la importancia de reescribir los ejercicios en matemáticas.

$$\lim_{x \to 0} \frac{1}{x^2} \operatorname{sen}^2 \frac{x}{2}$$

044

Se reescribe el límite para determinar la forma $\frac{0}{0}$ ¡Hágalo!

Se reescribe el límite de la siguiente forma:

$$\lim_{x \to 0} \frac{1}{x^2} \operatorname{sen}^2 \frac{x}{2} = \lim_{x \to 0} \frac{\operatorname{sen}^2 \frac{x}{2}}{x^2}$$

$$= \lim_{x \to 0} \frac{\operatorname{sen} \frac{x}{2} \operatorname{sen} \frac{x}{2}}{x^2} = \lim_{x \to 0} \frac{\operatorname{sen} \frac{x}{2} \operatorname{sen} \frac{x}{2}}{x * x}$$

$$= \lim_{x \to 0} \frac{\operatorname{sen} \frac{x}{2}}{x} * \lim_{x \to 0} \frac{\operatorname{sen} \frac{x}{2}}{x} = \lim_{x \to 0} \frac{\operatorname{sen} \frac{x}{2}}{\frac{x}{2} * 2} * \lim_{x \to 0} \frac{\operatorname{sen} \frac{x}{2}}{\frac{x}{2} * 2}$$

Se saca factor común 1/2 en ambos límites y se evalúa el límite resultante:

$$\lim_{x \to 0} \frac{1}{x^2} \operatorname{sen}^2 \frac{x}{2} = \frac{1}{2} \lim_{x \to 0} \frac{\operatorname{sen} \frac{x}{2}}{\frac{x}{2}} * \frac{1}{2} \lim_{x \to 0} \frac{\operatorname{sen} \frac{x}{2}}{\frac{x}{2}} = \frac{1}{2} * \frac{1}{2} = \frac{1}{4}.$$

En consecuencia, obtenemos el valor real del límite:

$$\boldsymbol{\lim_{x \to 0} \frac{1}{x^2} \operatorname{sen}^2 \frac{x}{2} = \frac{1}{4}}$$

Nota: Tenga presente que, para encontrar el límite especial correspondiente, es necesario aplicar operaciones algebraicas, así como también propiedades de los límites.

045

$$\lim_{x\to 0} \frac{\text{sen}2x}{\text{sen}5x}$$

Al evaluar el límite se determina la forma $\frac{0}{0}$ ¡Hágalo!

Se procede análogamente al ejercicio 041:

$$\lim_{x\to 0} \frac{\text{sen}2x}{\text{sen}5x} = \lim_{x\to 0} \frac{\frac{\text{sen}2x}{2x} * 2x}{\frac{\text{sen}5x}{5x} * 5x} = \frac{\lim\limits_{x\to 0} \frac{\text{sen}2x}{2x} * \lim\limits_{x\to 0} 2x}{\lim\limits_{x\to 0} \frac{\text{sen}5x}{5x} * \lim\limits_{x\to 0} 5x}$$

$$\lim_{x\to 0} \frac{\text{sen}2x}{\text{sen}5x} = \frac{\lim\limits_{x\to 0} 2x}{\lim\limits_{x\to 0} 5x} = \lim_{x\to 0} \frac{2x}{5x} = \lim_{x\to 0} \frac{2}{5} = \frac{2}{5}.$$

En consecuencia, se tiene el valor real del límite:

$$\boxed{\mathbf{Lim}_{x\to 0} \frac{\mathbf{sen}2x}{\mathbf{sen}5x} = \frac{\mathbf{2}}{\mathbf{5}}}$$

046

$$\lim_{x\to 0} \frac{x - \text{sen}3x}{x + \text{sen}2x}$$

Al evaluar el límite se determina la forma $\frac{0}{0}$ ¡Hágalo!

Se saca un factor común x tanto en el numerador como en el denominador, esto se hace para poder construir el límite especial correspondiente:

$$\lim_{x\to 0} \frac{x - \text{sen}3x}{\text{x} + \text{sen}2x} = \lim_{x\to 0} \frac{x\left(1 - \frac{\text{sen}3x}{x}\right)}{x\left(1 + \frac{\text{sen}2x}{x}\right)}$$

$$\lim_{x\to 0} \frac{x - \text{sen}3x}{\text{x} + \text{sen}2x} = \lim_{x\to 0} \frac{\left(1 - \frac{\text{sen}3x}{x}\right)}{\left(1 + \frac{\text{sen}2x}{x}\right)} = \frac{\left(\lim\limits_{x\to 0} 1 - 3\lim\limits_{x\to 0} \frac{\text{sen}3x}{3x}\right)}{\left(\lim\limits_{x\to 0} 1 + 2\lim\limits_{x\to 0} \frac{\text{sen}2x}{2x}\right)} = -\frac{2}{3}.$$

En consecuencia, se tiene el valor real del límite:

$$\boxed{\mathbf{lim}_{x\to 0} \frac{x - \mathbf{sen}3x}{x + \mathbf{sen}2x} = -\frac{\mathbf{2}}{\mathbf{3}}}$$

$$\lim_{x\to 0} \frac{\tan x - \operatorname{sen} x}{x^3}$$

047

Al evaluar el límite se determina la forma $\frac{0}{0}$ ¡Hágalo!

Se reescribe la tangente en función de seno y coseno:

$$\lim_{x\to 0} \frac{\tan x - \operatorname{sen} x}{x^3} = \lim_{x\to 0} \frac{\frac{\operatorname{sen} x}{\cos x} - \operatorname{sen} x}{x^3}.$$

Por tanto, se tiene:

$$\lim_{x\to 0} \frac{\tan x - \operatorname{sen} x}{x^3} = \lim_{x\to 0} \frac{\frac{\operatorname{sen} x - \operatorname{sen} x\cos x}{\cos x}}{x^3} = \lim_{x\to 0} \frac{\operatorname{sen} x - \operatorname{sen} x\cos x}{x^3\cos x}$$

$$= \lim_{x\to 0} \frac{\operatorname{sen} x[(1-\cos x)]}{x^3\cos x} = \lim_{x\to 0} \frac{\operatorname{sen} x[(1-\cos x)](1+\cos x)]}{x^3\cos x(1+\cos x)}$$

$$= \lim_{x\to 0} \frac{\operatorname{sen} x[(1-\cos^2 x)]}{x^3\cos x(1+\cos x)} = \lim_{x\to 0} \frac{\operatorname{sen} x\operatorname{sen}^2 x}{x^3\cos x(1+\cos x)}$$

$$\lim_{x\to 0} \frac{\tan x - \operatorname{sen} x}{x^3} = \lim_{x\to 0} \left(\frac{\operatorname{sen} x}{x}\right)^3 \lim_{x\to 0} \frac{1}{\cos x(1+\cos x)} = 1 * \frac{1}{2} = \frac{1}{2}.$$

En consecuencia, obtenemos el valor real del límite:

$$\boxed{\lim_{x\to 0} \frac{\tan x - \operatorname{sen} x}{x^3} = \frac{1}{2}}$$

Comentario:
Se reescribe la tangente en función de seno y coseno con la intención de ir construyendo el límite especial o notable correspondiente.

048

$$\lim_{x\to 0} \frac{\cos x - \cos 3x}{x^2}$$

Al evaluar el límite se determina la forma $\frac{0}{0}$ ¡Hágalo!

Para solucionar el límite se requiere la identidad trigonométrica del coseno del ángulo triple:

$cos3x = 4cos^3x - 3cosx.$

Por tanto, se tiene:

$$\lim_{x\to 0} \frac{\cos x - \cos 3x}{x^2} = \lim_{x\to 0} \frac{\cos x - (4\cos^3 x - 3\cos x)}{x^2}$$

$$= \lim_{x\to 0} \frac{\cos x - 4\cos^3 x + 3\cos x)}{x^2} = \lim_{x\to 0} \frac{\cos x(1 - 4\cos^2 x + 3)}{x^2}$$

$$= \lim_{x\to 0} \frac{\cos x(4 - 4\cos^2 x)}{x^2} = \lim_{x\to 0} \frac{\cos x[4(1 - \cos^2 x)]}{x^2}$$

Para simplificar se aplica la pitagórica $sen^2x + cos^2x = 1$:

$$\lim_{x\to 0} \frac{\cos x - \cos 3x}{x^2} = \lim_{x\to 0} \frac{4\mathrm{sen}^2 x \cos x}{x^2} = 4 \lim_{x\to 0} \left(\frac{\mathrm{sen} x}{x}\right)^2 \lim_{x\to 0} \cos x$$

Se evalúa el límite resultante:

$$\lim_{x\to 0} \frac{\cos x - \cos 3x}{x^2} = 4 \left(\frac{\mathrm{sen} x}{x}\right)^2 \cos(0) = 4 * 1 = 4$$

En consecuencia, obtenemos el valor del límite real:

$$\boxed{\lim_{x\to 0} \frac{\cos x - \cos 3x}{x^2} = 4}$$

$$\lim_{x\to 0} \frac{1-\cos x}{x^2}$$

049

Al evaluar el límite se determina la forma $\frac{0}{0}$ ¡Hágalo!

Multiplicando y dividiendo por la conjugada del numerador, utilizando la identidad trigonométrica pitagórica $\text{sen}^2 x + \cos^2 x = 1$ y aplicando algebra de límites se obtiene el valor del límite:

$$\lim_{x\to 0} \frac{1-\cos x}{x^2} = \lim_{x\to 0} \frac{(1-\cos x)(1+\cos x)}{x^2(1+\cos x)}$$

$$= \lim_{x\to 0} \frac{(1-\cos^2 x)}{x^2(1+\cos x)} = \lim_{x\to 0} \frac{\text{sen}^2 x}{x^2(1+\cos x)}$$

$$\lim_{x\to 0} \frac{1-\cos x}{x^2} = \lim_{x\to 0} \left(\frac{\text{sen}x}{x}\right)^2 \lim_{x\to 0} \frac{1}{(1+\cos x)} = 1 * \frac{1}{2} = \frac{1}{2}$$

En consecuencia, obtenemos el valor real del límite:

$$\boxed{\lim_{x\to 0} \frac{1-\cos x}{x^2} = \frac{1}{2}}$$

$$\lim_{x\to 0} \frac{\tan x}{\text{sen } 4x}$$

050

Se reescribe la tangente en función de seno y coseno:

$$\lim_{x\to 0} \frac{\tan x}{\text{sen } 4x} = \lim_{x\to 0} \frac{\frac{\text{sen}x}{\cos x}}{\text{sen } 4x} = \lim_{x\to 0} \frac{\text{sen}x}{\text{sen}4x \cos x} = \lim_{x\to 0} \frac{\frac{\text{sen}x}{x} * x}{\frac{\text{sen}4x}{4x} 4x \cos x}$$

$$\lim_{x\to 0} \frac{\tan x}{\text{sen } 4x} = \frac{\lim_{x\to 0} \frac{\text{sen}x}{x} \lim_{x\to 0} x}{\lim_{x\to 0} \frac{\text{sen}4x}{4x} \lim_{x\to 0} 4x \lim_{x\to 0} \cos x} = \frac{\lim_{x\to 0} x}{\lim_{x\to 0} 4x} = \lim_{x\to 0} \frac{x}{4x} = \frac{1}{4}.$$

En consecuencia, obtenemos el valor real del límite:

$$\boxed{\lim_{x\to 0} \frac{\tan x}{\text{sen } 4x} = \frac{1}{4}}$$

051

$$\lim_{x\to 0} \frac{1-\cos x}{x}$$

Multiplicando y dividiendo por la conjugada del numerador y operando se tiene el valor del límite:

$$\lim_{x\to 0} \frac{1-\cos x}{x} = \lim_{x\to 0} \frac{(1-\cos x)(1+\cos x)}{x(1+\cos x)} = \lim_{x\to 0} \frac{(1-\cos^2 x)}{x(1+\cos x)}$$

$$\lim_{x\to 0} \frac{1-\cos x}{x} = \lim_{x\to 0} \frac{\operatorname{sen}^2 x}{x(1+\cos x)} = \lim_{x\to 0} \left(\frac{\operatorname{sen} x}{x}\right) \lim_{x\to 0} \frac{\operatorname{sen} x}{1+\cos x} = 1 * \frac{0}{2} = 0.$$

$$\boxed{\lim_{x\to 0} \frac{1-\cos x}{x} = 0}$$

052

$$\lim_{x\to 1} \frac{\operatorname{sen} \pi x}{\operatorname{sen} 3\pi x}$$

Análisis para un cambio de variable.

Es evidente que sí $x \to 1$ entonces, $\operatorname{sen}\pi x \to 0$ y $\operatorname{sen}3\pi x \to 0$, por tanto, tenemos una indeterminación matemática de la forma $\frac{0}{0}$.

Para resolver el límite propuesto es necesario realizar un cambio de variable para poder utilizar el límite notable: $\lim_{x\to 0} \frac{\operatorname{sen} x}{x} = 1$. Y utilizar también identidades trigonométricas de la suma de ángulos:

Sí $x \to 1$, $x - 1 \to 0$. Sea $y = x - 1$, si $x \to 1$ entonces, $y \to 0$, $x = y + 1$. Por tanto, se tiene:

$$\lim_{x\to 1} \frac{\operatorname{sen}\pi x}{\operatorname{sen}3\pi x} = \lim_{y\to 0} \frac{\operatorname{sen}(\pi y+\pi)}{\operatorname{sen}(3\pi y+\pi)} = \lim_{y\to 0} \frac{-\operatorname{sen}(\pi y)}{-\operatorname{sen}(3\pi y)} = \lim_{y\to 0} \frac{\operatorname{sen}(\pi y)}{\operatorname{sen}(3\pi y)}$$

Se aplican límites notables:

$$\lim_{x\to 1} \frac{\operatorname{sen}\pi x}{\operatorname{sen}3\pi x} = \lim_{y\to 0} \frac{\frac{\operatorname{sen}(\pi y)}{\pi y}\,\pi y}{\frac{\operatorname{sen}(3\pi y)}{3\pi y}\,3\pi y} = \frac{1\,.\,\pi y}{1\,.\,3\pi y} = \frac{\pi}{3\pi} = \frac{1}{3}$$

En consecuencia, obtenemos el valor real del límite: $\boxed{\lim_{x\to 1} \frac{\operatorname{sen}\pi x}{\operatorname{sen} 3\pi x} = \frac{1}{3}}$

$$\lim_{x \to -2} \frac{\tan \pi x}{x+2}$$

053

Análisis para un cambio de variable.

Si $x \to -2$ entonces, $\tan \pi x \to 0$ y $x + 2 \to 0$. Así, tenemos una indeterminación matemática de la forma $\frac{0}{0}$.

Para resolver el límite problema es necesario realizar un cambio de variable, para poder utilizar el límite notable:

$$\lim_{x \to 0} \frac{\mathrm{sen} x}{x} = 1.$$

Es decir:

Si $x \to -2$, $x + 2 \to 0$. Sea $y = x + 2$, si $x \to -2$ entonces, $y \to 0$, $x = y - 2$ Por tanto, se tiene:

$$\lim_{x \to -2} \frac{\tan \pi x}{x+2} = \lim_{y \to 0} \frac{\tan \pi (y-2)}{y}.$$

Para continuar en la solución del problema, se requiere utilizar la identidad trigonométrica de la tangente para la diferencia de dos ángulos:

$$\tan(u - v) = \frac{tanu - tanv}{1 + tanutanv}$$

$$\tan \pi (y-2) = \frac{\tan \pi y - \tan 2\pi}{1 + \tan \pi y \tan 2\pi} = \tan \pi y,$$

por tanto, se tiene:

$$\lim_{x \to -2} \frac{\tan \pi x}{x+2} = \lim_{y \to 0} \frac{\tan \pi (y-2)}{y} = \lim_{y \to 0} \frac{\tan \pi y}{y} = \lim_{y \to 0} \frac{\tan \pi y}{\pi y} \pi$$

$$= \pi \lim_{y \to 0} \frac{1}{\pi y} \frac{\mathrm{sen} \pi y}{\cos \pi y} = \pi \left[\lim_{y \to 0} \frac{\mathrm{sen} \pi y}{\pi y} \lim_{y \to 0} \frac{1}{\cos \pi y} \right]$$

$$\lim_{x \to -2} \frac{\tan \Pi x}{x+2} = \pi (1 * 1) = \pi * 1 = \pi.$$

En consecuencia, obtenemos el valor real del límite:

$$\boxed{\lim_{x \to -2} \frac{\tan \pi x}{x+2} = \pi}$$

054

$$\lim_{x\to 1} \frac{\cos\frac{\pi x}{2}}{1-\sqrt{x}}$$

Al evaluar el límite se determina la forma $\frac{0}{0}$ ¡Hágalo!

Multiplicando y dividiendo el numerador y el denominador por el conjugado del denominador se elimina la raíz, por tanto, tiene:

$$\lim_{x\to 1} \frac{\cos\frac{\pi x}{2}}{1-\sqrt{x}} = \lim_{x\to 1} \frac{\left(\cos\frac{\pi x}{2}\right)\left(1+\sqrt{x}\right)}{\left(1-\sqrt{x}\right)\left(1+\sqrt{x}\right)} = \lim_{x\to 1} \frac{\left(\cos\frac{\pi x}{2}\right)\left(1+\sqrt{x}\right)}{1-x} = \frac{\lim\limits_{x\to 1}\left(\cos\frac{\pi x}{2}\right)\lim\limits_{x\to 1}\left(1+\sqrt{x}\right)}{\lim\limits_{x\to 1}(1-x)}.$$

Al evaluar el segundo límite en el numerador de la expresión anterior se obtiene como resultado 2. Aplicando propiedades de límites se tiene:

$$\lim_{x\to 1} \frac{\cos\frac{\pi x}{2}}{1-\sqrt{x}} = 2\lim_{x\to 1} \frac{\left(\cos\frac{\pi x}{2}\right)}{1-x}$$

Para realizar el cambio de variable se procede análogamente al efectuado en el límite anterior. Por tanto, se tiene:

$$\lim_{x\to 1} \frac{\cos\frac{\pi x}{2}}{1-\sqrt{x}} = 2\lim_{y\to 0} \frac{\cos\frac{\pi(1-y)}{2}}{y}.$$

Para operar el numerador de la fracción anterior, se utiliza la identidad trigonométrica del coseno de la diferencia de ángulos. Es decir:

$$\operatorname{Cos}\frac{\pi(1-y)}{2} = \cos\frac{\pi}{2}\cos\frac{\pi y}{2} + \operatorname{sen}\frac{\pi}{2}\operatorname{sen}\frac{\pi y}{2} = \operatorname{sen}\frac{\pi y}{2}.$$

Por tanto, se tiene:

$$\lim_{x\to 1} \frac{\cos\frac{\pi x}{2}}{1-\sqrt{x}} = 2\lim_{y\to 0}\left(\frac{\operatorname{sen}\frac{\pi y}{2}}{\frac{\pi y}{2}}\,\frac{\pi}{2}\right) = 2\left[\left(\lim_{y\to 0}\frac{\operatorname{sen}\frac{\pi y}{2}}{\frac{\pi y}{2}}\ \lim_{y\to 0}\frac{\pi}{2}\right)\right].$$

$$= 2\left(1 * \frac{\pi}{2}\right) = 2 * \frac{\pi}{2} = \pi.$$

En consecuencia, obtenemos el valor real del límite:

$$\boxed{\lim_{x\to 1} \frac{\cos\frac{\pi x}{2}}{1-\sqrt{x}} = \pi}$$

$$\lim_{x\to 0} \frac{1-\sec x}{x^2}$$

055

Se evaluar el límite y se determina la forma $\frac{0}{0}$ ¡Hágalo!

Al reescribir el límite se tiene:

$$\lim_{x\to 0} \frac{1-\sec x}{x^2} = \lim_{x\to 0} \frac{1-\frac{1}{\cos x}}{x^2} = \lim_{x\to 0} \frac{\frac{\cos x - 1}{\cos x}}{x^2} = \lim_{x\to 0} \frac{\cos x - 1}{x^2 \cos x}.$$

Multiplicando y dividiendo el numerador y el denominador por el conjugado del numerador se tiene:

$$\lim_{x\to 0} \frac{1-\sec x}{x^2} = \lim_{x\to 0} \frac{(\cos x - 1)(\cos x + 1)}{x^2 \cos x(\cos x + 1)}$$

$$= \lim_{x\to 0} \frac{(\cos^2 x - 1)}{x^2 \cos x(\cos x + 1)} = \lim_{x\to 0} \frac{-\operatorname{sen}^2 x}{x^2 \cos x(\cos x + 1)}$$

Se reescribe el límite anterior para obtener el límite notable:

$$\lim_{x\to 0} \frac{1-\sec x}{x^2} = -\lim_{x\to 0} \left(\frac{\operatorname{sen} x}{x}\right)^2 \lim_{x\to 0} \frac{1}{\cos x(\cos x + 1)}.$$

A continuación, se procede a evaluar el límite resultante:

$$\lim_{x\to 0} \frac{1-\sec x}{x^2} = -1 * \frac{1}{2} = -\frac{1}{2}$$

En consecuencia, hemos encontrado el valor real del límite:

$$\boxed{\lim_{x\to 0} \frac{1-\sec x}{x^2} = -\frac{1}{2}}$$

056

$$\lim_{x \to 0} \frac{6x - \text{sen}2x}{2x + 3\text{sen}4x}$$

Se evaluar el límite y se determina la forma $\frac{0}{0}$ ¡Hágalo!

Se saca factor común x tanto en el numerador como en el denominador, se encuentra el límite especial y se evalúa el límite resultante:

$$\lim_{x \to 0} \frac{6x - \text{sen}2x}{2x + 3\text{sen}4x} = \lim_{x \to 0} \frac{x\left(6 - \frac{\text{sen}2x}{x}\right)}{x\left(2 + \frac{3\text{sen}4x}{x}\right)} = \lim_{x \to 0} \frac{\left(6 - \frac{\text{sen}2x}{x}\right)}{\left(2 + \frac{3\text{sen}4x}{x}\right)}$$

$$= \frac{\lim\limits_{x \to 0} 6 - \lim\limits_{x \to 0} \frac{\text{sen}2x}{2x} * 2}{\lim\limits_{x \to 0} 2 + 3\lim\limits_{x \to 0} \frac{\text{sen}4x}{4x} * 4} = \frac{6 - 2}{2 + 12} = \frac{2}{7}.$$

Por consiguiente, hemos encontrado el valor real del límite:

$$\boxed{\lim_{x \to 0} \frac{6x - \text{sen}2x}{2x + 3\text{sen}4x} = \frac{2}{7}}$$

057

$$\lim_{x \to 0} \frac{\tan x}{x}$$

Al evaluar el límite se determina la forma $\frac{0}{0}$ ¡Hágalo!

Se rescribe la tangente en función de seno y coseno, se encuentra el límite especial y se evalúa el límite resultante:

$$\lim_{x \to 0} \frac{\tan x}{x} = \lim_{x \to 0} \frac{\frac{\text{sen}x}{\cos x}}{x} = \lim_{x \to 0} \frac{\text{sen}x}{x(\cos x)}$$

$$\lim_{x \to 0} \frac{\tan x}{x} = \lim_{x \to 0} \left(\frac{senx}{x}\right) \lim_{x \to 0} \frac{1}{\cos x} = 1 * \frac{1}{1} = 1.$$

Por consiguiente, se tiene el valor real del límite:

$$\boxed{\lim_{x \to 0} \frac{\tan x}{x} = 1}$$

$$\lim_{x \to 0} \frac{\text{sen}7x}{x}$$

058

Se evaluar el límite y se determina la forma $\frac{0}{0}$ ¡Hágalo!

Se reescribe el límite para aplicar el límite especial correspondiente:

$$\lim_{x \to 0} \frac{\text{sen}7x}{x} = \lim_{x \to 0} \frac{\text{sen}7x}{\frac{7x}{7}} = 7\lim_{x \to 0} \frac{\text{sen}7x}{7x} = 7.$$

En consecuencia, obtenemos el valor real del límite:

$$\boxed{\lim_{x \to 0} \frac{\text{sen}7x}{x} = 7}$$

$$\lim_{x \to 0} \frac{\tan 8x}{\text{sen}4x}$$

059

Se evaluar el límite y se determina la forma $\frac{0}{0}$ ¡Hágalo!

Se reescribe la tangente en función de seno y coseno, se encuentra el límite especial, se aplican propiedades de límites y se evalúa el límite resultante:

$$\lim_{x \to 0} \frac{\tan 8x}{\text{sen}4x} = \lim_{x \to 0} \frac{\frac{\text{sen}8x}{\cos 8x}}{\text{sen}4x} = \lim_{x \to 0} \frac{\text{sen}8x}{\text{sen}4x \cos 8x}$$

$$= \lim_{x \to 0} \frac{\frac{\text{sen}8x}{8x} 8x}{\frac{\text{sen}4x}{4x} 4x \cos 8x} = \frac{\lim_{x \to 0} \frac{\text{sen}8x}{8x} \ \lim_{x \to 0} 8x}{\lim_{x \to 0} \frac{\text{sen}\,4x}{4x} \ \lim_{x \to 0} 4x \ \lim_{x \to 0} \cos 8x}$$

$$\lim_{x \to 0} \frac{\tan 8x}{\text{sen}4x} = \frac{\lim_{x \to 0} 8x}{\lim_{x \to 0} 4x} = \lim_{x \to 0} \frac{8x}{4x} = \lim_{x \to 0} \frac{8}{4} = 2.$$

En consecuencia, obtenemos el valor real del límite:

$$\boxed{\lim_{x \to 0} \frac{\tan 8x}{\text{sen}4x} = 2}$$

060

$$\lim_{x \to a} \frac{\operatorname{sen} x - \operatorname{sen} a}{x - a}$$

Se utiliza el límite especial o notable $\lim_{x \to 0} \frac{\operatorname{sen} x}{x} = 1$ para resolver el límite. Es importante tener en consideración los siguientes aspectos: a) la variable del límite problema debe tender a cero, tal como lo indica el límite especial. b) El denominador del problema debe ser igual al argumento de la función. En nuestro caso la variable tiende a "a", y el denominador $x - a$ no es igual al argumento de la función. Por tanto, se hace necesario un cambio de variable.

Sea u la nueva variable: $u = x - a \;\rightarrow\; x = u + a$.

Si $x \rightarrow a$ entonces, $u \rightarrow 0$. Por tanto, se tiene:

$$\lim_{x \to a} \frac{\operatorname{sen} x - \operatorname{sen} a}{x - a} = \lim_{u \to 0} \frac{\operatorname{sen}(u + a) - \operatorname{sen} a}{u}.$$

Se resuelve el seno de la suma de dos ángulos y se separa el límite en dos límites:

$$\lim_{x \to a} \frac{\operatorname{sen} x - \operatorname{sen} a}{x - a} = \lim_{u \to 0} \frac{\operatorname{sen} u \cos a + \operatorname{sen} a \cos u - \operatorname{sen} a}{u}$$

$$= \lim_{u \to 0} \frac{\operatorname{sen} u \cos a}{u} + \lim_{u \to 0} \frac{\operatorname{sen} a\,(\cos u - 1)}{u}.$$

Como el $\operatorname{sen} a$ y el $\cos a$ son constantes salen de los límites:

$$\lim_{x \to a} \frac{\operatorname{sen} x - \operatorname{sen} a}{x - a} = \cos a \lim_{u \to 0} \frac{\operatorname{sen} u}{u} + \operatorname{sen} a \lim_{u \to 0} \frac{\cos u - 1}{u}.$$

Se resuelve el límite del segundo sumando:

$$\lim_{u \to 0} \frac{\cos u - 1}{u} = \frac{(\cos u - 1)(\cos u + 1)}{u(\cos u + 1)} = \lim_{u \to 0} \frac{(\cos^2 u - 1)}{u(\cos u + 1)}$$

$$\lim_{u \to 0} \frac{\cos u - 1}{u} = \lim_{u \to 0} \frac{-\text{sen}^2 u}{u(\cos u + 1)} = -\lim_{u \to 0} \frac{\text{sen } u}{u} \lim_{u \to 0} \frac{\text{sen } u}{\cos u + 1} = -1 * 0 = 0.$$

Es importante destacar que el límite resuelto es un límite especial o notable y es:

$$\lim_{x \to 0} \frac{\cos x - 1}{x} = 0.$$

Por tanto, se tiene:

$$\lim_{u \to a} \frac{\text{sen } x - \text{sen a}}{x - a} = \cos a \lim_{u \to 0} \frac{\text{sen } u}{u} + \text{sen a} \lim_{u \to 0} \frac{\cos u - 1}{u}$$

Ahora se procede a realizar las respectivas evaluaciones:

$$\lim_{u \to a} \frac{\text{sen } x - \text{sen a}}{x - a} = \cos a\,(1) + \text{sen a}\,(0) = \cos a$$

En consecuencia, se ha obtenido el valor real del límite:

$$\boxed{\lim_{x \to a} \frac{\mathbf{sen}x - \mathbf{sena}}{x - \mathbf{a}} = \mathbf{cos\,a}}$$

Comentario: El límite del ejercicio es uno de los pilares del cálculo, ya que representa la **definición de la derivada** de la función seno en un punto a.

EDITORIAL INFINITO

¡Haciendo Historia!

Producido por Editorial Infinito (República Bolivariana de Venezuela)

LÍMITES INDETERMINADOS DE LA FORMA $\frac{\infty}{\infty}$

EDITORIAL INFINITO

¡Haciendo Historia!
Producido por Editorial Infinito (República Bolivariana de Venezuela)

$$\lim_{x\to\infty} \frac{x^2+2}{x^3-1}$$

061

La técnica para resolver este tipo de indeterminación, consiste en dividir cada término del numerador y el denominador por la mayor potencia de x que aparezca en la fracción.
Al evaluar el límite, el lector puede apreciar que se presenta una indeterminación matemática de la forma $\frac{\infty}{\infty}$ la cual se puede resolver o levantar aplicando la técnica explicada anteriormente. Por sustitución directa, se tiene:

$$\lim_{x\to\infty} \frac{x^2+2}{x^3-1} = \frac{\infty^2+2}{\infty^3-1} = \frac{\infty}{\infty}.$$

Se observa que la mayor potencia de x en la fracción es x^3, luego usando el procedimiento descrito anteriormente, operando algebraicamente y evaluando el límite, se tiene:

$$\lim_{x\to\infty} \frac{x^2+2}{x^3-1} = \lim_{x\to\infty} \frac{\frac{x^2}{x^3}+\frac{2}{x^3}}{\frac{x^3}{x^3}-\frac{1}{x^3}} = \lim_{x\to\infty} \frac{\frac{1}{x}+\frac{2}{x^3}}{1-\frac{1}{x^3}} = \frac{\frac{1}{\infty}+\frac{2}{\infty^3}}{1-\frac{1}{\infty^3}} = \frac{0+0}{1-0} = \frac{0}{1} = 0\,.$$

En consecuencia, obtenemos el valor real del límite:

$$\boxed{\lim_{x\to\infty} \frac{x^2+2}{x^3-1} = 0.}$$

Comentario:
Cando se opera en cocientes con infinito se debe tener presente lo siguiente: Un número dividido por infinito es: $\frac{K}{\infty} = 0$. (ver tabla de operaciones con el infinito en el presente libro).

062

$$\lim_{x\to\infty} \frac{x^2+2}{x^2-1}$$

Al evaluar el límite se obtiene la indeterminación $\frac{\infty}{\infty}$. ¡Hágalo!

Se observa que la mayor potencia de x en la fracción es x^2, luego usando el procedimiento descrito anteriormente, operando algebraicamente y evaluando el límite se obtiene:

$$\lim_{x\to\infty} \frac{x^2+2}{x^2-1} = \lim_{x\to\infty} \frac{\frac{x^2}{x^2}+\frac{2}{x^2}}{\frac{x^2}{x^2}-\frac{1}{x^2}} = \lim_{x\to\infty} \frac{1+\frac{2}{x^2}}{1-\frac{1}{x^2}} = \frac{1+\frac{2}{\infty^2}}{1-\frac{1}{\infty^2}} = \frac{1+0}{1-0} = 1.$$

En consecuencia, obtenemos el valor real del límite:

$$\boxed{\lim_{x\to\infty} \frac{x^2+2}{x^2-1} = 1}$$

063

$$\lim_{x\to\infty} \frac{x^2+2}{x-1}$$

Al evaluar el límite se obtiene la indeterminación $\frac{\infty}{\infty}$. ¡Hágalo!

Se observa que la mayor potencia de x en la fracción es x^2, luego usando el procedimiento descrito anteriormente, operando algebraicamente y evaluando el límite se obtiene:

$$\lim_{x\to\infty} \frac{\frac{x^2}{x^2}+\frac{2}{x^2}}{\frac{x}{x^2}-\frac{1}{x^2}} = \lim_{x\to\infty} \frac{1+\frac{2}{x^2}}{\frac{1}{x}-\frac{1}{x^2}} = \frac{1+\frac{2}{\infty^2}}{\frac{1}{\infty}-\frac{1}{\infty^2}} = \frac{1+0}{0-0} = \frac{1}{0} \quad \rightarrow \quad \boxed{\lim_{x\to\infty} \frac{x^2+2}{x-1} = \infty}$$

En consecuencia, el valor del límite es ∞.

Cuando el resultado es infinito pueden surgir las siguientes preguntas:

"¿Existe el límite?" La respuesta: "El límite no existe en los números reales, ya que diverge a $+\infty$".

"¿Cuál es el valor del límite?" La respuesta correcta ∞.

"¿Converge el límite?" La respuesta es **No** (porque no llega a un número real).

Conclusión: De los resultados de los ejercicios anteriores se infiere:

a) Si el grado del polinomio del numerador es menor que el grado del polinomio del denominador entonces, el límite de la función racional es 0.
b) Si el grado del polinomio del numerador es igual que el grado del polinomio del denominador entonces, el límite de la función racional es el cociente de los coeficientes dominantes.
c) Si el grado del polinomio del numerador es mayor que el grado del polinomio del denominador entonces, el límite de la función racional es infinito.
d) El límite cuando $x \to \infty$ de una función polinómica es $+\infty$ o $-\infty$ si el término de mayor grado es positivo o negativo.

Las conclusiones anteriores sirven como una estrategia para determinar límites de $\pm\infty$ de funciones racionales y como una forma de corroborar resultados de límites cuando se divide por la potencia mayor.

$$\lim_{x\to\infty} \frac{3-2x}{3x^3-1}$$

064

Al evaluar el límite se obtiene la indeterminación $\frac{\infty}{\infty}$. ¡Hágalo!

Se observa que la mayor potencia de x en la fracción es x^3. Por tanto, se tiene:

$$\lim_{x\to\infty} \frac{3-2x}{3x^3-1} = \lim_{x\to\infty} \frac{\frac{3}{x^3} - \frac{2x}{x^3}}{3\frac{x^3}{x^3} - \frac{1}{x^3}} = \lim_{x\to\infty} \frac{\frac{3}{x^3} - \frac{2}{x^2}}{3 - \frac{1}{x^3}} = \frac{\frac{3}{\infty^3} - \frac{2}{\infty^2}}{3 - \frac{1}{\infty}} = \frac{0}{3} = 0.$$

Como el grado del polinomio del numerador es (1), menor que el grado del polinomio del denominador (3) entonces, el resultado del límite es igual a 0.

Por consiguiente, el valor del límite es 0.

$$\boxed{\lim_{x\to\infty} \frac{3-2x}{3x^3-1} = 0}$$

065

$$\lim_{x\to\infty} \frac{3-2x}{3x-1}$$

Al evaluar el límite se obtiene la indeterminación $\frac{\infty}{\infty}$. ¡Hágalo!

Se observa que la mayor potencia de x en la fracción es x. Por tanto, se tiene:

$$\lim_{x\to\infty} \frac{3-2x}{3x-1} = \lim_{x\to\infty} \frac{\frac{3}{x}-\frac{2x}{x}}{\frac{3x}{x}-\frac{1}{x}} = \lim_{x\to\infty} \frac{\frac{3}{x}-2}{3-\frac{1}{x}} = \frac{\frac{3}{\infty}-2}{3-\frac{1}{\infty}} = \frac{-2}{3} = -\frac{2}{3}$$

Como el grado del polinomio del numerador es (1), igual que el grado del polinomio del denominador (1) entonces, el resultado del límite es igual a $-\frac{2}{3}$.

Por consiguiente, el valor real del límite es:

$$\boxed{\lim_{x\to\infty} \frac{3-2x}{3x-1} = -\frac{2}{3}}$$

066

$$\lim_{x\to\infty} \frac{3-2x^2}{3x-1}$$

Al evaluar el límite se obtiene la indeterminación $\frac{\infty}{\infty}$. ¡Hágalo!

$$\lim_{x\to\infty} \frac{3-2x^2}{3x-1} = \lim_{x\to\infty} \frac{\frac{3}{x^2}-\frac{2x^2}{x^2}}{\frac{3x}{x^2}-\frac{1}{x^2}} = \lim_{x\to\infty} \frac{\frac{3}{x^2}-2}{\frac{3}{x}-\frac{1}{x^2}} = \frac{\frac{3}{\infty^2}-2}{\frac{3}{\infty}-\frac{1}{\infty^2}} = \frac{-2}{0} \rightarrow \boxed{\lim_{x\to\infty} \frac{3-2x^2}{3x-1} = -\infty}$$

Como el grado del polinomio del numerador es (2), mayor que el grado del polinomio del denominador (1) entonces, el resultado del límite es igual a $-\infty$.
Observe que cuando el límite tiende a infinito el resultado del límite es igual a menos infinito. Esto se debe a que el término de mayor grado ($2x^2$) es negativo.

En términos estrictos y en muchos cursos de cálculo formal, se dice que un límite existe solo si el resultado es un número real específico. Bajo esta regla, como el resultado es $-\infty$ diríamos que el límite no existe. Se argumenta que el límite "no converge" a un punto fijo.

$$\lim_{x\to\infty} \frac{5 - 2x^{3/2}}{3x^2 - 4}$$

067

Cuando aparezca un término con exponente fraccionario, se realiza la división para determinar el grado del polinomio. En nuestro caso: $3/2 = 1.5$, grado menor que el grado del polinomio del denominador. Por tanto, se divide tanto el numerador como el denominador por x^2 (potencia mayor). Es necesario convertir el término con exponente fraccionario en raíz para operar matemáticamente. ($x^{3/2} \to \sqrt{x^3}$).
Al evaluar el límite se obtiene la indeterminación $\frac{\infty}{\infty}$. ¡Hágalo!

$$\lim_{x\to\infty} \frac{5 - 2\sqrt{x^3}}{3x^2 - 4} = \lim_{x\to\infty} \frac{\frac{5}{x^2} - \frac{2\sqrt{x^3}}{x^2}}{\frac{3x^2}{x^2} - \frac{4}{x^2}} = \lim_{x\to\infty} \frac{\frac{5}{x^2} - 2\sqrt{\frac{x^3}{x^4}}}{\frac{3x^2}{x^2} - \frac{4}{x^2}} = \lim_{x\to\infty} \frac{\frac{5}{x^2} - 2\sqrt{\frac{1}{x}}}{3 - \frac{4}{x^2}} = \frac{0 - 0}{3 - 0} = 0.$$

Como el grado del numerador del polinomio es (1,5), menor que el grado del polinomio del denominador (2) entonces, el resultado del límite es igual a 0.

En consecuencia, el valor real del límite es:

$$\boldsymbol{\lim_{x\to\infty} \frac{5 - 2x^{3/2}}{3x^2 - 4} = 0.}$$

Comentario:
Los autores recomiendan a los lectores tener presente la importancia que representan las inferencias que nos permiten obtener el resultado de un límite, para corroborarlo con el resultado obtenido en el procedimiento analítico matemático para funciones racionales.

068

$$\lim_{x\to\infty} \frac{5 - 2x^{3/2}}{3x^{3/2} - 4}$$

Al evaluar el límite se obtiene la indeterminación $\frac{\infty}{\infty}$. ¡Hágalo!

Como los grados de los polinomios son iguales tanto en el numerador como en el denominador, las potencias son iguales. Por tanto, se divide tanto en el numerador como en el denominador por $\sqrt{x^3}$.

$$\lim_{x\to\infty} \frac{5 - 2\sqrt{x^3}}{3\sqrt{x^3} - 4} = \lim_{x\to\infty} \frac{\frac{5}{\sqrt{x^3}} - 2\frac{\sqrt{x^3}}{\sqrt{x^3}}}{\frac{3\sqrt{x^3}}{\sqrt{x^3}} - \frac{4}{\sqrt{x^3}}} = \lim_{x\to\infty} \frac{\frac{5}{\sqrt{x^3}} - 2}{3 - \frac{4}{\sqrt{x^3}}} = \frac{0 - 2}{3 - 0} = -\frac{2}{3}.$$

Como el grado del polinomio del numerador es $\left(\frac{3}{2}\right)$, igual que el grado del polinomio del denominador $\left(\frac{3}{2}\right)$, entonces, el resultado del límite es igual al cociente de las potencias dominantes $-\frac{2}{3}$.

Por consiguiente, el valor real del límite es:

$$\boxed{\lim_{x\to\infty} \frac{5 - 2x^{3/2}}{3x^{3/2} - 4} = -\frac{2}{3}}$$

Comentario:

Los autores recomiendan a los lectores tener presente la importancia que representan las inferencias que nos permiten obtener el resultado de un límite, para corroborarlo con el resultado obtenido en el procedimiento analítico matemático para funciones racionales.

$$\lim_{x\to\infty} \frac{5 - 2x^{3/2}}{3x - 4}$$

069

Al evaluar el límite se obtiene la indeterminación $\frac{\infty}{\infty}$. ¡Hágalo!
Como el grado del polinomio del numerador es mayor $(3/2 = 1.5)$ que el grado del polinomio del denominador (1) entonces, se divide tanto en el numerador como el denominador por $\sqrt{x^3}$.

$$\lim_{x\to\infty} \frac{5 - 2\sqrt{x^3}}{3\sqrt{x^2} - 4} = \lim_{x\to\infty} \frac{\frac{5}{\sqrt{x^3}} - \frac{2\sqrt{x^3}}{\sqrt{x^3}}}{\frac{3\sqrt{x^2}}{\sqrt{x^3}} - \frac{4}{\sqrt{x^3}}} = \lim_{x\to\infty} \frac{\frac{5}{\sqrt{x^3}} - \frac{2\sqrt{x^3}}{\sqrt{x^3}}}{3\sqrt{\frac{x^2}{x^3}} - \frac{4}{\sqrt{x^3}}}$$

$$\lim_{x\to\infty} \frac{5 - 2x^{3/2}}{3x - 4} = \lim_{x\to\infty} \frac{\frac{5}{\sqrt{x^3}} - 2}{3\sqrt{\frac{1}{x}} - \frac{4}{\sqrt{x^3}}} = \frac{0 - 2}{0 - 0} = \frac{-2}{0}.$$

$$\lim_{x\to\infty} \frac{5 - 2x^{3/2}}{3x - 4} = -\infty$$

Como el grado del polinomio del numerador es (1.5), mayor que el grado del polinomio del denominador (1), entonces el resultado del límite es igual $-\infty$.
Observe que cuando el límite tiende a infinito el resultado del límite es igual a menos infinito. Esto se debe a que el término de mayor grado $(2x^{3/2})$ es negativo.

En consecuencia, el resultado del límite es:

$$\boxed{\lim_{x\to\infty} \frac{5 - 2x^{3/2}}{3x - 4} = -\infty}$$

070

$$\lim_{x \to \infty} \frac{5x^{3/2}}{4x^2 + 1}$$

Al evaluar el límite se obtiene la indeterminación $\frac{\infty}{\infty}$. ¡Hágalo!

Como el grado del polinomio del numerador es $(3/2 = 1.5)$, menor que el grado del polinomio del denominador (2), entonces el resultado del límite es igual a 0.

Queda por parte del lector dividir tanto en el numerador como en el denominador por la potencia mayor (x^2), para corroborar el resultado. Recuerde que el término con exponente fraccionario se convierte en raíz.
Por consiguiente, el valor real del límite es:

$$\boldsymbol{\lim_{x \to \infty} \frac{5x^{3/2}}{4x^2 + 1} = 0}$$

071

$$\lim_{x \to \infty} \frac{5x^{3/2}}{4x^{3/2} + 1}$$

Al evaluar el límite se obtiene la indeterminación $\frac{\infty}{\infty}$. ¡Hágalo!
Como los grados son iguales tanto en el numerador como en el denominador, las potencias son iguales. Por tanto, el resultado del límite es $\frac{5}{4}$. Queda por parte del lector dividir tanto en el numerador como en el denominador por la respectiva potencia ($\sqrt{x^3}$), para corroborar el resultado.
Por consiguiente, el valor real del límite es:

$$\boldsymbol{\lim_{x \to \infty} \frac{5x^{3/2}}{4x^{3/2} + 1} = \frac{5}{4}}$$

$$\lim_{x\to\infty} \frac{5x^{\frac{3}{2}}}{4\sqrt{x+1}}$$

072

Al evaluar el límite se obtiene la indeterminación $\frac{\infty}{\infty}$. ¡Hágalo!

Como el grado del polinomio del numerador es mayor (3/2 = 1.5) que el grado del polinomio del denominador (1/2 = 0.5) en consecuencia, se tiene que el resultado del límite es ∞. Queda por parte del lector dividir tanto en el numerador como en el denominador por la respectiva potencia $\left(x^{\frac{3}{2}}\right)$ para corroborar el resultado.

En consecuencia, el resultado del límite es:

$$\boldsymbol{\lim_{x\to\infty} \frac{5x^{\frac{3}{2}}}{4\sqrt{x+1}} = \infty}$$

$$\lim_{x\to-\infty} \left(\frac{1}{2}x - \frac{4}{x^2}\right)$$

073

Se evalúa el límite por inspección o por términos dominantes cuando $x \to -\infty$:

El primer término del límite tiende a $-\infty$. Ya que una constante positiva por infinito y negativo da, negativo.

El segundo término del límite $\frac{4}{x^2}$ tiende a cero. Ya que una constante dividida por infinito da, cero.

En consecuencia, el resultado del límite es:

$$\lim_{x\to-\infty} \left(\frac{1}{2}x - \frac{4}{x^2}\right) = -\infty - 0 = -\infty$$

$$\boldsymbol{\lim_{x\to-\infty} \left(\frac{1}{2}x - \frac{4}{x^2}\right) = -\infty}$$

074

$$\lim_{x\to\infty} \frac{2x-1}{3x+2}$$

Al evaluar el límite se obtiene la indeterminación $\frac{\infty}{\infty}$. ¡Hágalo!

Se divide cada término de la función por la potencia mayor de la variable:

$$\lim_{x\to\infty} \frac{2x-1}{3x+2} = \lim_{x\to\infty} \frac{\frac{2x}{x}-\frac{1}{x}}{\frac{3x}{x}+\frac{2}{x}} = \lim_{x\to\infty} \frac{2-\frac{1}{x}}{3+\frac{2}{x}} = \frac{2-\frac{1}{\infty}}{3+\frac{2}{\infty}} = \frac{2-0}{3+0} = \frac{2}{3}.$$

Por tanto, el valor real del límite es:

$$\boxed{\lim_{x\to\infty} \frac{2x-1}{3x+2} = \frac{2}{3}}$$

¡Aplique las reglas de inferencia para corroborar el resultado!

075

$$\lim_{x\to\infty} \frac{3x^3+2}{9x^3-2x^2+7}$$

Al evaluar el límite se obtiene la indeterminación $\frac{\infty}{\infty}$. ¡Hágalo!

Se divide cada término de la función por la potencia mayor de la variable:

$$\lim_{x\to\infty} \frac{\frac{3x^3}{x^3}+\frac{2}{x^3}}{\frac{9x^3}{x^3}-\frac{2x^2}{x^3}+\frac{7}{x^3}} = \lim_{x\to\infty} \frac{3+\frac{2}{x^3}}{9-\frac{2}{x}+\frac{7}{x^3}} = \frac{3+\frac{2}{\infty^3}}{9-\frac{2}{\infty}+\frac{7}{\infty^3}} = \frac{3+0}{9-0+0} = \frac{3}{9} = \frac{1}{3}.$$

Por tanto, el valor real del límite es:

$$\boxed{\lim_{x\to\infty} \frac{3x^3+2}{9x^3-2x^2+7} = \frac{1}{3}}$$

¡Aplique las reglas de inferencia para corroborar el resultado!

$$\lim_{x \to \infty} \left(4 + \frac{3}{x}\right)$$

076

Al evaluar el límite directamente no se obtiene la indeterminación $\frac{\infty}{\infty}$. De todas maneras, se resuelve el límite.

Se aplican propiedades de límites y se evalúa el límite resultante:

$$\lim_{x \to \infty} \left(4 + \frac{3}{x}\right) = \lim_{x \to \infty} 4 + \lim_{x \to \infty} \frac{3}{x} = 4 + \frac{3}{\infty} = 4 + 0 = 4.$$

En consecuencia, obtenemos el límite de la función:

$$\boxed{\lim_{x \to \infty} \left(4 + \frac{3}{x}\right) = 4}$$

Gráficamente, esto significa que la función tiene una **asíntota horizontal** en $y = 4$.

$$\lim_{x \to \infty} \frac{x}{x^2 - 1}$$

077

Al evaluar el límite se obtiene la indeterminación $\frac{\infty}{\infty}$. ¡Hágalo!

Se divide cada término de la función por la potencia mayor de la variable en la fracción:

$$\lim_{x \to \infty} \frac{x}{x^2 - 1} = \lim_{x \to \infty} \frac{\frac{x}{x^2}}{\frac{x^2}{x^2} - \frac{1}{x^2}} = \lim_{x \to \infty} \frac{\frac{1}{x}}{1 - \frac{1}{x^2}} = \frac{0}{1} = 0.$$

En consecuencia, obtenemos el valor real del límite:

$$\boxed{\lim_{x \to \infty} \frac{x}{x^2 - 1} = 0}$$

¡Aplique las reglas de inferencia para corroborar el resultado!

078

$$\lim_{x \to -\infty} \frac{5x^2}{x+3}$$

Al evaluar el límite se obtiene la indeterminación $\frac{\infty}{\infty}$. ¡Hágalo!

Se divide cada término de la función por la potencia mayor de la variable en la fracción:

$$\lim_{x \to -\infty} \frac{5x^2}{x+3} = \lim_{x \to -\infty} \frac{\frac{5x^2}{x^2}}{\frac{x}{x^2} + \frac{3}{x^2}} = \lim_{x \to -\infty} \frac{5}{\frac{1}{x} + \frac{3}{x^2}} = \frac{5}{0} = \frac{5}{0}$$

En el cálculo de límites, una constante dividida por algo que se acerca a cero $\left(\frac{k}{0}\right)$ nos indica que el resultado final es un infinito ($\infty \; o \; -\infty$). Sin embargo, esta expresión no te dice automáticamente el signo del infinito. Ahora bien, qué sucede si dividimos por la potencia mayor del denominador:

$$\lim_{x \to -\infty} \frac{5x^2}{x+3} = \lim_{x \to -\infty} \frac{\frac{5x^2}{x}}{\frac{x}{x} + \frac{3}{x}} = \lim_{x \to -\infty} \frac{5x}{1 + \frac{3}{x}} = \frac{5(-\infty)}{1+0} = -\infty$$

Como puedes ver, el denominador se reduce a un cómodo 1, y el signo negativo del infinito queda expuesto de forma directa y natural en el numerador ($5x$), sin necesidad de analizar si el cero es positivo o negativo. Ambos métodos son válidos, pero el segundo te ahorra pasos y posibles errores de signos.

En consecuencia, se tiene el valor del límite: $\boldsymbol{\lim_{x \to -\infty} \frac{5x^2}{x+3} = -\infty}$

079

$$\lim_{x \to -\infty} \frac{x}{\sqrt{x^2 - x}} = \frac{\infty}{\infty}$$

Como $x < 0 \; (x \to -\infty)$, $x = -\sqrt{x^2}$. Esto se hace para evitar complicaciones con valores negativos para las equis ($x < 0$) al introducirlos en una raíz par.

Se divide cada término de la función por la potencia mayor de la variable en la fracción:

$$\lim_{x \to -\infty} \frac{\frac{x}{x}}{\frac{\sqrt{x^2 - x}}{-\sqrt{x^2}}} = \lim_{x \to -\infty} -\frac{\frac{x}{x}}{\sqrt{\frac{x^2}{x^2} - \frac{x}{x^2}}} = -\lim_{x \to -\infty} \frac{1}{\sqrt{1 - \frac{1}{x}}} = -\frac{1}{\sqrt{1-0}} = -\frac{1}{\sqrt{1}} = -\frac{1}{1} = -1$$

En consecuencia, se tiene el valor del límite: $\boldsymbol{\lim_{x \to -\infty} \frac{x}{\sqrt{x^2 - x}} = -1}$

$$\lim_{x \to -\infty} \frac{x}{\sqrt{x^2+1}}$$

080

Al evaluar el límite se obtiene la indeterminación $\frac{\infty}{\infty}$. ¡Hágalo!

Como $x < 0\ (x \to -\infty),\ x = -\sqrt{x^2}$.

Se divide cada término de la función por la potencia mayor de la variable en la fracción:

$$\lim_{x\to-\infty} \frac{x}{\sqrt{x^2+1}} = \lim_{x\to-\infty} \frac{\frac{x}{x}}{\frac{\sqrt{x^2+1}}{-\sqrt{x^2}}}$$

$$= \lim_{x\to-\infty} -\frac{\frac{x}{x}}{\sqrt{\frac{x^2}{x^2}+\frac{1}{x^2}}} = -\lim_{x\to-\infty} \frac{1}{\sqrt{1+\frac{1}{x^2}}} = -\frac{1}{\sqrt{1+\frac{1}{\infty^2}}} = -1.$$

En consecuencia, se tiene el valor del límite:

$$\boldsymbol{\lim_{x\to-\infty} \frac{x}{\sqrt{x^2+1}} = -1}$$

$$\lim_{x \to -\infty} \frac{2x+1}{\sqrt{x^2-x}}$$

081

Al evaluar el límite se obtiene la indeterminación $\frac{\infty}{\infty}$. ¡Hágalo!

Como $x < 0, x = -\sqrt{x^2}$

$$\lim_{x\to-\infty} \frac{2x+1}{\sqrt{x^2-x}} = \lim_{x\to-\infty} \frac{\frac{2x}{x}+\frac{1}{x}}{\frac{\sqrt{x^2-x}}{-\sqrt{x^2}}} = \lim_{x\to-\infty} -\frac{2+\frac{1}{x}}{\sqrt{1-\frac{1}{x}}} = -\frac{2+\frac{1}{\infty}}{\sqrt{1-\frac{1}{\infty}}} = -\frac{2}{\sqrt{1}} = -2.$$

En consecuencia, se tiene el valor del límite:

$$\boldsymbol{\lim_{x\to-\infty} \frac{2x+1}{\sqrt{x^2-x}} = -2}$$

082

$$\lim_{x \to \infty} \frac{\sin 2x}{x}$$

Es un caso clásico que a veces confunde porque se parece mucho a un límite notable, pero la clave aquí es que x tiende al **infinito**, no a cero.
Al evaluar el límite no se obtiene la indeterminación $\frac{\infty}{\infty}$. ¡Hágalo! Tenga presente que la función seno oscila entre -1 y 1. De todas maneras, se resuelve.

Para resolver el límite propuesto es necesario utilizar el teorema del encaje o teorema del emparedado que dice:

Si $\mathrm{h}(x) \leq f(x) \leq g(x)$, para todos los x en un intervalo abierto, y si:

$$\lim_{x \to c} h(x) = L = \lim_{x \to c} g(x),$$

entonces

$$\lim_{x \to c} f(x) \text{ existe y es igual } L.$$

La función $\frac{\sin 2x}{x}$ está encajada entre dos funciones que son:

$$\mathrm{h(x)} = -\frac{1}{x} \quad \text{y} \quad g(x) = \frac{1}{x},$$

es decir:

$$-\frac{1}{x} \leq \frac{\sin 2x}{x} \leq \frac{1}{x},$$

donde:

$$\lim_{x \to \infty} \left(-\frac{1}{x}\right) = 0 = \lim_{x \to \infty} \left(\frac{1}{x}\right) = 0.$$

Por tanto, como las dos funciones de los extremos tienden a **0**, por el Teorema del Sándwich, la función del medio no tiene más remedio que tender también a **0.**

$$\boxed{\lim_{x \to \infty} \frac{\sin 2x}{x} = 0}$$

$$\lim_{x\to\infty} \frac{x - cosx}{x}$$

083

Al evaluar el límite se obtiene la indeterminación $\frac{\infty}{\infty}$. ¡Hágalo!

Se reescribe el límite de la siguiente forma:

$$\lim_{x\to\infty} \frac{x - cosx}{x} = \lim_{x\to\infty} \frac{x}{x} - \lim_{x\to\infty} \frac{cosx}{x}.$$

Para resolver el límite

$$\lim_{x\to\infty} \frac{cosx}{x},$$

se procede análogamente al caso del límite anterior.

Por tanto:

$$\lim_{x\to\infty} \frac{\cos x}{x} = 0.$$

Por consiguiente, se tiene:

$$\lim_{x\to\infty} \frac{x - cosx}{x} = \lim_{x\to\infty} \frac{x}{x} - \lim_{x\to\infty} \frac{cosx}{x}$$

$$\lim_{x\to\infty} \frac{x - cosx}{x} = \lim_{x\to\infty} 1 - \lim_{x\to\infty} \frac{cosx}{x} = 1 - 0$$

En consecuencia, obtenemos el límite de la función:

$$\boxed{\lim_{x\to\infty} \frac{x - cosx}{x} = 1}$$

084

$$\lim_{x\to\infty} \frac{1}{2x + senx} \neq \frac{\infty}{\infty}$$

Para resolver el límite de manera rigurosa, podemos utilizar el teorema del Sándwich. Sabemos que la función seno está acotada entre -1 y 1 para cualquier valor real de x:

$$-1 \leq sen\, x \leq 1$$

Luego se procede a construir el denominador sumando $2x$ en todos los lados de la desigualdad:

$$2x - 1 \leq 2x + sen\, x \leq 2x + 1 \quad \rightarrow \quad \frac{1}{2x+1} \leq \frac{1}{2x + sen\, x} \leq \frac{1}{2x-1}$$

Ahora calculamos el límite cuando $x \rightarrow \infty$ para las funciones de los extremos:

$$\lim_{x\to\infty} \frac{1}{2x+1} = \frac{1}{\infty} = 0, \quad \lim_{x\to\infty} \frac{1}{2x-1} = \frac{1}{\infty} = 0$$

Como las funciones de ambos extremos tienden a 0 por el teorema del Sándwich la función del centro obligatoriamente debe tender al mismo valor. Por tanto, hemos encontrado el límite:

$$\boldsymbol{\lim_{x\to\infty} \frac{1}{2x + sen\, x} = 0}$$

085

$$\lim_{x\to\infty} \cos\left(\frac{1}{x}\right) \neq \frac{\infty}{\infty}$$

Se evalúa la fracción que está en el coseno a medida que $x \rightarrow \infty$. Luego se evalúa la función coseno. Como la función coseno es continua en todo su dominio, podemos introducir el límite dentro de la función coseno:

$$\lim_{x\to\infty} \frac{1}{x} = 0 \quad \rightarrow \quad \cos\left(\lim_{x\to\infty} \frac{1}{x}\right) = \cos(0) = 1$$

En consecuencia, se ha encontrado el valor del límite:

$$\boldsymbol{\lim_{x\to\infty} \cos\left(\frac{1}{x}\right) = 1}$$

$\lim_{x\to-\infty} (x + \sqrt{x^2 + 3})$

086

Al evaluar el límite la indeterminación es de la forma $(\infty - \infty)$. Se resuelve así:
Se multiplica y se divide el límite por el conjugado de la expresión:

$x + \sqrt{x^2 + 3}.$

Por tanto, se tiene:

$$\lim_{x\to-\infty} (x + \sqrt{x^2 + 3}) = \lim_{x\to-\infty} \frac{(x + \sqrt{x^2 + 3})(x - \sqrt{x^2 + 3})}{(x - \sqrt{x^2 + 3})} = \lim_{x\to-\infty} \frac{(x^2 - x^2 - 3)}{(x - \sqrt{x^2 + 3})}$$

$$= \lim_{x\to-\infty} \frac{-3}{(x - \sqrt{x^2 + 3})} = \frac{-3}{-\infty - \infty} = \frac{-3}{-(\infty + \infty)} = \frac{3}{\infty} = 0.$$

En consecuencia, obtenemos el valor del límite:

$$\boxed{\lim_{x\to-\infty} (x + \sqrt{x^2 + 3} = 0}$$

$\lim_{x\to-\infty} \frac{-3x + 1}{\sqrt{x^2 + x}}$

087

Al evaluar el límite se obtiene la indeterminación $\frac{\infty}{\infty}$. ¡Hágalo!
Se divide cada término tanto en el numerador como en el denominador por la potencia mayor en la fracción (ver el ejercicio 080):

$$\lim_{x\to-\infty} \frac{-3x + 1}{\sqrt{x^2 + x}} = \lim_{x\to-\infty} \frac{\frac{-3x}{x} + \frac{1}{x}}{\frac{\sqrt{x^2 + x}}{-\sqrt{x^2}}} = \lim_{x\to-\infty} \frac{\frac{-3x}{x} + \frac{1}{x}}{-\sqrt{\frac{x^2}{x^2} + \frac{1}{x}}} = \frac{-3 + 0}{-\sqrt{1 + 0}} = \frac{-3}{-1} = 3.$$

En consecuencia, obtenemos el valor del límite:

$$\boxed{\lim_{x\to-\infty} \frac{-3x + 1}{\sqrt{x^2 + x}} = 3}$$

088

$$\lim_{x\to\infty}\left(\frac{5}{1-x}-\frac{4}{x-1}-\frac{3}{x^2}-2\right)$$

No presenta ninguna indeterminación. De todas maneras, se resuelve.

Aplicando propiedades de límites se tiene:

$$\lim_{x\to\infty}\left(\frac{5}{1-x}-\frac{4}{x-1}-\frac{3}{x^2}-2\right)=\lim_{x\to\infty}\frac{5}{1-x}-\lim_{x\to\infty}\frac{4}{x-1}-\lim_{x\to\infty}\frac{3}{\mathrm{x}^2}-\lim_{x\to\infty}2$$

$$\lim_{x\to\infty}\left(\frac{5}{1-x}-\frac{4}{x-1}-\frac{3}{x^2}-2\right)=\frac{5}{1-\infty}-\frac{4}{\infty-1}-\frac{3}{\infty^2}-2=-2.$$

Por consiguiente, se tiene el valor del límite:

$$\boxed{\lim_{x\to\infty}\left(\frac{5}{1-x}-\frac{4}{x-1}-\frac{3}{x^2}-2\right)=-2}$$

089

$$\lim_{x\to\infty}\left(\frac{2x}{x+1}-1\right)$$

Se simplifica la expresión que está en el paréntesis y se divide cada término tanto en el numerador como en el denominador por la potencia mayor en la fracción:

$$\lim_{x\to\infty}\left(\frac{2x}{x+1}-1\right)=\lim_{x\to\infty}\frac{x-1}{x+1}=\frac{\infty}{\infty}\quad\to\quad\lim_{x\to\infty}\frac{\frac{x}{x}-\frac{1}{x}}{\frac{x}{x}+\frac{1}{x}}$$

$$\lim_{x\to\infty}\left(\frac{2x}{x+1}-1\right)=\lim_{x\to\infty}\frac{1-\frac{1}{x}}{1+\frac{1}{x}}=\frac{1-0}{1+0}=\frac{1}{1}=1.$$

Por consiguiente, se tiene el valor del límite:

$$\boxed{\lim_{x\to\infty}\left(\frac{2x}{x+1}-1\right)=1}$$

$\lim_{x \to -\infty} (x^3 - x^2 - x + 1)$ **090**

No presenta ninguna indeterminación. De todas maneras, se resuelve.

Aplicando propiedades de límites, se tiene:

$$\lim_{x \to -\infty} (x^3 - x^2 - x + 1) = \lim_{x \to -\infty} x^3 - \lim_{x \to -\infty} x^2 - \lim_{x \to -\infty} x + \lim_{x \to \infty} 1$$

$$= (-\infty)^3 - (-\infty)^2 - (-\infty) + 1$$

$$\lim_{x \to -\infty} (x^3 - x^2 - x + 1) = -\infty^3 - \infty^2 + \infty + 1 = -\infty$$

Al comparar los infinitos se observa que $-\infty^3$ es mayor que los restantes infinitos, por tanto, prevalece $-\infty$. En otras palabras, como el término que "manda" es x^3 y tiene un exponente impar, al irnos hacia el infinito negativo, la función también cae hacia el infinito negativo.

En consecuencia, obtenemos el valor del límite:

$$\boxed{\lim_{x \to -\infty} (x^3 - x^2 - x + 1) = -\infty}$$

$\lim_{x \to -\infty} (x^2 + x)$ **091**

No presenta ninguna indeterminación. De todas maneras, se resuelve.

Por sustitución directa, se obtiene:

$$\lim_{x \to -\infty} (x^2 + x) = (-\infty)^2 - \infty = \infty^2 - \infty = \infty^2 = \infty$$

Por comparación de infinitos, se tiene:

∞^2 es mayor que $-\infty$,

por tanto, el resultado es ∞.

$$\boxed{\lim_{x \to -\infty} (x^2 + x) = +\infty}$$

092

$$\lim_{x\to\infty}\left(\sqrt{x+1} - \sqrt{x}\right)$$

Un abre boca para la indeterminación $(\infty - \infty)$.

Se multiplica y se divide el límite por el conjugado de la expresión $\left(\sqrt{x+1} - \sqrt{x}\right)$.

Por tanto, se tiene:

$$\lim_{x\to\infty}\left(\sqrt{x+1} - \sqrt{x}\right) = \lim_{x\to\infty}\frac{(\sqrt{x+1} - \sqrt{x})\,(\sqrt{x+1} + \sqrt{x})}{(\sqrt{x+1} + \sqrt{x})}$$

$$\lim_{x\to\infty}\left(\sqrt{x+1} - \sqrt{x}\right) = \lim_{x\to\infty}\frac{x+1-x}{\left(\sqrt{x+1}\right)+\left(\sqrt{x}\right)} = \lim_{x\to\infty}\frac{1}{\left(\sqrt{x+1}\right)+\left(\sqrt{x}\right)}.$$

Se evalúa el límite resultante:

$$\lim_{x\to\infty}\frac{1}{\left(\sqrt{x+1}\right)+\left(\sqrt{x}\right)} = \frac{1}{\infty+\infty} = \frac{1}{\infty} = 0.$$

Por consiguiente, se tiene el valor del límite:

$$\boxed{\lim_{x\to\infty}\left(\sqrt{x+1} - \sqrt{x}\right) = 0}$$

093

$$\lim_{x\to\infty}\frac{x^2-1}{2x^2-x-1}$$

Al evaluar el límite se obtiene la indeterminación $\frac{\infty}{\infty}$. ¡Hágalo!

Por tanto, se divide cada término de la fracción por la potencia mayor: x^2.

$$\lim_{x\to\infty}\frac{x^2-1}{2x^2-x-1} = \lim_{x\to\infty}\frac{\frac{x^2}{x^2}-\frac{1}{x^2}}{\frac{2x^2}{x^2}-\frac{x}{x^2}-\frac{1}{x^2}} = \lim_{x\to\infty}\frac{1-\frac{1}{x^2}}{2-\frac{1}{x}-\frac{1}{x^2}} = \frac{1-0}{2-0-0} = \frac{1}{2}.$$

En consecuencia, se tiene el valor del límite:

$$\boxed{\lim_{x\to\infty}\frac{x^2-1}{2x^2-x-1} = \frac{1}{2}}$$

¡Aplique las reglas de inferencia para corroborar el resultado!

$\lim_{x \to \infty} \left(\sqrt{x^2+1} - \sqrt{x^2-1}\right)$

094

Un abre boca para la indeterminación $(\infty - \infty)$.

Se multiplica y se divide el límite por el conjugado de la expresión $\left(\sqrt{x^2+1} - \sqrt{x^2-1}\right)$.

Por tanto, se tiene:

$$\lim_{x \to \infty} \left(\sqrt{x^2+1} - \sqrt{x^2-1}\right) = \lim_{x \to \infty} \frac{(\sqrt{x^2+1} - \sqrt{x^2-1})(\sqrt{x^2+1} + \sqrt{x^2-1})}{(\sqrt{x^2+1} + \sqrt{x^2-1})}$$

$$\lim_{x \to \infty} \left(\sqrt{x^2+1} - \sqrt{x^2-1}\right) = \lim_{x \to \infty} \frac{x^2+1-x^2+1}{(\sqrt{x^2+1} + \sqrt{x^2-1})} = \frac{2}{\infty + \infty} = \frac{2}{\infty} = 0.$$

En consecuencia, obtenemos el valor del límite:

$$\boxed{\lim_{x \to \infty} \left(\sqrt{x^2+1} - \sqrt{x^2-1}\right) = 0}$$

$\lim_{x \to \infty} \frac{3x^2-4x+1}{\sqrt{x^4+x^2}}$

095

Al evaluar el límite se obtiene la indeterminación $\frac{\infty}{\infty}$. ¡Hágalo!

Se divide cada término tanto en el numerador como en el denominador por la potencia mayor:

$$\lim_{x \to \infty} \frac{3x^2-4x+1}{\sqrt{x^4+x^2}} = \lim_{x \to \infty} \frac{\frac{3x^2}{x^2} - \frac{4x}{x^2} + \frac{1}{x^2}}{\sqrt{\frac{x^4}{x^4} + \frac{x^2}{x^4}}} = \lim_{x \to \infty} \frac{3 - \frac{4}{x} + \frac{1}{x^2}}{\sqrt{1 + \frac{1}{x^2}}} = \frac{3-0+0}{\sqrt{1+0}} = \frac{3}{1} = 3.$$

En consecuencia, obtenemos el valor del límite:

$$\boxed{\lim_{x \to \infty} \frac{3x^2-4x+1}{\sqrt{x^4+x^2}} = 3}$$

096

$$\lim_{x \to \infty} (x^4 - 5x - \frac{1}{x} + 1)$$

No presenta ninguna indeterminación. De todas maneras, se resuelve.

Se aplican propiedades de límites:

$$\lim_{x \to \infty} \left(x^4 - 5x - \frac{1}{x} + 1\right) = \lim_{x \to \infty} x^4 - 5 \lim_{x \to \infty} x - \lim_{x \to \infty} \frac{1}{x} + \lim_{x \to \infty} 1$$

$$\lim_{x \to \infty} \left(x^4 - 5x - \frac{1}{x} + 1\right) = \infty^4 - 5(\infty) - 0 + 1 = \infty.$$

Por consiguiente, se tiene el valor del límite:

$$\boxed{\lim_{x \to \infty} (x^4 - 5x - \frac{1}{x} + 1) = \infty}$$

097

$$\lim_{x \to \infty} \frac{2x^2 + x - 5}{x^2 + 3x + 1}$$

Al evaluar el límite se obtiene la indeterminación $\frac{\infty}{\infty}$. ¡Hágalo!

Se divide cada término tanto en el numerador como en el denominador por la potencia mayor

$$\lim_{x \to \infty} \frac{2x^2 + x - 5}{x^2 + 3x + 1} = \lim_{x \to \infty} \frac{\frac{2x^2}{x^2} + \frac{x}{x^2} - \frac{5}{x^2}}{\frac{x^2}{x^2} + \frac{3x}{x^2} + \frac{1}{x^2}} = \lim_{x \to \infty} \frac{2 + \frac{1}{x} - \frac{5}{x^2}}{1 + \frac{3}{x} + \frac{1}{x^2}} = \frac{2 + 0 - 0}{1 + 0 + 0} = \frac{2}{1} = 2.$$

Por consiguiente, se tiene

$$\boxed{\lim_{x \to \infty} \frac{2x^2 + x - 5}{x^2 + 3x + 1} = 2}$$

¡Aplique las reglas de inferencia para corroborar el resultado!

$$\lim_{x\to\infty} \frac{x^2+2x-1}{x^3-1}$$

098

Al evaluar el límite se obtiene la indeterminación $\frac{\infty}{\infty}$. ¡Hágalo!

Se divide cada término del límite tanto en el numerador como en el denominador por la potencia mayor

$$\lim_{x\to\infty} \frac{x^2+2x-1}{x^3-1} = \lim_{x\to\infty} \frac{\frac{x^2}{x^3}+\frac{2x}{x^3}-\frac{1}{x^3}}{\frac{x^3}{x^3}-\frac{1}{x^3}} = \lim_{x\to\infty} \frac{\frac{1}{x}+\frac{2}{x^2}-\frac{1}{x^3}}{1-\frac{1}{x^3}} = \frac{0+0-0}{1-0} = \frac{0}{1} = 0.$$

En consecuencia, obtenemos el valor del límite:

$$\boxed{\lim_{x\to\infty} \frac{x^2+2x-1}{x^3-1} = 0}$$

¡Aplique las reglas de inferencia para corroborar el resultado!

$$\lim_{x\to\infty} \frac{\sqrt{x^2+1}+\sqrt{x}}{\sqrt[4]{x^3+x}-x} = \frac{\infty}{\infty}$$

099

Se divide cada término del límite tanto en el numerador como en el denominador por la potencia mayor:

$$\lim_{x\to\infty} \frac{\frac{\sqrt{x^2+1}}{x}+\frac{\sqrt{x}}{x}}{\frac{\sqrt[4]{x^3+x}}{x}-\frac{x}{x}} = \lim_{x\to\infty} \frac{\sqrt{\frac{x^2}{x^2}+\frac{1}{x^2}}+\sqrt{\frac{x}{x^2}}}{\sqrt[4]{\frac{x^3}{x^4}+\frac{x}{x^4}}-\frac{x}{x}} = \lim_{x\to\infty} \frac{\sqrt{1+\frac{1}{x^2}}+\sqrt{\frac{1}{x}}}{\sqrt[4]{\frac{1}{x}+\frac{1}{x^3}}-1} = \frac{\sqrt{1}+0}{0-1} = \frac{1}{-1} = -1.$$

En consecuencia, obtenemos el valor del límite:

$$\boxed{\lim_{x\to\infty} \frac{\sqrt{x^2+1}+\sqrt{x}}{\sqrt[4]{x^3+x}-x} = -1}$$

100

$$\lim_{x\to\infty} \frac{(\sqrt{x^2+1}+\ x)^2}{\sqrt[3]{x^6+1}}$$

Al evaluar el límite se obtiene la indeterminación $\frac{\infty}{\infty}$. ¡Hágalo!

Se resuelve el cuadrado de la suma expresado en el numerador y se simplifica:

$$\lim_{x\to\infty} \frac{(\sqrt{x^2+1}+\ x)^2}{\sqrt[3]{x^6+1}} = \lim_{x\to\infty} \frac{x^2+1+2x\sqrt{x^2+1}+x^2}{\sqrt[3]{x^6+1}}$$

$$= \lim_{x\to\infty} \frac{2x^2+2x\sqrt{x^2+1}+1}{\sqrt[3]{x^6+1}} = \lim_{x\to\infty} \frac{2x^2+\sqrt{(x^2+1)(4x^2)}+1}{\sqrt[3]{x^6+1}}$$

Se divide cada término del límite tanto en el numerador como en el denominador por la potencia mayor:

$$\lim_{x\to\infty} \frac{(\sqrt{x^2+1}+\ x)^2}{\sqrt[3]{x^6+1}} = \lim_{x\to\infty} \frac{2x^2+\sqrt{4x^4+4x^2}+1}{\sqrt[3]{x^6+1}} = \lim_{x\to\infty} \frac{\frac{2x^2}{x^2}+\sqrt{\frac{4x^4}{x^4}+\frac{4x^2}{x^4}}+\frac{1}{x^2}}{\sqrt[3]{\frac{x^6}{x^6}+\frac{1}{x^6}}}$$

$$\lim_{x\to\infty} \frac{(\sqrt{x^2+1}+\ x)^2}{\sqrt[3]{x^6+1}} = \lim_{x\to\infty} \frac{2+\sqrt{4+\frac{4}{x^2}}+\frac{1}{x^2}}{\sqrt[3]{1+\frac{1}{x^6}}} = \frac{2+\sqrt{4+0}+0}{\sqrt[3]{1+0}} = \frac{2+\sqrt{4}}{\sqrt[3]{1}} = \frac{2+2}{\sqrt[3]{1}} = 4.$$

En consecuencia, se ha obtenido el valor del límite:

$$\boxed{\lim_{x\to\infty} \frac{(\sqrt{x^2+1}+\ x)^2}{\sqrt[3]{x^6+1}} = 4}$$

$$\lim_{x\to\infty}\left(5-\frac{2}{x^4}\right)$$

101

Al resolver lo que está en el paréntesis so obtiene $\frac{\infty}{\infty}$.

Se simplifica la expresión que está en el paréntesis. Se divide cada término del límite tanto en el numerador como en el denominador por la potencia mayor y se evalúa el límite resultante:

$$\lim_{x\to\infty}\left(5-\frac{2}{x^4}\right)=\lim_{x\to\infty}\frac{5x^4-2}{x^4}=\lim_{x\to\infty}\frac{\frac{5x^4}{x^4}-\frac{2}{x^4}}{\frac{x^4}{x^4}}=\lim_{x\to\infty}5-\frac{2}{x^4}=5-\frac{2}{\infty^4}=5.$$

En consecuencia, se tiene el valor del límite:

$$\boxed{\lim_{x\to\infty}\left(\mathbf{5}-\frac{\mathbf{2}}{\boldsymbol{x}^{\mathbf{4}}}\right)=\mathbf{5}}$$

$$\lim_{x\to\infty}\frac{x^2-3x}{4x^2+5}$$

102

Al evaluar el límite se obtiene la indeterminación $\frac{\infty}{\infty}$. ¡Hágalo!

Se divide cada término tanto en el numerador como en el denominador por la potencia mayor y se evalúa el límite resultante:

$$\lim_{x\to\infty}\frac{x^2-3x}{4x^2+5}=\lim_{x\to\infty}\frac{\frac{x^2}{x^2}-\frac{3x}{x^2}}{\frac{4x^2}{x^2}+\frac{5}{x^2}}=\lim_{x\to\infty}\frac{1-\frac{3}{x}}{4+\frac{5}{x^2}}=\frac{1-\frac{3}{\infty}}{4+\frac{5}{\infty^2}}=\frac{1-0}{4+0}=\frac{1}{4}.$$

En consecuencia, se ha obtenido el valor del límite:

$$\boxed{\lim_{x\to\infty}\frac{\boldsymbol{x}^2-\mathbf{3}\boldsymbol{x}}{\mathbf{4}\boldsymbol{x}^2+\mathbf{5}}=\frac{\mathbf{1}}{\mathbf{4}}}$$

¡Aplique las reglas de inferencia para corroborar el resultado!

103

$$\lim_{x\to\infty} \frac{x^2}{1+x^{-2}}$$

El límite no presenta la indeterminación ∞/∞.

Se reescribe el límite y se evalúa:

$$\lim_{x\to\infty} \frac{x^2}{1+x^{-2}} = \lim_{x\to\infty} \frac{x^2}{1+\frac{1}{x^2}} = \lim_{x\to\infty} \frac{\frac{x^2}{x^2}}{\frac{1}{x^2}+\frac{\frac{1}{x^2}}{x^2}} = \lim_{x\to\infty} \frac{1}{\frac{1}{x^2}+\frac{1}{x^4}} = \frac{1}{0+0} = \frac{1}{0}.$$

Por consiguiente, se tiene el valor del límite:

$$\boxed{\lim_{x\to\infty} \frac{x^2}{1+x^{-2}} = \infty}$$

El límite **diverge al infinito**.

104

$$\lim_{x\to-\infty} \frac{x-x^{-3}}{3x+x^{-2}}$$

Al evaluar el límite se obtiene la indeterminación $\frac{\infty}{\infty}$. ¡Hágalo! Se reescribe el límite y se evalúa:

$$\lim_{x\to-\infty} \frac{x-x^{-3}}{3x+x^{-2}} = \lim_{x\to-\infty} \frac{x-\frac{1}{x^3}}{3x+\frac{1}{x^2}} = \lim_{x\to-\infty} \frac{\frac{x}{x}-\frac{\frac{1}{x^3}}{x}}{\frac{3x}{x}+\frac{\frac{1}{x^2}}{x}} = \lim_{x\to-\infty} \frac{1-\frac{1}{x^4}}{3+\frac{1}{x^3}} = \frac{1-0}{3+0} = \frac{1}{3}$$

Observación: Por comparación de infinitos se determina que el grado en el numerador es 1. (x^1) y en el denominador es también 1. Por tanto, la potencia mayor es $1(x^1)$. Lo anterior se justifica, ya que tanto x^3 y x^2 están en el denominador de cada fracción y estos términos tienden a cero.
Por consiguiente, se tiene el valor del límite:

$$\boxed{\lim_{x\to-\infty} \frac{x-x^{-3}}{3x+x^{-2}} = \frac{1}{3}}$$

¡Aplique las reglas de inferencia para corroborar el resultado!

$$\lim_{x\to\infty}\frac{2-\frac{1}{x}}{x^2+1}$$

105

Al evaluar el límite por sustitución directa se tiene:

$$\lim_{x\to\infty}\frac{2-\frac{1}{x}}{x^2+1}=\frac{2-\frac{1}{\infty}}{\infty^2+1}=\frac{2-0}{\infty^2+1}=\frac{2}{\infty}=0.$$

Por tanto, se a obtenido el valor del límite:

$$\boxed{\lim_{x\to\infty}\frac{2-\frac{1}{x}}{x^2+1}=0}$$

Conclusión: A medida que x se desplaza hacia el infinito positivo, el valor de la función se acerca cada vez más a **0**.

$$\lim_{x\to-\infty}\left(\frac{6}{\sqrt[3]{x}}+\frac{1}{\sqrt[5]{x}}\right)$$

106

Se aplica propiedades de límites y se evalúan los límites correspondientes:

$$\lim_{x\to-\infty}\left(\frac{6}{\sqrt[3]{x}}+\frac{1}{\sqrt[5]{x}}\right)=\lim_{x\to-\infty}\frac{6}{\sqrt[3]{x}}+\lim_{x\to-\infty}\frac{1}{\sqrt[5]{x}}$$

$$\lim_{x\to-\infty}\left(\frac{6}{\sqrt[3]{x}}+\frac{1}{\sqrt[5]{x}}\right)=\frac{6}{-\infty}+\frac{1}{-\infty}=0+0=0$$

Por tanto, se obtiene el valor del límite:

$$\boxed{\lim_{x\to-\infty}\left(\frac{6}{\sqrt[3]{x}}+\frac{1}{\sqrt[5]{x}}\right)=0}$$

Conclusión: A medida que x se desplaza hacia el infinito negativo, el valor de la función se acerca cada vez más a **0**.

107

$$\lim_{x\to\infty} \frac{8-\sqrt{x}}{1+4\sqrt{x}}$$

Se divide cada término del numerador y el denominador por $\sqrt{x}$ y se evalúa el límite resultante:

$$\lim_{x\to\infty} \frac{8-\sqrt{x}}{1+4\sqrt{x}} = \lim_{x\to\infty} \frac{\frac{8}{\sqrt{x}} - \frac{\sqrt{x}}{\sqrt{x}}}{\frac{1}{\sqrt{x}} + \frac{4\sqrt{x}}{\sqrt{x}}} = \lim_{x\to\infty} \frac{\frac{8}{\sqrt{x}} - 1}{\frac{1}{\sqrt{x}} + 4}$$

$$\lim_{x\to\infty} \frac{8-\sqrt{x}}{1+4\sqrt{x}} == \frac{0-1}{0+4} = -\frac{1}{4}.$$

En consecuencia, obtenemos el valor del límite:

$$\boxed{\lim_{x\to\infty} \frac{8-\sqrt{x}}{1+4\sqrt{x}} = -\frac{1}{4}}$$

108

$$\lim_{x\to-\infty} \frac{1+7\sqrt[3]{x}}{2\sqrt[3]{x}}$$

Se divide cada término del numerador y el denominador por $\sqrt[3]{x}$ y se evalúa el límite resultante:

$$\lim_{x\to-\infty} \frac{1+7\sqrt[3]{x}}{2\sqrt[3]{x}} = \frac{1}{2}\lim_{x\to-\infty} \frac{\frac{1}{\sqrt[3]{x}} + 7\frac{\sqrt[3]{x}}{\sqrt[3]{x}}}{\frac{\sqrt[3]{x}}{\sqrt[3]{x}}} = \frac{1}{2}\lim_{x\to-\infty} \frac{\frac{1}{\sqrt[3]{x}} + 7}{1} = \frac{1}{2}\,\frac{0+7}{1} = \frac{7}{2}.$$

En consecuencia, obtenemos el valor del límite:

$$\boxed{\lim_{x\to-\infty} \frac{1+7\sqrt[3]{x}}{2\sqrt[3]{x}} = \frac{7}{2}}$$

Para ambos límites aplicar las reglas de inferencia para corroborar los resultados.

$$\lim_{x\to\infty}\left(\frac{x}{3x+1}\right)\left(\frac{4x^2+1}{2x^2+x}\right)^3$$

109

Se aplican propiedades de potenciación:

$$\lim_{x\to\infty}\left(\frac{x}{3x+1}\right)\left(\frac{(4x^2+1)^3}{(2x^2+x)^3}\right)$$

Se efectúa el cubo del numerador y el resultado se multiplica por la (x). Se resuelve el cubo del denominador y el resultado se multiplica por $(3x+1)$.

$$(4x^2+1)^3(x) = 64x^7 + 48x^5 + 12x^3 + x$$

$$(2x^2+x)^3(3x+1) = 24x^7 + 44x^6 + 66x^5 + 21x^4 + x^3.$$

Por consiguiente, se tiene el valor del límite:

$$\lim_{x\to\infty}\left(\frac{x}{3x+1}\right)\left(\frac{(4x^2+1)^3}{(2x^2+x)^3}\right) = \lim_{x\to\infty}\frac{64x^7+48x^5+12x^3+x}{24x^7+44x^6+66x^5+21x^4+x^3} = \frac{64}{24} = \frac{8}{3}$$

$$\boldsymbol{\lim_{x\to\infty}\left(\frac{x}{3x+1}\right)\left(\frac{4x^2+1}{2x^2+x}\right)^3 = \frac{8}{3}}$$

Comentario: Al aplicar las reglas de inferencia se tiene:

1. En el primer paréntesis: Ambos son de grado 1. Los coeficientes son 1 y 3. Por tanto, el límite interno es $\frac{1}{3}$.

2. En el segundo paréntesis: Ambos son de grado 2. Los coeficientes son 4 y 2. El límite interno es $\frac{4}{2} = 2$.

Al final, solo elevas ese 2 al cubo y multiplicas por $\frac{1}{3}$.

110

$$\lim_{x\to\infty} \frac{4x+1}{\sqrt{x^2+1}}$$

Se divide cada término del numerador y el denominador por x y se evalúa el límite resultante:

$$\lim_{x\to\infty} \frac{4x+1}{\sqrt{x^2+1}} = \lim_{x\to\infty} \frac{\frac{4x}{x}+\frac{1}{x}}{\sqrt{\frac{x^2}{x^2}+\frac{1}{x^2}}} = \lim_{x\to\infty} \frac{4+\frac{1}{x}}{\sqrt{1+\frac{1}{x^2}}} = \frac{4+\frac{1}{\infty}}{\sqrt{1+\frac{1}{\infty^2}}} = \frac{4}{1} = 4.$$

En consecuencia, obtenemos el valor del límite:

$$\boxed{\lim_{x\to\infty} \frac{4x+1}{\sqrt{x^2+1}} = 4}$$

111

$$\lim_{x\to\infty} \frac{\sqrt{9x^2+6}}{5x-1}$$

Se divide cada término del numerador y el denominador por x y se evalúa el límite resultante:

$$\lim_{x\to\infty} \frac{\sqrt{9x^2+6}}{5x-1} = \lim_{x\to\infty} \frac{\sqrt{\frac{9x^2}{x^2}+\frac{6}{x^2}}}{\frac{5x}{x}-\frac{1}{x}} = \lim_{x\to\infty} \frac{\sqrt{9+\frac{6}{x^2}}}{5-\frac{1}{x}}$$

$$\lim_{x\to\infty} \frac{\sqrt{9x^2+6}}{5x-1} = \frac{\sqrt{9+\frac{6}{\infty}}}{5-\frac{1}{\infty}} = \frac{\sqrt{9}}{5-0} = \frac{3}{5}.$$

En consecuencia, se ha obtenido el valor del límite:

$$\boxed{\lim_{x\to\infty} \frac{\sqrt{9x^2+6}}{5x-1} = \frac{3}{5}}$$

$$\lim_{x\to-\infty}\frac{2x+1}{\sqrt{3x^2+1}}$$ **112**

Como $x<0\ (x\to-\infty),\ x=-\sqrt{x^2}$

Se divide cada término del numerador y el denominador por x y se evalúa el límite:

$$\lim_{x\to-\infty}\frac{2x+1}{\sqrt{3x^2+1}}=\lim_{x\to-\infty}\frac{\frac{2x+1}{x}}{\frac{\sqrt{3x^2+1}}{-\sqrt{x^2}}}=\lim_{x\to-\infty}-\frac{\frac{2x}{x}+\frac{1}{x}}{\sqrt{\frac{3x^2}{x^2}+\frac{1}{x^2}}}$$

$$=-\lim_{x\to-\infty}\frac{2+\frac{1}{x}}{\sqrt{3+\frac{1}{x^2}}}=-\frac{2+\frac{1}{-\infty}}{\sqrt{3+\frac{1}{-\infty^2}}}=-\frac{2+0}{\sqrt{3+0}}=-\frac{2}{\sqrt{3}}=-\frac{2\sqrt{3}}{3}.$$

Por consiguiente, se tiene el valor del límite:

$$\boldsymbol{\lim_{x\to-\infty}\frac{2x+1}{\sqrt{3x^2+1}}=-\frac{2\sqrt{3}}{3}}$$

$$\lim_{x\to-\infty}\frac{-5x^2+6x+3}{\sqrt{x^4+x^2+1}}$$ **113**

Se divide cada término del numerador y el denominador por x^2 y se evalúa el límite:

$$\lim_{x\to-\infty}\frac{-5x^2+6x+3}{\sqrt{x^4+x^2+1}}=\lim_{x\to-\infty}\frac{\frac{-5x^2}{x^2}+\frac{6x}{x^2}+\frac{3}{x^2}}{\sqrt{\frac{x^4}{x^4}+\frac{x^2}{x^4}+\frac{1}{x^4}}}=\lim_{x\to-\infty}\frac{-5+\frac{6}{x}+\frac{3}{x^2}}{\sqrt{1+\frac{1}{x^2}+\frac{1}{x^4}}}=\frac{-5}{\sqrt{1}}=-5.$$

Por consiguiente, se ha obtenido el valor del límite: $$\boldsymbol{\lim_{x\to-\infty}\frac{-5x^2+6x+3}{\sqrt{x^4+x^2+1}}=-5}$$

Comentario: Para resolver el límite, dividimos todo por x^2. Como x^2 siempre es positivo (incluso si $x\to-\infty$), no se invierten los signos de la expresión al hacer la división.

114

$$\lim_{x \to \infty} \sqrt{\frac{3x+2}{6x-8}}$$

Se aplican propiedades de radicación:

$$\lim_{x \to \infty} \sqrt{\frac{3x+2}{6x-8}} = \lim_{x \to \infty} \frac{\sqrt{3x+2}}{\sqrt{6x-8}}$$

Se aplican propiedades de límites:

$$\lim_{x \to \infty} \sqrt{\frac{3x+2}{6x-8}} = \frac{\lim_{x \to \infty} \sqrt{3x+2}}{\lim_{x \to \infty} \sqrt{6x-8}}$$

Se divide cada término del numerador y el denominador por x y se evalúa el límite:

$$\lim_{x \to \infty} \sqrt{\frac{3x+2}{6x-8}} = \frac{\lim_{x \to \infty} \sqrt{\frac{3x}{x} + \frac{2}{x}}}{\lim_{x \to \infty} \sqrt{\frac{6x}{x} - \frac{8}{x}}} = \frac{\lim_{x \to \infty} \sqrt{3 + \frac{2}{x}}}{\lim_{x \to \infty} \sqrt{6 - \frac{8}{x}}} = \frac{\sqrt{3 + \frac{2}{\infty}}}{\sqrt{6 - \frac{8}{\infty}}} = \frac{\sqrt{3}}{\sqrt{6}} = \sqrt{\frac{3}{6}}$$

$$\lim_{x \to \infty} \sqrt{\frac{3x+2}{6x-8}} = \sqrt{\frac{1}{2}} = \frac{\sqrt{1}}{\sqrt{2}} = \frac{1}{\sqrt{2}} = \frac{\sqrt{2}}{2}.$$

En consecuencia, obtenemos el valor del límite:

$$\boxed{\lim_{x \to \infty} \sqrt{\frac{3x+2}{6x-8}} = \frac{\sqrt{2}}{2}}$$

$$\lim_{x \to -\infty} \sqrt[3]{\frac{2x-1}{7-16x}}$$

115

Dado que la función raíz cúbica es continua en todo su dominio, podemos introducir el límite dentro del radical:

$$\sqrt[3]{\lim_{x \to -\infty} \frac{2x-1}{7-16x}} = \sqrt[3]{\frac{2}{-16}} = \sqrt[3]{\frac{1}{-8}} = -\frac{\sqrt[3]{1}}{\sqrt[3]{8}} = -\frac{1}{2}$$

Queda por parte del lector resolver el límite tomando como referencia el procedimiento realizado en el límite anterior.
En consecuencia, obtenemos el valor del límite:

$$\boxed{\lim_{x \to -\infty} \sqrt[3]{\frac{2x-1}{7-16x}} = -\frac{1}{2}}$$

$$\lim_{x \to \infty} x\, sen\frac{1}{x}$$

116

La indeterminación es de la forma: $\infty * 0$. (¡Se nos coló una indeterminación diferente!).
Para levantar la indeterminación se realiza el siguiente cambio de variable:
Sea

$$t = \frac{1}{x},$$

si $x \to \infty$ entonces, $t \to 0$.
Al despejar x, se tiene:

$$x = \frac{1}{t}.$$

En consecuencia, se tiene:

$$\lim_{x \to \infty} x\, sen\frac{1}{x} = \lim_{t \to 0} \frac{1}{t}\, sent = \lim_{t \to 0} \frac{sent}{t} = 1$$

$$\boxed{\lim_{x \to \infty} x\, sen\frac{1}{x} = 1}$$

117

$$\lim_{x\to\infty} x\, tan \frac{1}{x}$$

La indeterminación es de la forma: $\infty * 0$. (¡Se nos coló otra indeterminación diferente!).
Para levantar la indeterminación se realiza el siguiente cambio de variable:
Sea

$$z = \frac{1}{x}$$

si $x \to \infty$ entonces, $z \to 0$.
Al despejar x se tiene:

$$x = \frac{1}{z}.$$

En consecuencia, obtenemos el valor del límite:

$$\lim_{x\to\infty} x\, tan \frac{1}{x} = \lim_{z\to 0} \frac{1}{z} \tan z = \lim_{z\to 0} \frac{\tan z}{z}$$

$$= \lim_{z\to 0} \frac{\frac{sen\, z}{\cos z}}{z} = \lim_{z\to 0} \frac{sen\, z}{z(\cos z)} = \lim_{z\to 0} \frac{sen\, z}{z} \lim_{z\to 0} \frac{1}{\cos z} = 1 * 1 = 1$$

$$\boxed{\lim_{x\to\infty} x\, tan \frac{1}{x} = 1}$$

118

$$\lim_{x\to\infty} \frac{\sqrt{2x^2+1}}{3x-5}$$

Se divide cada término del numerador y el denominador por x. Al evaluar el límite resultante obtenemos el valor del límite:

$$\lim_{x\to\infty} \frac{\sqrt{2x^2+1}}{3x-5} = \lim_{x\to\infty} \frac{\sqrt{\frac{2x^2}{x^2} + \frac{1}{x^2}}}{\frac{3x}{x} - \frac{5}{x}} = \lim_{x\to\infty} \frac{\sqrt{2 + \frac{1}{x^2}}}{3 - \frac{5}{x}} = \frac{\sqrt{2 + \frac{1}{\infty^2}}}{3 - \frac{5}{\infty}} = \frac{\sqrt{2}}{3}$$

$$\boxed{\lim_{x\to\infty} \frac{\sqrt{2x^2+1}}{3x-5} = \frac{\sqrt{2}}{3}}$$

$$\lim_{x\to\infty} \frac{3x^2+2x-1}{4x^2-x+2}$$

119

Como el grado del numerador es igual al grado del denominador, el resultado del límite es igual a $\frac{3}{4}$. Queda por parte del lector dividir tanto en el numerador como en el denominador por la potencia mayor, para corroborar el resultado.

En consecuencia, obtenemos el valor del límite:

$$\lim_{x\to\infty} \frac{3x^2+2x-1}{4x^2-x+2} = \frac{3}{4}$$

$$\lim_{x\to\infty} \frac{\sqrt{x^7-2}}{x^4-1}$$

120

Por comparación de infinitos el denominador es un infinito de orden mayor, esto se debe a que $4 > \frac{7}{2}$. Por tanto, el resultado del límite es 0. Queda por parte del lector dividir tanto en el numerador como en el denominador por la potencia mayor, para corroborar el resultado.

En consecuencia, obtenemos el valor del límite:

$$\lim_{x\to\infty} \frac{\sqrt{x^7-2}}{x^4-1} = 0$$

EDITORIAL INFINITO

¡Haciendo Historia!

Producido por Editorial Infinito (República Bolivariana de Venezuela)

LÍMITES INDETERMINADOS DE LA FORMA MATEMÁTICA $\infty - \infty$

EDITORIAL INFINITO

¡Haciendo Historia!

Producido por Editorial Infinito (República Bolivariana de Venezuela)

$\lim_{x \to \infty} (x^2 - 5x + 2)$ **121**

Al evaluar el límite, se presenta una indeterminación matemática de la forma $\infty - \infty$:

$$\infty^2 - 5\infty + 2 = \infty - \infty.$$

Para levantar este tipo de indeterminación, es necesario transformarla en indeterminaciones de la forma $\frac{0}{0}$ o $\frac{\infty}{\infty}$, las cuales ya sabemos resolver. Este levantamiento se realiza a través de artificios matemáticos u operaciones algebraicas.

Para resolver el límite problema se procede a sacar factor común de la variable elevada al mayor exponente y se opera matemáticamente:

$$\lim_{x \to \infty} (x^2 - 5x + 2) = \lim_{x \to \infty} x^2 \left(\frac{x^2 - 5x + 2}{x^2} \right) = \lim_{x \to \infty} x^2 \left(\frac{x^2}{x^2} - \frac{5x}{x^2} + \frac{2}{x^2} \right)$$

$$\lim_{x \to \infty} (x^2 - 5x + 2) = \lim_{x \to \infty} x^2 \left(1 - \frac{5}{x} + \frac{2}{x^2} \right).$$

Luego se evalúa el límite resultante:

$$\lim_{x \to \infty} (x^2 - 5x + 2) = \infty^2 \left(1 - \frac{5}{\infty} + \frac{2}{\infty^2} \right) = \infty^2 * 1 = \infty^2 = \infty.$$

En consecuencia, obtenemos el valor del límite:

$$\boxed{\lim_{x \to \infty} (x^2 - 5x + 2) = \infty}$$

Comentario: Para cualquier polinomio cuando x tiende a infinito, solo necesitas mirar el término con la potencia más alta. Como x^2 es positivo y crece sin control, el resultado es infinito.

122 $\lim_{n\to\infty}\left(\sqrt{n^2-2}-\sqrt{n^2+n}\right)$

Al evaluar el límite, se aprecia una indeterminación matemática de la forma $\infty - \infty$. Para levantar la indeterminación se multiplica y se divide por el conjugado de $\sqrt{n^2-2}-\sqrt{n^2+n}$.

Por tanto, se tiene:

$$\lim_{n\to\infty}\left(\sqrt{n^2-2}-\sqrt{n^2+n}\right) = \lim_{n\to\infty}\frac{\left(\sqrt{n^2-2}-\sqrt{n^2+n}\right)\left(\sqrt{n^2-2}+\sqrt{n^2+n}\right)}{\left(\sqrt{n^2-2}+\sqrt{n^2+n}\right)}$$

$$\lim_{n\to\infty}\left(\sqrt{n^2-2}-\sqrt{n^2+n}\right) = \lim_{n\to\infty}\frac{n^2-2-n^2-n}{\left(\sqrt{n^2-2}+\sqrt{n^2+n}\right)} = \lim_{n\to\infty}\frac{-2-n}{\left(\sqrt{n^2-2}+\sqrt{n^2+n}\right)} = \frac{\infty}{\infty}.$$

Se divide cada término del numerador y el denominador por la potencia mayor y se evalúa el límite resultante:

$$\lim_{n\to\infty}\left(\sqrt{n^2-2}-\sqrt{n^2+n}\right) = \lim_{n\to\infty}\frac{\frac{-2}{n}-\frac{n}{n}}{\sqrt{\frac{n^2}{n^2}-\frac{2}{n^2}}+\sqrt{\frac{n^2}{n^2}+\frac{n}{n^2}}} = \lim_{n\to\infty}\frac{\frac{-2}{n}-1}{\sqrt{1-\frac{2}{n^2}}+\sqrt{1+\frac{n}{n^2}}} = -\frac{1}{2}.$$

En consecuencia, se tiene el valor del límite:

$$\boxed{\lim_{n\to\infty}\left(\sqrt{n^2-2}-\sqrt{n^2+n}\right) = -\frac{1}{2}}$$

La importancia del conjugado: Matemáticamente, multiplicar y dividir por el conjugado nos permite transformar la resta $(\infty - \infty)$ en una fracción ∞/∞, para que los términos de mayor grado (n^2) se cancelen entre sí, dejando al descubierto los términos de menor grado (como ese $-n$ en el numerador) que son los que realmente definen el valor final del límite.

$$\lim_{x \to 1} \left(\frac{x+1}{x-1} - \frac{x^2}{x^2-1} \right)$$

123

Al evaluar el límite, se valora una indeterminación matemática de la forma $\infty - \infty$. ¡hágalo!

Para levantar este tipo de indeterminación $(\infty - \infty)$, es necesario transformarla en $\frac{\infty}{\infty}$ ó $\frac{0}{0}$. Lo cual se logra operando matemáticamente las dos fracciones transformándolas en una fracción. Para ello se halla el mínimo común múltiplo de los denominadores. Es decir:

$$x - 1 = x - 1,\ x^2 - 1 = (x+1)(x-1) \quad \rightarrow \quad m.c.m = (x+1)(x-1)$$

$$\frac{x+1}{x-1} - \frac{x^2}{x^2-1} = \frac{(x+1)^2 - x^2}{(x+1)(x-1)} = \frac{x^2 + 2x + 1 - x^2}{x^2-1} = \frac{2x+1}{x^2-1}.$$

Por tanto, se tiene:

$$\lim_{x \to 1} \left(\frac{x+1}{x-1} - \frac{x^2}{x^2-1} \right) = \lim_{x \to 1} \frac{2x+1}{x^2-1}$$

Se evalúa el límite resultante:

$$\lim_{x \to 1} \frac{2x+1}{x^2-1} = \frac{2(1)+1}{1^2-1} = \frac{3}{0}$$

Cuando el límite tiene la forma $\frac{k}{0}$ (donde $k \neq 0$), el resultado tiende a infinito.

Sin embargo, para ser exactos, debemos determinar los **límites laterales**:

Por la derecha ($x \to 1^+$): El denominador es un número positivo muy pequeño, por lo que el resultado es $+\infty$.

Por la izquierda ($x \to 1^-$): El denominador es un número negativo muy pequeño, por lo que el resultado es $-\infty$.

Como los límites laterales no coinciden, podemos decir que **el límite no existe** (diverge a $\pm\infty$). (Aunque en muchos contextos de cálculo se indica que el comportamiento es infinito). Lo que si podemos decir con propiedad es que **el límite no existe** en los números reales ($\mathbb{R}$).

124 $\lim_{x \to \infty} \left(\sqrt{3+x} - x\right)$

Al evaluar el límite, se aprecia una indeterminación matemática de la forma $\infty - \infty$. Para levantar la indeterminación se multiplica y se divide por el conjugado de $\left(\sqrt{3+x} - x\right)$.

Por tanto, se tiene:

$$\lim_{x \to \infty} \left(\sqrt{3+x} - x\right) = \lim_{x \to \infty} \frac{\left(\sqrt{3+x} - x\right)\left(\sqrt{3+x} + x\right)}{\left(\sqrt{3+x} + x\right)}$$

$$\lim_{x \to \infty} \left(\sqrt{3+x} - x\right) = \lim_{x \to \infty} \frac{-x^2 + x + 3}{\sqrt{3+x} + x} = \frac{\infty}{\infty}.$$

Al evaluar el límite resultante por sustitución directa la indeterminación es $\frac{\infty}{\infty}$, la cual se levanta aplicando las reglas de inferencia estudiadas en el presente libro. Como el grado del polinomio del numerador es mayor que el grado del polinomio del denominador, el resultado es infinito (∞). Y es negativo ya que el término de mayor grado es negativo.

En consecuencia, el límite tiene un comportamiento al infinito.

$$\boxed{\lim_{x \to \infty} \left(\sqrt{3+x} - x\right) = -\infty}$$

Comentario: Intuitivamente, esto tiene sentido porque la función lineal x crece mucho más rápido que la función raíz cuadrada $\sqrt{x}$. Al restar un número que crece muy rápido de uno que crece lentamente, el resultado se vuelve cada vez más negativo.

Nota: El otro procedimiento es dividir cada término del numerador y el denominador por la potencia mayor. Queda por parte del lector, realizar dicho procedimiento y así corroborar el resultado del límite.

$\lim_{x \to \infty} \left(\sqrt{x+7} - \sqrt{x-7} \right)$

125

Al evaluar el límite, se aprecia una indeterminación matemática de la forma $\infty - \infty$. Para levantar la indeterminación se multiplica y se divide por el conjugado de $\sqrt{x+7} - \sqrt{x-7}$.

Por tanto, se tiene:

$$\lim_{x \to \infty} \left(\sqrt{x+7} - \sqrt{x-7} \right) = \lim_{x \to \infty} \frac{\left(\sqrt{x+7} - \sqrt{x-7} \right)\left(\sqrt{x+7} + \sqrt{x-7} \right)}{\left(\sqrt{x+7} + \sqrt{x-7} \right)}$$

$$\lim_{x \to \infty} \left(\sqrt{x+7} - \sqrt{x-7} \right) = \lim_{x \to \infty} \frac{x+7-x+7}{\left(\sqrt{x+7} + \sqrt{x-7} \right)}$$

$$\lim_{x \to \infty} \left(\sqrt{x+7} - \sqrt{x-7} \right) = \lim_{x \to \infty} \frac{14}{\left(\sqrt{x+7} + \sqrt{x-7} \right)}.$$

Se procede a evaluar el límite resultante:

$$\lim_{x \to \infty} \left(\sqrt{x+7} - \sqrt{x-7} \right) = \lim_{x \to \infty} \frac{14}{\left(\sqrt{x+7} + \sqrt{x-7} \right)} = \frac{14}{\sqrt{\infty+7} + \sqrt{\infty-7}} = \frac{14}{\infty+\infty} = \frac{14}{\infty} = 0.$$

Por consiguiente, se tiene el valor del límite:

$$\boxed{\lim_{x \to \infty} \left(\sqrt{x+7} - \sqrt{x-7} \right) = 0}$$

Comentario: A medida que $\boldsymbol{x}$ se hace extremadamente grande ($\boldsymbol{x} \to \infty$), el valor constante **7** se vuelve despreciable.

Imagina que $\boldsymbol{x}$ es un millón. La diferencia entre la raíz cuadrada de un millón más siete y la raíz de un millón menos siete es prácticamente imperceptibles.

En términos de comportamiento ambas funciones, $\sqrt{\boldsymbol{x}+\boldsymbol{7}}$ y $\sqrt{\boldsymbol{x}-\boldsymbol{7}}$, se comportan de manera casi idéntica a la función simple $f(x) = \sqrt{x}$. Por tanto, al restarlas, el resultado tiende a anularse: $\sqrt{x} - \sqrt{x} = 0$.

126

$$\lim_{n\to\infty} (\sqrt{n^2 - 2n + 1} - n)$$

Al evaluar el límite, se aprecia una indeterminación matemática de la forma $\infty - \infty$. Para levantar la indeterminación se multiplica y se divide por el conjugado de $\sqrt{n^2 - 2n + 1} - n$. Por tanto, se tiene:

$$\lim_{n\to\infty} \left(\sqrt{n^2 - 2n + 1} - n\right) = \lim_{n\to\infty} \frac{\left(\sqrt{n^2 - 2n + 1} - n\right)\left(\sqrt{n^2 - 2n + 1} + n\right)}{\left(\sqrt{n^2 - 2n + 1} + n\right)}$$

$$\lim_{n\to\infty} \left(\sqrt{n^2 - 2n + 1} - n\right) = \lim_{n\to\infty} \frac{n^2 - 2n + 1 - n^2}{\left(\sqrt{n^2 - 2n + 1} + n\right)} = \lim_{n\to\infty} \frac{-2n + 1}{\sqrt{n^2 - 2n + 1} + n} = \frac{\infty}{\infty}.$$

Al evaluar el límite resultante se presentó una indeterminación matemática de la forma $\frac{\infty}{\infty}$ la cual se procede a levantarla, y así obtener el resultado del límite:

$$\lim_{n\to\infty} \left(\sqrt{n^2 - 2n + 1} - n\right) = \lim_{n\to\infty} \frac{\frac{-2n}{n} + \frac{1}{n}}{\sqrt{\frac{n^2}{n^2} - \frac{2n}{n^2} + \frac{1}{n^2}} + \frac{n}{n}} = \frac{-2 + 0}{\sqrt{1 - \frac{2}{n} + \frac{1}{n^2}} + 1} = \frac{-2}{2} = -1.$$

En consecuencia, obtenemos el valor del límite:

$$\boxed{\lim_{n\to\infty} (\sqrt{n^2 - 2n + 1} - n) = -1}$$

Comentario: A simple vista, cuando n se hace muy grande, el término $\sqrt{n^2 - 2n + 1}$ se comporta de forma similar a $\sqrt{n^2}$, es decir, a n. Esto nos daría una forma indeterminada del tipo $\infty - \infty$. Muchos estudiantes cometen el error de pensar que $\infty - \infty = 0$, pero este resultado demuestra que **el "tamaño" de los infinitos importa**. Aquí, el sustraendo (n) es "un poco más grande" que la raíz, lo que empuja el resultado final hacia el lado negativo.

$\lim_{x \to \infty} (x - \sqrt{x^2 + 7})$ **127**

Al evaluar el límite, se aprecia una indeterminación matemática de la forma $\infty - \infty$. Para levantar la indeterminación se multiplica y se divide por el conjugado de $x - \sqrt{x^2 + 7}$.

Por tanto, se tiene:

$$\lim_{x \to \infty} (x - \sqrt{x^2 + 7}) = \lim_{x \to \infty} \frac{\left(x - \sqrt{x^2 + 7}\right)\left(x + \sqrt{x^2 + 7}\right)}{\left(x + \sqrt{x^2 + 7}\right)}$$

$$\lim_{x \to \infty} (x - \sqrt{x^2 + 7}) = \lim_{x \to \infty} \frac{x^2 - x^2 - 7}{\left(x + \sqrt{x^2 + 7}\right)}$$

$$\lim_{x \to \infty} \frac{-7}{\left(x + \sqrt{x^2 + 7}\right)}.$$

Se procede a evaluar el límite resultante:

$$\lim_{x \to \infty} (x - \sqrt{x^2 + 7}) = \frac{-7}{\left(\infty + \sqrt{\infty^2 + 7}\right)} = \frac{-7}{\infty + \infty} = \frac{-7}{\infty} = 0.$$

Por consiguiente, se obtiene el valor del límite:

$$\boxed{\lim_{x \to \infty} (x - \sqrt{x^2 + 7}) = 0}$$

Interpretación del resultado: A medida que x crece, la diferencia entre x y la raíz de $x^2 + 7$ se vuelve cada vez más pequeña, tendiendo a desaparecer. (Ver la interpretación del ejercicio 125).

128

$$\lim_{x \to -\infty} \left(\frac{3x^2 + 5}{x + 2} - \frac{4x^3 - x}{x - 2} \right)$$

Al evaluar la primera fracción el resultado es $-\infty$. Al evaluar la segunda fracción el resultado es $+\infty$. Por tanto: $(-\infty) - (+\infty) = -\infty - \infty$. El resultado no es una indeterminación. Para resolver el límite se procede a sumar las dos fracciones, es decir:

$$x + 2 = x + 2, \;\; x - 2 = x - 2 \quad \rightarrow \quad m.c.m. = (x + 2)(x - 2)$$

$$\frac{3x^2 + 5}{x + 2} - \frac{4x^3 - x}{x - 2} = \frac{(x - 2)(3x^2 + 5) - [(x + 2)(4x^3 - x)]}{(x + 2)(x - 2)} = \frac{-4x^4 - 5x^3 - 5x^2 + 7x - 10}{x^2 - 4}.$$

En consecuencia, se tiene

$$\lim_{x \to -\infty} \left(\frac{3x^2 + 5}{x + 2} - \frac{4x^3 - x}{x - 2} \right) = \lim_{x \to -\infty} \left(\frac{-4x^4 - 5x^3 - 5x^2 + 7x - 10}{x^2 - 4} \right).$$

Al evaluar el límite resultante aplicando las reglas de inferencia estudiadas en el presente libro se tiene: Como el grado del polinomio del numerador es mayor que el grado del polinomio del denominador, el resultado es infinito (∞). Y es negativo ya que el término de mayor grado es negativo.

En consecuencia, se ha obtenido el valor del límite:

$$\boldsymbol{\lim_{x \to -\infty} \left(\frac{3x^2 + 5}{x + 2} - \frac{4x^3 - x}{x - 2} \right) = -\infty}$$

Conclusión: El término de la derecha $(\boldsymbol{4x^3})$ crece mucho más rápido que el de la izquierda $(\boldsymbol{3x^2})$ debido a su grado superior, y al tener un signo negativo dominante delante del término de mayor potencia (x^4), la función cae hacia el infinito negativo.

$$\lim_{x\to 1}\left(\frac{2}{(x-1)^2}-\frac{1}{x(x-1)}\right)$$

129

Al evaluar el límite, se enseña una indeterminación matemática de la forma $\infty-\infty$. ¡hágalo!

Para levantar este tipo de indeterminación $(\infty-\infty)$, es necesario transformarla en $\frac{\infty}{\infty}$. Lo cual se logra operando matemáticamente las dos fracciones transformándolas en una fracción. Para ello se halla el mínimo común múltiplo de los denominadores. Es decir:

$$m.c.m.\,[(x-1)^2,\ x(x-1)\,] = x(x-1)^2.$$

Por tanto, se tiene:

$$\frac{2}{(x-1)^2}-\frac{1}{x(x-1)}=\frac{2x-(x-1)}{x(x-1)^2}=\frac{2x-x+1}{x(x-1)^2}=\frac{x+1}{x(x-1)^2}.$$

Por consiguiente, se obtiene:

$$\lim_{x\to 1}\left(\frac{2}{(x-1)^2}-\frac{1}{x(x-1)}\right)=\lim_{x\to 1}\frac{x+1}{x(x-1)^2}$$

Se evalúa el límite resultante:

$$\lim_{x\to 1}\left(\frac{2}{(x-1)^2}-\frac{1}{x(x-1)}\right)=\lim_{x\to 1}\frac{x+1}{x(x-1)^2}=\frac{1+1}{1(1-1)}=\frac{2}{0}.$$

En consecuencia, se ha obtenido el valor del límite:

$$\boxed{\lim_{x\to 1}\left(\frac{2}{(x-1)^2}-\frac{1}{x(x-1)}\right)=+\infty}$$

Interpretación del resultado: Para confirmar que el resultado es efectivamente $+\infty$, observamos el comportamiento de la expresión simplificada:

$$\frac{x+1}{x(x-1)^2},\mathit{cerca\ de}\ 1.$$

El numerador $(x+1)$: Se acerca a (2) (un número positivo).

El denominador $x(x-1)^2$: siempre será un número **positivo** (aunque sea muy pequeño), ya que cualquier número elevado al cuadrado es positivo.

Como tenemos un número positivo dividido por un número positivo extremadamente pequeño, el resultado siempre será un valor positivo inmenso. Por eso el límite tiende a **infinito positivo**.

130

$$\lim_{x\to 2}\left(\frac{3}{x^2-5x+6}-\frac{4}{x-2}\right)$$

Al evaluar el límite, se enseña una indeterminación matemática de la forma $\infty-\infty$. ¡hágalo!
Para levantar este tipo de indeterminación $(\infty-\infty)$, es necesario transformarla en $\frac{\infty}{\infty}$. Lo cual se logra operando matemáticamente las dos fracciones transformándolas en una fracción. Para ello se halla el mínimo común múltiplo de los denominadores.
Para hallar el mínimo común múltiplo, primero se factoriza el polinomio del denominador de la primera fracción.

$$x^2-5x+6=(x-3)(x-2)$$

$$m.c.m.\,[(x-3)(x-2),(x-2)\,]=(x-3)(x-2)$$

$$\frac{3}{x^2-5x+6}-\frac{4}{x-2}=\frac{3-4(x-3)}{(x-3)(x-2)}=\frac{-4x+15}{(x-3)(x-2)}.$$

Por tanto, se tiene:

$$\lim_{x\to 2}\left(\frac{3}{x^2-5x+6}-\frac{4}{x-2}\right)=\lim_{x\to 2}\frac{-4x+15}{(x-3)(x-2)}$$

Se evalúa el límite resultante:

$$\lim_{x\to 2}\left(\frac{3}{x^2-5x+6}-\frac{4}{x-2}\right)=\lim_{x\to 2}\frac{-4x+15}{(x-3)(x-2)}=\frac{7}{0}.$$

Cuando tenemos una constante distinta de cero dividida por algo que tiende a cero $\left(\frac{k}{0}\right)$, el límite **no existe** (tiende a infinito).

Conclusión:

Para ser más precisos, observamos el comportamiento de los límites laterales en la función del límite resultante:

1. Si te acercas por la izquierda (2^-), el resultado tiende a $+\infty$. (Límite lateral por la izquierda).
2. Si te acercas por la derecha (2^+), el resultado tiende a $-\infty$. (Límite lateral por la derecha).
Por tanto, como los límites laterales no coinciden, se dice simplemente que **el límite no existe**.

$$\lim_{x\to\infty}\left(\sqrt{x+\sqrt{x}}-\sqrt{x-\sqrt{x}}\right)$$

131

Al evaluar el límite, se aprecia una indeterminación matemática de la forma $\infty - \infty$. Para levantar la indeterminación se multiplica y se divide por el conjugado de $\sqrt{x+\sqrt{x}}-\sqrt{x-\sqrt{x}}$.

Por tanto, se tiene:

$$\lim_{x\to\infty}\left(\sqrt{x+\sqrt{x}}-\sqrt{x-\sqrt{x}}\right) = \lim_{x\to\infty}\frac{\left(\sqrt{x+\sqrt{x}}-\sqrt{x-\sqrt{x}}\right)\left(\sqrt{x+\sqrt{x}}+\sqrt{x-\sqrt{x}}\right)}{\sqrt{x+\sqrt{x}}+\sqrt{x-\sqrt{x}}}$$

$$\lim_{x\to\infty}\left(\sqrt{x+\sqrt{x}}-\sqrt{x-\sqrt{x}}\right) = \lim_{x\to\infty}\frac{x+\sqrt{x}-x+\sqrt{x}}{\sqrt{x+\sqrt{x}}+\sqrt{x-\sqrt{x}}} = \lim_{x\to\infty}\frac{2\sqrt{x}}{\sqrt{x+\sqrt{x}}+\sqrt{x-\sqrt{x}}} = \frac{\infty}{\infty}.$$

Al evaluar el límite resultante por sustitución directa la indeterminación fue $\frac{\infty}{\infty}$, la cual se levanta dividiendo cada término del numerador y el denominador por $\sqrt{x}$.

$$\lim_{x\to\infty}\left(\sqrt{x+\sqrt{x}}-\sqrt{x-\sqrt{x}}\right) = \lim_{x\to\infty}\frac{\frac{2\sqrt{x}}{\sqrt{x}}}{\sqrt{\frac{x}{x}+\sqrt{\frac{x}{x^2}}}+\sqrt{\frac{x}{x}-\sqrt{\frac{x}{x^2}}}} = \lim_{x\to\infty}\frac{2}{\sqrt{1+\sqrt{\frac{1}{x}}}+\sqrt{1-\sqrt{\frac{1}{x}}}}.$$

Luego se procede a evaluar el límite resultante:

$$\lim_{x\to\infty}\left(\sqrt{x+\sqrt{x}}-\sqrt{x-\sqrt{x}}\right) = \frac{2}{\sqrt{1+\sqrt{\frac{1}{\infty}}}+\sqrt{1-\sqrt{\frac{1}{\infty}}}} = \frac{2}{1+1} = \frac{2}{2} = 1$$

En consecuencia, hemos obtenido el valor del límite:

$$\boldsymbol{\lim_{x\to\infty}\left(\sqrt{x+\sqrt{x}}-\sqrt{x-\sqrt{x}}\right) = 1}$$

132

$$\lim_{x\to\infty}\left(\sqrt{x(x-\sqrt{x^2-1}\ )}\right)$$

Se evalúa el límite y su indeterminación matemática interna es de la forma $\infty - \infty$. ¡hágalo! Para levantar la indeterminación se multiplica y se divide por el conjugado de $x-\sqrt{x^2-1}$.

Por tanto, se tiene:

$$\lim_{x\to\infty}\left(\sqrt{x(x-\sqrt{x^2-1}\ )}\right)=\lim_{x\to\infty}\sqrt{x\left[\frac{\left(x-\sqrt{x^2-1}\right)\left(x+\sqrt{x^2-1}\right)}{x+\sqrt{x^2-1}}\right]}$$

$$=\lim_{x\to\infty}\sqrt{x\left[\frac{x^2-x^2+1}{x+\sqrt{x^2-1}}\right]}=\lim_{x\to\infty}\sqrt{x\left[\frac{1}{x+\sqrt{x^2-1}}\right]}$$

$$=\lim_{x\to\infty}\sqrt{\left[\frac{x}{x+\sqrt{x^2-1}}\right]}=\lim_{x\to\infty}\sqrt{\left[\frac{\frac{x}{x}}{\frac{x}{x}+\sqrt{\frac{x^2}{x^2}-\frac{1}{x^2}}}\right]}$$

Se simplifica y se evalúa el límite resultante:

$$\lim_{x\to\infty}\left(\sqrt{x(x-\sqrt{x^2-1}\ )}\right)=\lim_{x\to\infty}\sqrt{\left[\frac{1}{1+\sqrt{1-\frac{1}{x^2}}}\right]}=\sqrt{\frac{1}{1+1}}=\sqrt{\frac{1}{2}}=\frac{\sqrt{1}}{\sqrt{2}}=\frac{\sqrt{2}}{2}.$$

En consecuencia, se ha obtenido el valor real del límite:

$$\boxed{\lim_{x\to\infty}\left(\sqrt{x(x-\sqrt{x^2-1}\ )}\right)=\frac{1}{2}\sqrt{2}}$$

$\lim_{x \to \infty} (\sqrt{x^2 + 5x} - x)$ **133**

Se evalúa el límite y su indeterminación matemática es de la forma $\infty - \infty$. ¡hágalo! Para levantar la indeterminación se multiplica y se divide por el conjugado de $\sqrt{x^2 + 5x} - x$.

Por tanto, se tiene:

$$\lim_{x \to \infty} (\sqrt{x^2 + 5x} - x) = \lim_{x \to \infty} \frac{(\sqrt{x^2 + 5x} - x)(\sqrt{x^2 + 5x} + x)}{(\sqrt{x^2 + 5x} + x)}$$

$$\lim_{x \to \infty} (\sqrt{x^2 + 5x} - x) = \lim_{x \to \infty} \frac{x^2 + 5x - x^2}{(\sqrt{x^2 + 5x} + x)} = \lim_{x \to \infty} \frac{5x}{(\sqrt{x^2 + 5x} + x)} = \frac{\infty}{\infty}$$

Al evaluar el límite resultante por sustitución directa la indeterminación fue $\frac{\infty}{\infty}$, la cual se levanta dividiendo cada término del numerador y el denominador por x:

$$\lim_{x \to \infty} (\sqrt{x^2 + 5x} - x) = \lim_{x \to \infty} \frac{\frac{5x}{x}}{\left(\sqrt{\frac{x^2}{x^2} + \frac{5x}{x^2}} + \frac{x}{x}\right)} = \lim_{x \to \infty} \frac{5}{\left(\sqrt{1 + \frac{5}{x}} + 1\right)}.$$

Ahora se procede a evaluar el límite resultante:

$$\lim_{x \to \infty} (\sqrt{x^2 + 5x} - x) = \frac{5}{\left(\sqrt{1 + \frac{5}{\infty}} + 1\right)} = \frac{5}{2}$$

En consecuencia, se tiene el valor del límite:

$$\boxed{\lim_{x \to \infty} (\sqrt{x^2 + 5x} - x) = \frac{5}{2}}$$

134

$$\lim_{x\to\infty}\left(\frac{x^3-3x^2+5}{x^2-1}+\frac{3-x^2}{x+1}\right)$$

Al aplicar propiedades de límites, obtenemos dos límites que al ser evaluados se obtiene la indeterminación $\infty - \infty$:

$$\lim_{x\to\infty}\left(\frac{x^3-3x^2+5}{x^2-1}+\frac{3-x^2}{x+1}\right)=\lim_{x\to\infty}\left(\frac{x^3-3x^2+5}{x^2-1}\right)+\lim_{x\to\infty}\left(\frac{3-x^2}{x+1}\right)=\infty-\infty$$

Luego se procede a resolver las dos expresiones que están en el límite para obtener una sola fracción:

$$\frac{x^3-3x^2+5}{x^2-1}+\frac{3-x^2}{x+1}=\frac{x^3-3x^2+5+(3-x^2)(x-1)}{(x+1)(x-1)}=\frac{-2x^2+3x+2}{x^2-1}.$$

En consecuencia, se tiene:

$$\lim_{x\to\infty}\left(\frac{x^3-3x^2+5}{x^2-1}+\frac{3-x^2}{x+1}\right)=\lim_{x\to\infty}\left(\frac{-2x^2+3x+2}{x^2-1}\right).$$

A continuación, se evalúa el límite resultante:

Como el grado del polinomio del numerador es igual al grado del polinomio del denominador el resultado es el cociente: $-\frac{2}{1}=-2$.

En consecuencia, se tiene el valor del límite:

$$\boxed{\lim_{x\to\infty}\left(\frac{x^3-3x^2+5}{x^2-1}+\frac{3-x^2}{x+1}\right)=-2}$$

Nota: Queda de parte del lector resolver el límite dividiendo cada término por la potencia mayor.

$\lim_{x \to \infty} \left(\sqrt{(x+a)(x+b)} - x \right)$ **135**

Al evaluar el límite, la indeterminación matemática es de la forma $\infty - \infty$. ¡hágalo!

Para levantar este tipo de indeterminación $(\infty - \infty)$, es necesario transformarla en $\frac{\infty}{\infty}$. Esta transformación se realiza multiplicando y dividiendo el límite problema por la conjugada de $\left(\sqrt{(x+a)(x+b)} - x \right)$.

$$\lim_{x \to \infty} \left(\sqrt{(x+a)(x+b)} - x \right) = \lim_{x \to \infty} \frac{\left(\sqrt{(x+a)(x+b)} - x\right)\left(\sqrt{(x+a)(x+b)} + x\right)}{\left(\sqrt{(x+a)(x+b)} + x\right)}$$

$$= \lim_{x \to \infty} \frac{(x+a)(x+b) - x^2}{\left(\sqrt{(x+a)(x+b)} + x\right)} = \lim_{x \to \infty} \frac{x^2 + bx + ax + ab - x^2}{\left(\sqrt{(x+a)(x+b)} + x\right)}$$

$$\lim_{x \to \infty} \left(\sqrt{(x+a)(x+b)} - x \right) = \lim_{x \to \infty} \frac{bx + ax + ab}{\left(\sqrt{(x+a)(x+b)} + x\right)} = \lim_{x \to \infty} \frac{x(a+b) + ab}{\left(\sqrt{(x+a)(x+b)} + x\right)} = \frac{\infty}{\infty}.$$

Se divide cada término del numerador y el denominador por la potencia mayor y se evalúa el límite resultante.

$$\lim_{x \to \infty} \left(\sqrt{(x+a)(x+b)} - x \right) = \lim_{x \to \infty} \frac{x(a+b) + ab}{\left(\sqrt{x^2 + bx + ax + ab} + x\right)} = \lim_{x \to \infty} \frac{\frac{x(a+b)}{x} + \frac{ab}{x}}{\sqrt{\frac{x^2}{x^2} + \frac{b}{x} + \frac{a}{x} + \frac{ab}{x^2}} + \frac{x}{x}}$$

Se simplifica y se evalúa el límite resultante:

$$\lim_{x \to \infty} \left(\sqrt{(x+a)(x+b)} - x \right) = \frac{a+b}{\sqrt{1} + 1} = \frac{a+b}{2}.$$

En consecuencia, se tiene el valor del límite:

$$\boxed{\lim_{x \to \infty} \left(\sqrt{(x+a)(x+b)} - x \right) = \frac{1}{2}a + \frac{1}{2}b}$$

136

$$\lim_{x\to\infty}\left(2x - \sqrt{4x^2+1}\right)$$

Al hacer la sustitución la indeterminación es de la forma $\infty - \infty.!\, hágalo!$

Para levantar este tipo de indeterminación ($\infty - \infty$), es necesario transformarla en $\frac{\infty}{\infty}$. Esta transformación se realiza multiplicando y dividiendo el límite problema por la conjugada de $(2\,x - \sqrt{4x^2+1}\,)$:

$$\lim_{x\to\infty}\left(2x - \sqrt{4x^2+1}\right) = \lim_{x\to\infty}\frac{\left(2x - \sqrt{4x^2+1}\right)\left(2x + \sqrt{4x^2+1}\right)}{\left(2x + \sqrt{4x^2+1}\right)}$$

$$\lim_{x\to\infty}\left(2x - \sqrt{4x^2+1}\right) = \lim_{x\to\infty}\frac{4x^2 - 4x^2 - 1}{\left(2x + \sqrt{4x^2+1}\right)} = \lim_{x\to\infty}\frac{-1}{\left(2x + \sqrt{4x^2+1}\right)}.$$

Al evaluar el límite resultante por sustitución directa, se tiene:

$$\lim_{x\to\infty}\left(2x - \sqrt{4x^2+1}\right) = \frac{-1}{\infty + \infty} = \frac{-1}{\infty} = 0.$$

Cualquier constante dividida por algo que tiende a infinito tiende a **cero**.

En consecuencia, se ha obtenido el valor del límite:

$$\boxed{\lim_{x\to\infty}\left(2x - \sqrt{4x^2+1}\right) = 0}$$

$$\lim_{x\to\infty} \sqrt{x^3}\left(\sqrt{x^3+1}-\sqrt{x^3-1}\right)$$

137

Al hacer la sustitución la indeterminación interna es de la forma $\infty - \infty$. ! *hágalo*!

Para levantar este tipo de indeterminación $(\infty - \infty)$, es necesario transformarla en $\frac{\infty}{\infty}$. Esta transformación se realiza multiplicando y dividiendo el límite problema por la conjugada de $\left(\sqrt{x^3+1}-\sqrt{x^3-1}\right)$.

Por tanto, tenemos:

$$\lim_{x\to\infty} \sqrt{x^3}\left(\sqrt{x^3+1}-\sqrt{x^3-1}\right) = \lim_{x\to\infty} \frac{\sqrt{x^3}\left(\sqrt{x^3+1}-\sqrt{x^3-1}\right)\left(\sqrt{x^3+1}+\sqrt{x^3-1}\right)}{\left(\sqrt{x^3+1}+\sqrt{x^3-1}\right)}$$

$$\lim_{x\to\infty} \sqrt{x^3}\left(\sqrt{x^3+1}-\sqrt{x^3-1}\right) = \lim_{x\to\infty} \frac{\sqrt{x^3}\,(x^3+1-x^3+1)}{\left(\sqrt{x^3+1}+\sqrt{x^3-1}\right)} = \lim_{x\to\infty} \frac{2\sqrt{x^3}}{\left(\sqrt{x^3+1}+\sqrt{x^3-1}\right)} = \frac{\infty}{\infty}.$$

Luego se divide cada término del límite resultante por $\sqrt{x^3}$:

$$\lim_{x\to\infty} \sqrt{x^3}\left(\sqrt{x^3+1}-\sqrt{x^3-1}\right) = \lim_{x\to\infty} \frac{\frac{2\sqrt{x^3}}{\sqrt{x^3}}}{\sqrt{\frac{x^3}{x^3}+\frac{1}{x^3}}+\sqrt{\frac{x^3}{x^3}-\frac{1}{x^3}}} = \lim_{x\to\infty} \frac{2}{\sqrt{1+\frac{1}{x^3}}+\sqrt{1-\frac{1}{x^3}}}.$$

A continuación, se procede a evaluar el límite resultante:

$$\lim_{x\to\infty} \sqrt{x^3}\left(\sqrt{x^3+1}-\sqrt{x^3-1}\right) = \frac{2}{\sqrt{1+\frac{1}{\infty^3}}+\sqrt{1-\frac{1}{\infty^3}}} = \frac{2}{2} = 1.$$

En consecuencia, se tiene el valor del límite resultante:

$$\boxed{\lim_{x\to\infty} \sqrt{x^3}\left(\sqrt{x^3+1}-\sqrt{x^3-1}\right) = 1}$$

138

$$\lim_{x\to\infty}\left(\sqrt[3]{(x+1)^2}-\sqrt[3]{(x-1)^2}\right)$$

La indeterminación es de la forma $(\infty - \infty)$. Se reescribe el límite de la siguiente manera:

$$\lim_{x\to\infty}\left(\sqrt[3]{(x+1)^2}-\sqrt[3]{(x-1)^2}\right) = \lim_{x\to\infty}\left(\sqrt[3]{x^2+2x+1}-\sqrt[3]{x^2-2x+1}\right).$$

Para eliminar las raíces cúbicas usamos la fórmula de la diferencia de cubos:

$$a^3 - b^3 = (a-b)(a^2+ab+b^2) \qquad (1).$$

Luego despejamos de la fórmula 1 el término $(a-b)$:

$$a - b = \frac{a^3-b^3}{(a^2+ab+b^2)} \qquad (2).$$

Ahora identificamos quien es a y b:

$$a = \sqrt[3]{x^2+2x+1} \;\; y \;\; b = \sqrt[3]{x^2-2x+1}\ .$$

A continuación, trabajamos con la fórmula 2:

$$\sqrt[3]{x^2+2x+1}-\sqrt[3]{x^2-2x+1} = \frac{\left(\sqrt[3]{x^2+2x+1}\right)^3-\left(\sqrt[3]{x^2-2x+1}\right)^3}{\left(\sqrt[3]{x^2+2x+1}\right)^2+\left(\sqrt[3]{x^2+2x+1}\,\right)\left(\sqrt[3]{x^2-2x+1}\right)+\left(\sqrt[3]{x^2-2x+1}\right)^2}.$$

Se eliminan las raíces cúbicas. En el denominador usamos las potencias de grado mayor:

$$\sqrt[3]{x^2+2x+1}-\sqrt[3]{x^2-2x+1} = \frac{x^2+2x+1-x^2+2x-1}{\left(\sqrt[3]{x^2}\right)^2+\sqrt[3]{x^4}+\left(\sqrt[3]{x^2}\right)^2}$$

$$\sqrt[3]{x^2+2x+1}-\sqrt[3]{x^2-2x+1} = \frac{4x}{\sqrt[3]{x^4}+\sqrt[3]{x^4}+\sqrt[3]{x^4}} = \frac{4x}{3\sqrt[3]{x^4}}.$$

En consecuencia, se tiene el valor del límite:

$$\lim_{x\to\infty}\left(\sqrt[3]{x^2+2x+1}-\sqrt[3]{x^2-2x+1}\right) = \lim_{x\to\infty}\frac{4x}{3x^{\frac{4}{3}}}.$$

Evaluando el límite resultante, se concluye que el límite es igual a cero ya que el grado del polinomio del denominador es mayor que el grado del polinomio del numerador.

$$\boxed{\lim_{x\to\infty}\left(\sqrt[3]{(x+1)^2}-\sqrt[3]{(x-1)^2}\right) = 0}$$

$$\lim_{x\to\infty}\left(\sqrt[3]{x^3+x^2+1}-\sqrt[3]{x^3-x^2+1}\right)$$

139

La indeterminación es de la forma $(\infty - \infty)$.

Para eliminar las raíces cúbicas usamos la fórmula de la diferencia de cubos:

$$a^3 - b^3 = (a-b)(a^2+ab+b^2) \qquad (1).$$

Luego despejamos de la fórmula 1 el término $(a-b)$:

$$a - b = \frac{a^3-b^3}{(a^2+ab+b^2)} \qquad (2).$$

Ahora identificamos quien es a y b:

$$a = \sqrt[3]{x^3+x^2+1} \;\; y \;\; b = \sqrt[3]{x^3-x^2+1}\,.$$

A continuación, trabajamos con la fórmula 2:

$$\sqrt[3]{x^3+x^2+1}-\sqrt[3]{x^3-x^2+1} = \frac{\left(\sqrt[3]{x^3+x^2+1}\right)^3-\left(\sqrt[3]{x^3-x^2+1}\right)^3}{\left(\sqrt[3]{x^3+x^2+1}\right)^2+\left(\sqrt[3]{x^3+x^2+1}\right)\left(\sqrt[3]{x^3-x^2+1}\right)+\left(\sqrt[3]{x^3-x^2+1}\right)^2}.$$

Se eliminan las raíces cúbicas. En el denominador usamos las potencias de grado mayor:

$$\sqrt[3]{x^3+x^2+1}-\sqrt[3]{x^3-x^2+1} = \frac{x^3+x^2+1-x^3+x^2-1}{\left(\sqrt[3]{x^3}\right)^2+\sqrt[3]{x^6}+\left(\sqrt[3]{x^3}\right)^2}$$

$$\sqrt[3]{x^3+x^2+1}-\sqrt[3]{x^3-x^2+1} = \frac{2x^2}{\left(\sqrt[3]{x^3}\right)^2+\sqrt[3]{x^6}+\left(\sqrt[3]{x^3}\right)^2} = \frac{2x^2}{x^2+x^2+x^2} = \frac{2x^2}{3x^2}.$$

En consecuencia, se tiene el valor del límite:

$$\lim_{x\to\infty}\left(\sqrt[3]{x^3+x^2+1}-\sqrt[3]{x^3-x^2+1}\right) = \lim_{x\to\infty}\frac{2x^2}{3x^2}.$$

Evaluando el límite resultante, se concluye que el límite es igual a $\frac{2}{3}$ ya que el grado del polinomio del numerador es igual al grado del polinomio del denominador.

$$\boldsymbol{\lim_{x\to\infty}\left(\sqrt[3]{x^3+x^2+1}-\sqrt[3]{x^3-x^2+1}\right) = \frac{2}{3}}$$

140 $\lim_{x\to-\infty}\left(x+\sqrt[3]{1-x^3}\right)$

La indeterminación es de la forma $(\infty - \infty)$. Se reescribe el límite de la siguiente forma:

$$\lim_{x\to-\infty}\left(x+\sqrt[3]{1-x^3}\right) = \lim_{x\to-\infty}\left(\sqrt[3]{x^3}+\sqrt[3]{1-x^3}\right).$$

Para eliminar las raíces cúbicas usamos la fórmula de la suma de cubos:

$$a^3+b^3=(a+b)(a^2-ab+b^2) \qquad (1).$$

Luego despejamos de la fórmula 1 el término $(a+b)$:

$$a+b=\frac{a^3+b^3}{(a^2-ab+b^2)} \qquad (2).$$

Ahora identificamos quien es $a \ y \ b$:

$$a=\sqrt[3]{x^3} \ \ y \ \ b=\sqrt[3]{1-x^3}.$$

A continuación, trabajamos con la fórmula 2:

$$\sqrt[3]{x^3}+\sqrt[3]{1-x^3}=\frac{\left(\sqrt[3]{x^3}\right)^3+\left(\sqrt[3]{1-x^3}\right)^3}{\left(\sqrt[3]{x^3}\right)^2-\left(\sqrt[3]{x^3}\right)\left(\sqrt[3]{1-x^3}\right)+\left(\sqrt[3]{1-x^3}\right)^2}.$$

Se eliminan las raíces cúbicas. En el denominador usamos las potencias de grado mayor:

$$\lim_{x\to-\infty}\sqrt[3]{x^3}+\sqrt[3]{1-x^3}=\lim_{x\to-\infty}\frac{1}{\left(\sqrt[3]{x^3}\right)^2-\left(\sqrt[3]{x^3}\right)\left(\sqrt[3]{1-x^3}\right)+\left(\sqrt[3]{1-x^3}\right)^2}=\lim_{x\to-\infty}\frac{1}{x^2+x^2+x^2}=\lim_{x\to-\infty}\frac{1}{3x^2}$$

Al evaluar el límite resultante se tiene:

$$\lim_{x\to-\infty}\left(\sqrt[3]{x^3}+\sqrt[3]{1-x^3}\right) = \lim_{x\to-\infty}\frac{1}{3x^2}.$$

Como x^2 crece infinitamente hacia un valor positivo muy grande cuando $x \to -\infty$, la fracción tiende a cero. En consecuencia, se ha encontrado el valor del límite:

$$\boldsymbol{\lim_{x\to-\infty}\left(x+\sqrt[3]{1-x^3}\right)=0}$$

$$\lim_{x\to\infty}\left(x - \sqrt[3]{x^3 - 7x^2}\right)$$ **141**

Se reescribe el límite de la siguiente forma:

$$\lim_{x\to\infty}\left(x - \sqrt[3]{x^3 - 7x^2}\right) = \lim_{x\to\infty}\left(\sqrt[3]{x^3} - \sqrt[3]{x^3 - 7x^2}\right).$$

Para eliminar las raíces cúbicas usamos la fórmula de la suma de cubos:

$$a^3 - b^3 = (a-b)(a^2 + ab + b^2) \qquad (1).$$

Luego despejamos de la fórmula 1 el término $(a-b)$:

$$a - b = \frac{a^3 - b^3}{(a^2 + ab + b^2)} \qquad (2).$$

Ahora identificamos quien es a y b:

$$a = \sqrt[3]{x^3} \ \ y \ \ b = \sqrt[3]{x^3 - 7x^2}.$$

A continuación, trabajamos con la fórmula 2:

$$\sqrt[3]{x^3} - \sqrt[3]{x^3 - 7x^2} = \frac{\left(\sqrt[3]{x^3}\right)^3 - \left(\sqrt[3]{x^3 - 7x^2}\right)^3}{\left(\sqrt[3]{x^3}\right)^2 + \left(\sqrt[3]{x^3}\right)\left(\sqrt[3]{x^3 - 7x^2}\right) + \left(\sqrt[3]{x^3 - 7x^2}\right)^2}.$$

Se eliminan las raíces cúbicas. En el denominador usamos las potencias de grado mayor:

$$\sqrt[3]{x^3} + \sqrt[3]{x^3 - 7x^2} = \frac{x^3 - x^3 + 7x^2}{\left(\sqrt[3]{x^3}\right)^2 + \left(\sqrt[3]{x^3}\right)\left(\sqrt[3]{x^3 - 7x^2}\right) + \left(\sqrt[3]{x^3 - 7x^2}\right)^2} = \frac{7x^2}{x^2 + x^2 + x^2} = \frac{7x^2}{3x^2}.$$

En consecuencia, se tiene:

$$\lim_{x\to\infty}\left(\sqrt[3]{x^3} - \sqrt[3]{x^3 - 7x^2}\right) = \lim_{x\to\infty} = \frac{7x^2}{3x^2}.$$

Evaluando el límite resultante, se concluye que el límite es igual a $\frac{7}{3}$ ya que el grado del polinomio del numerador es igual al grado del polinomio del denominador:

$$\boldsymbol{\lim_{x\to\infty}\left(x - \sqrt[3]{x^3 - 7x^2}\right) = \frac{7}{3}}$$

142 $\lim_{x\to\infty}\left(\sqrt{x^2+1}-\sqrt{x^2-1}\right)$

Al hacer la sustitución la indeterminación es de la forma $\infty - \infty$. ! *hágalo*!

Para levantar este tipo de indeterminación ($\infty - \infty$), es necesario transformarla en $\frac{\infty}{\infty}$. Esta transformación se realiza multiplicando y dividiendo el límite problema por la conjugada de $\sqrt{x^2+1}-\sqrt{x^2-1}$.

Por tanto, se tiene:

$$\lim_{x\to\infty}\left(\sqrt{x^2+1}-\sqrt{x^2-1}\right)=\lim_{x\to\infty}\frac{\left(\sqrt{x^2+1}-\sqrt{x^2-1}\right)\left(\sqrt{x^2+1}+\sqrt{x^2-1}\right)}{\left(\sqrt{x^2+1}+\sqrt{x^2-1}\right)}$$

$$\lim_{x\to\infty}\left(\sqrt{x^2+1}-\sqrt{x^2-1}\right)=\lim_{x\to\infty}\frac{x^2+1-x^2+1}{\left(\sqrt{x^2+1}+\sqrt{x^2-1}\right)}=\lim_{x\to\infty}\frac{2}{\left(\sqrt{x^2+1}+\sqrt{x^2-1}\right)}$$

Se evalúa el límite resultante:

$$\lim_{x\to\infty}\left(\sqrt{x^2+1}-\sqrt{x^2-1}\right)=\frac{2}{\left(\sqrt{\infty^2+1}+\sqrt{\infty^2-1}\right)}=\frac{2}{\infty+\infty}=\frac{2}{\infty}=0.$$

En consecuencia, se ha obtenido el valor del límite:

$$\boxed{\lim_{x\to\infty}\left(\sqrt{x^2+1}-\sqrt{x^2-1}\right)=0}$$

La importancia del límite: Estabilidad en Procesos Físicos.

Imagina que estas funciones del límite representan dos trayectorias de partículas o el crecimiento de dos poblaciones. Que el límite sea **0** significa que, con el paso del tiempo ($x \to \infty$), el sistema tiende a un estado de **equilibrio relativo**. La diferencia "se desvanece", lo cual es clave para predecir que no habrá una divergencia infinita entre ambos procesos.

$$\lim_{x\to 2}\left(\frac{1}{x-2}-\frac{2+2x-x^2}{x^2-2x}\right)$$

143

Al evaluar el límite, se enseña una indeterminación matemática de la forma $\infty - \infty$. ¡hágalo!

Para levantar este tipo de indeterminación $(\infty - \infty)$, es necesario transformarla en $\frac{\infty}{\infty}$ ó $\frac{0}{0}$. Lo cual se logra operando matemáticamente las dos fracciones transformándolas en una fracción. Para ello se halla el mínimo común múltiplo de los denominadores. Es decir:

$$x-2 = x-2 \ , \ x^2-2x = x(x-2) \ \rightarrow \ \text{m.c.m} = x(x-2)$$

Por tanto, se tiene:

$$\lim_{x\to 2}\left(\frac{1}{x-2}-\frac{2+2x-x^2}{x^2-2x}\right) = \lim_{x\to 2}\frac{x-2-2x+x^2}{x(x-2)} = \lim_{x\to 2}\frac{x^2-x-2}{x(x-2)}.$$

Al evaluar el límite resultante se presenta una indeterminación de la forma $\frac{0}{0}$. Luego se procede a factorizar el numerador y por la técnica de cancelación se resuelve el límite.

La factorización es: $x^2-x-2 = (x-2)(x+1)$

$$\lim_{x\to 2}\left(\frac{1}{x-2}-\frac{2+2x-x^2}{x^2-2x}\right) = \lim_{x\to 2}\frac{(x-2)(x+1)}{x(x-2)} = \lim_{x\to 2}\frac{(x+1)}{x} = \frac{3}{2}.$$

En consecuencia, se ha obtenido el valor del límite:

$$\boxed{\lim_{x\to 2}\left(\frac{1}{x-2}-\frac{2+2x-x^2}{x^2-2x}\right) = \frac{3}{2}}$$

Comentario: En términos formales, el límite es el lenguaje que permite pasar de lo **discreto** (puntos aislados) a lo **continuo** (curvas y flujos). Es la herramienta que nos permite "tocar" el infinito de manera segura mediante operaciones algebraicas.

144

$$\lim_{x\to\infty}\left(x^2 - \frac{x^4+1}{x^2-1}\right)$$

Al evaluar el límite, se enseña una indeterminación matemática de la forma $\infty - \infty$. ¡hágalo!

Para levantar este tipo de indeterminación $(\infty - \infty)$, es necesario transformarla en $\frac{\infty}{\infty}$ ó $\frac{0}{0}$. Lo cual se logra operando matemáticamente las dos fracciones transformándolas en una fracción. Para ello se halla el mínimo común múltiplo de los denominadores. Es decir:

$$m.c.m. = x^2 - 1$$

$$\lim_{x\to\infty}\left(x^2 - \frac{x^4+1}{x^2-1}\right) = \lim_{x\to\infty}\frac{x^2(x^2-1) - x^4 - 1}{x^2-1} = \lim_{x\to\infty}\frac{x^4 - x^2 - x^4 - 1}{x^2-1} = \lim_{x\to\infty}\frac{-x^2-1}{x^2-1} = -1$$

Se aplicó reglas de inferencia. Por tanto, el valor del límite es: $\boxed{\lim_{x\to\infty}\left(x^2 - \frac{x^4+1}{x^2-1}\right) = -1}$

145

$$\lim_{x\to\infty}\left(\sqrt{x^2-3x+2} - \sqrt{x^2-x}\right)$$

Al evaluar el límite, se enseña una indeterminación matemática de la forma $\infty - \infty$. ¡hágalo!

Se multiplica y se divide por la conjugada de $\left(\sqrt{x^2-3x+2} - \sqrt{x^2-x}\right)$:

$$\lim_{x\to\infty}\left(\sqrt{x^2-3x+2} - \sqrt{x^2-x}\right) = \lim_{x\to\infty}\frac{\left(\sqrt{x^2-3x+2} - \sqrt{x^2-x}\right)\left(\sqrt{x^2-3x+2} + \sqrt{x^2-x}\right)}{\left(\sqrt{x^2-3x+2} + \sqrt{x^2-x}\right)}$$

$$= \lim_{x\to\infty}\frac{x^2-3x+2-x^2+x}{\left(\sqrt{x^2-3x+2} + \sqrt{x^2-x}\right)} = \lim_{x\to\infty}\frac{-2x}{\sqrt{x^2-3x+2} + \sqrt{x^2-x}}$$

$$\lim_{x\to\infty}\left(\sqrt{x^2-3x+2} - \sqrt{x^2-x}\right) = \lim_{x\to\infty}\frac{-\frac{2x}{x}}{\sqrt{\frac{x^2}{x^2} - \frac{3x}{x^2} + \frac{2}{x^2}} + \sqrt{\frac{x^2}{x^2} - \frac{x}{x^2}}} = \lim_{x\to\infty}\frac{-2}{\sqrt{1 - \frac{3}{x} + \frac{2}{x^2}} + \sqrt{1 - \frac{1}{x}}} = -1.$$

En consecuencia, el valor del límite es: $\boxed{\lim_{x\to\infty}\left(\sqrt{x^2-3x+2} - \sqrt{x^2-x}\right) = -1}$

$$\lim_{x \to 1^+} \left(\frac{1}{x^2 - 1} - \frac{1}{x^3 - 1} \right)$$

146

Al evaluar el límite, se enseña una indeterminación matemática de la forma $\infty - \infty$. ¡hágalo!
Para resolver el límite es necesario transformar las dos fracciones a un denominador común. Para lo cual se halla el mínimo común múltiplo de: $x^2 - 1$ y $x^3 - 1$.

Es decir: $\text{m.c.m.}\,(x^2 - 1\,, x^3 - 1) = (x+1)(x-1)(x^2+x+1)$

$$\lim_{x \to 1^+} \left(\frac{1}{x^2 - 1} - \frac{1}{x^3 - 1} \right) = \lim_{x \to 1^+} \frac{x^2 + x + 1 - x - 1}{(x+1)(x-1)(x^2+x+1)} = \lim_{x \to 1^+} \frac{x^2}{(x-1)(x+1)x^2 + x + 1)}$$

Evaluando el límite resultante se nota que el numerador es 1 y el denominador es 0. Como nos acercamos a **1 por la derecha** ($x \to 1^+$), el término $(x - 1)$ es un número positivo. El resto de los factores en el denominador también son positivos. Por tanto, tenemos una constante positiva dividida por un número positivo que tiende a cero: $\frac{1}{0^+}$. Por tanto, el valor del límite es:

$$\boxed{\lim_{x \to 1^+} \left(\frac{\mathbf{1}}{\boldsymbol{x^2 - 1}} - \frac{\mathbf{1}}{\boldsymbol{x^3 - 1}} \right) = \infty}$$

$$\lim_{x \to \infty} \left(\sqrt{x+2} - \sqrt{x-2} \right)$$

147

Al evaluar el límite, se enseña una indeterminación matemática de la forma $\infty - \infty$. ¡hágalo!
Se multiplica y se divide por la conjugada de $\left(\sqrt{x+2} - \sqrt{x-2} \right)$:

$$\lim_{x \to \infty} \left(\sqrt{x+2} - \sqrt{x-2} \right) = \lim_{x \to \infty} \frac{\left(\sqrt{x+2} - \sqrt{x-2} \right)\left(\sqrt{x+2} + \sqrt{x-2} \right)}{\left(\sqrt{x+2} + \sqrt{x-2} \right)}$$

$$\lim_{x \to \infty} \left(\sqrt{x+2} - \sqrt{x-2} \right) = \lim_{x \to \infty} \frac{x + 2 - x + 2}{\left(\sqrt{x+2} + \sqrt{x-2} \right)} = \lim_{x \to \infty} \frac{4}{\left(\sqrt{x+2} + \sqrt{x-2} \right)}$$

Al evaluar el límite resultante se tiene

$$\lim_{x \to \infty} \left(\sqrt{x+2} - \sqrt{x-2} \right) = \lim_{x \to \infty} \frac{4}{\left(\sqrt{\infty+2} + \sqrt{\infty-2} \right)} = \frac{4}{\infty} = 0.$$

En consecuencia, se tiene el valor del límite:

$$\boxed{\lim_{x \to \infty} \left(\sqrt{\boldsymbol{x+2}} - \sqrt{\boldsymbol{x-2}} \right) = \mathbf{0}}$$

148

$$\lim_{x \to \infty} \left(\sqrt{x^2 + 3x} - x \right)$$

Al evaluar el límite, se enseña una indeterminación matemática de la forma $\infty - \infty$. ¡hágalo!

Se multiplica y se divide por la conjugada de $\sqrt{x^2 + 3x} - x$:

$$\lim_{x \to \infty} \left(\sqrt{x^2 + 3x} - x \right) = \lim_{x \to \infty} \frac{\left(\sqrt{x^2 + 3x} - x \right)\left(\sqrt{x^2 + 3x} + x \right)}{\left(\sqrt{x^2 + 3x} + x \right)}$$

$$= \lim_{x \to \infty} \frac{x^2 + 3x - x^2}{\left(\sqrt{x^2 + 3x} + x \right)} = \lim_{x \to \infty} \frac{3x}{\sqrt{x^2 + 3x} + x}$$

$$\lim_{x \to \infty} \left(\sqrt{x^2 + 3x} - x \right) = \lim_{x \to \infty} \frac{\frac{3x}{x}}{\sqrt{\frac{x^2}{x^2} + \frac{3x}{x^2}} + \frac{x}{x}} = \lim_{x \to \infty} \frac{3}{\sqrt{1 + \frac{3}{x}} + 1} = \frac{3}{2}$$

En consecuencia, se obtiene el valor del límite:

$$\boxed{\lim_{x \to \infty} \left(\sqrt{x^2 + 3x} - x \right) = \frac{3}{2}}$$

149

$$\lim_{x \to \infty} \left(\sqrt{x^2 - 2} - \sqrt{x^2 + x} \right)$$

Al evaluar el límite, se enseña una indeterminación matemática de la forma $\infty - \infty$. ¡hágalo!

$$\lim_{x \to \infty} \left(\sqrt{x^2 - 2} - \sqrt{x^2 + x} \right) = \lim_{x \to \infty} \frac{\left(\sqrt{x^2 - 2} - \sqrt{x^2 + x} \right)\left(\sqrt{x^2 - 2} + \sqrt{x^2 + x} \right)}{\left(\sqrt{x^2 - 2} + \sqrt{x^2 + x} \right)}$$

$$= \lim_{x \to \infty} \frac{x^2 - 2 - x^2 - x}{\left(\sqrt{x^2 - 2} + \sqrt{x^2 + x} \right)} = \lim_{x \to \infty} \frac{-x - 2}{\sqrt{x^2 - 2} + \sqrt{x^2 + x}}$$

$$\lim_{x \to \infty} \left(\sqrt{x^2 - 2} - \sqrt{x^2 + x} \right) = -\lim_{x \to \infty} \frac{\frac{x}{x} + \frac{2}{x}}{\sqrt{\frac{x^2}{x^2} - \frac{2}{x^2}} + \sqrt{\frac{x^2}{x^2} + \frac{x}{x^2}}} = -\frac{1}{2}$$

En consecuencia, se obtiene el valor del límite:

$$\boxed{\lim_{x \to \infty} \left(\sqrt{x^2 - 2} - \sqrt{x^2 + x} \right) = -\frac{1}{2}}$$

$$\lim_{x\to\infty}\left(\frac{3x}{x+2}-\frac{x-1}{2x+6}\right)$$

150

La evaluación inicial del límite no representa una indeterminación de la forma $\infty - \infty$.
Se aplican propiedades de límites y se evalúan los límites resultantes con las reglas de inferencia:

$$\lim_{x\to\infty}\left(\frac{3x}{x+2}-\frac{x-1}{2x+6}\right)=\lim_{x\to\infty}\frac{3x}{x+2}-\lim_{x\to\infty}\frac{x-1}{2x+6}=3-\frac{1}{2}=\frac{5}{2}$$

En consecuencia, el valor del límite es:

$$\boxed{\lim_{x\to\infty}\left(\frac{3x}{x+2}-\frac{x-1}{2x+6}\right)=\frac{5}{2}}$$

$$\lim_{x\to\infty} x\left(\sqrt{x^2+3}-x\right)$$

151

Al evaluar el límite, se enseña una indeterminación matemática de la forma $\infty\,.\,(\infty-\infty)$. Lo que está en el paréntesis se conoce como indeterminación interna. Luego se multiplica y se divide por la conjugada de $\left(\sqrt{x^2+3}-x\right)$:

$$\lim_{x\to\infty} x\left(\sqrt{x^2+3}-x\right)=\lim_{x\to\infty} x\left[\frac{\left(\sqrt{x^2+3}-x\right)\left(\sqrt{x^2+3}+x\right)}{\left(\sqrt{x^2+3}+x\right)}\right]$$

$$=\lim_{x\to\infty} x\left[\frac{x^2+3-x^2}{\left(\sqrt{x^2+3}+x\right)}\right]=\lim_{x\to\infty} x\left[\frac{3}{\left(\sqrt{x^2+3}+x\right)}\right]$$

Se divide cada término por la potencia mayor en la fracción:

$$\lim_{x\to\infty} x\left(\sqrt{x^2+3}-x\right)=\lim_{x\to\infty}\left[\frac{\frac{3x}{x}}{\left(\sqrt{\frac{x^2}{x^2}+\frac{3}{x^2}}+\frac{x}{x}\right)}\right]=\lim_{x\to\infty}\frac{3}{\sqrt{1+\frac{3}{x^2}}+1}=\frac{3}{2}.$$

En consecuencia, obtenemos el valor del límite:

$$\boxed{\lim_{x\to\infty} x\left(\sqrt{x^2+3}-x\right)=\frac{3}{2}}$$

152

$$\lim_{x\to 1}\left(\frac{1}{1-x}-\frac{3}{1-x^3}\right)$$

Al evaluar el límite, se enseña una indeterminación matemática de la forma $\infty-\infty$. ¡hágalo! La cual se logra resolver operando matemáticamente las dos fracciones transformándolas en una fracción. Para ello se halla el mínimo común múltiplo de los denominadores. Es decir:

$$m.c.m.(1-x,1-x^3)=(1-x)(1+x+x^2)$$

Por tanto, se tiene:

$$\lim_{x\to 1}\left(\frac{1}{1-x}-\frac{3}{1-x^3}\right)=\lim_{x\to 1}\frac{1+x+x^2-3}{(1-x)(1+x+x^2)}=\lim_{x\to 1}\frac{x^2+x-2}{(1-x)(1+x+x^2)}=\frac{0}{0}$$

Al evaluar el límite anterior se presentó una indeterminación de la forma matemática $\frac{0}{0}$, la cual se resuelve factorizando el numerador:

$$\lim_{x\to 1}\left(\frac{1}{1-x}-\frac{3}{1-x^3}\right)=\lim_{x\to 1}\frac{(x+2)\,(x-1)}{(1-x)(1+x+x^2)}=-\lim_{x\to 1}\frac{(x+2)\,(x-1)}{(x-1)(1+x+x^2)}$$

Se procede a cancelar términos semejantes:

$$\lim_{x\to 1}\left(\frac{1}{1-x}-\frac{3}{1-x^3}\right)=-\lim_{x\to 1}\frac{x+2}{x^2+x+1}$$

Luego procedemos a evaluar el límite resultante:

$$\lim_{x\to 1}\left(\frac{1}{1-x}-\frac{3}{1-x^3}\right)=-\frac{1+2}{1^2+1+1}=-\frac{3}{3}=-1$$

En consecuencia, se ha obtenido el valor del límite:

$$\boxed{\lim_{x\to 1}\left(\frac{1}{1-x}-\frac{3}{1-x^3}\right)=-1}$$

$\lim_{x\to+\infty}\left(\sqrt{x(x+a)}-\sqrt{x}\right)$ **153**

Al evaluar el límite, se muestra una indeterminación matemática de la forma $\infty - \infty$. ¡hágalo!

Para levantar este tipo de indeterminación $(\infty - \infty)$, es necesario transformarla en $\frac{\infty}{\infty}$. Este procedimiento se realiza multiplicando y dividiendo el límite problema por la conjugada de $\left(\sqrt{x(x+a)}-\sqrt{x}\right)$.

Se reescribe el límite de la siguiente forma:

$$\lim_{x\to+\infty}\left(\sqrt{x(x+a)}-\sqrt{x}\right) = \lim_{x\to+\infty}\left(\sqrt{x^2+ax}-\sqrt{x}\right).$$

Por tanto, se procede a trabajar con la conjugada:

$$\lim_{x\to+\infty}\left(\sqrt{x^2+ax}-\sqrt{x}\right) = \lim_{x\to+\infty}\frac{\left(\sqrt{x^2+ax}-\sqrt{x}\right)\left(\sqrt{x^2+ax}+\sqrt{x}\right)}{\left(\sqrt{x^2+ax}+\sqrt{x}\right)}$$

Se resuelve el producto de la diferencia por la suma:

$$\lim_{x\to+\infty}\left(\sqrt{x^2+ax}-\sqrt{x}\right) = \lim_{x\to+\infty}\frac{x^2+ax-x}{\left(\sqrt{x^2+ax}+\sqrt{x}\right)} = \frac{\infty}{\infty}$$

Se evaluó el límite dando el resultado ∞/∞, se resuelve dividiendo cada término por la potencia mayor en la fracción, se simplifica y se evalúa el límite resultante:

$$\lim_{x\to+\infty}\left(\sqrt{x^2+ax}-\sqrt{x}\right) = \lim_{x\to+\infty}\frac{\frac{x^2}{x^2}+\frac{ax}{x^2}-\frac{x}{x^2}}{\sqrt{\frac{x^2}{x^4}+\frac{ax}{x^4}}+\sqrt{\frac{x}{x^4}}} = \lim_{x\to+\infty}\frac{1+\frac{a}{x}-\frac{1}{x}}{\sqrt{\frac{1}{x^2}+\frac{a}{x^3}}+\sqrt{\frac{1}{x^3}}} = \frac{1+0-0}{\sqrt{0}+\sqrt{0}} = \frac{1}{0}.$$

El resultado nos indica que el límite no converge hacia un valor específico. Lo cual decimos que el límite no existe (tiende a infinito).

En consecuencia, se ha obtenido el valor del límite:

$$\boxed{\lim_{x\to+\infty}\left(\sqrt{x(x+a)}-\sqrt{x}\right) = +\infty}$$

154

$$\lim_{x \to 2} \left(\frac{1}{x-2} - \frac{2x}{x^2-4} \right)$$

Al evaluar el límite problema se obtiene una indeterminación de la forma $\infty - \infty$. ¡Hágalo! Lo cual se logra resolver operando matemáticamente las dos fracciones transformándolas en una fracción. Para ello se halla el mínimo común múltiplo de los denominadores. Es decir:

$$m.c.m.(x-2, x^2-4) = (x+2)(x-2)$$

Por tanto, se tiene:

$$\lim_{x \to 2} \left(\frac{1}{x-2} - \frac{2x}{x^2-4} \right) = \lim_{x \to 2} \frac{x+2-2x}{(x+2)(x-2)} = \lim_{x \to 2} \frac{-x+2}{(x+2)(x-2)}$$

Ahora se procede a evaluar el límite resultante:

$$\lim_{x \to 2} \left(\frac{1}{x-2} - \frac{2x}{x^2-4} \right) = \frac{-2+2}{(2+2)(2-2)} = \frac{0}{0}$$

Para resolver la indeterminación se convierte el término $-x+2$ en $x-2$ en el límite resultante multiplicando por menos $(-)$:

$$\lim_{x \to 2} \left(\frac{1}{x-2} - \frac{2x}{x^2-4} \right) = -\lim_{x \to 2} \frac{(x-2)}{(x+2)(x-2)}.$$

Se cancelan términos semejantes:

$$\lim_{x \to 2} \left(\frac{1}{x-2} - \frac{2x}{x^2-4} \right) = -\lim_{x \to 2} \frac{1}{(x+2)}.$$

Se evalúa el límite resultante:

$$-\lim_{x \to 2} \frac{1}{(x+2)} = -\frac{1}{2+2} = -\frac{1}{4}.$$

En consecuencia, obtenemos el valor del límite:

$$\boxed{\lim_{x \to 2} \left(\frac{1}{x-2} - \frac{2x}{x^2-4} \right) = -\frac{1}{4}}$$

$$\lim_{x\to\infty}\left(\frac{x^2}{x-1}-\frac{x^2+1}{x-2}\right)$$

155

Al evaluar el límite problema con las reglas de inferencia se obtiene una indeterminación de la forma $\infty - \infty$. ¡Hágalo! El límite se logra resolver operando matemáticamente las dos fracciones transformándolas en una fracción. Para ello se halla el mínimo común múltiplo de los denominadores. Es decir:

$$m.c.m.(x-1,\ x-2) = (x-1)(x-2)$$

Por tanto, se tiene:

$$\lim_{x\to\infty}\left(\frac{x^2}{x-1}-\frac{x^2+1}{x-2}\right) = \lim_{x\to\infty}\frac{x^2(x-2)-(x^2+1)(x-1)}{(x-1)(x-2)}$$

$$\lim_{x\to\infty}\left(\frac{x^2}{x-1}-\frac{x^2+1}{x-2}\right) = \lim_{x\to\infty}\frac{x^3-2x^2-(x^3-x^2+x-1)}{(x-1)(x-2)}$$

$$\lim_{x\to\infty}\left(\frac{x^2}{x-1}-\frac{x^2+1}{x-2}\right) = \lim_{x\to\infty}\frac{x^3-2x^2-x^3+x^2-x+1}{(x-1)(x-2)}$$

$$\lim_{x\to\infty}\left(\frac{x^2}{x-1}-\frac{x^2+1}{x-2}\right) = \lim_{x\to\infty}\frac{-x^2-x+1}{(x-1)(x-2)} = -\lim_{x\to\infty}\frac{x^2+x-1}{x^2-3x+2}.$$

Según las reglas de inferencia estudiadas en este libro, cuando el grado del polinomio del numerador es igual que el grado del polinomio del denominador el resultado del límite es el cociente de los coeficientes de los grados iguales. En nuestro caso, el resultado es -1.
En consecuencia, hemos obtenido el valor del límite:

$$\boldsymbol{\lim_{x\to\infty}\left(\frac{x^2}{x-1}-\frac{x^2+1}{x-2}\right) = -1}$$

156

$$\lim_{x\to\infty}\left(\sqrt{x+1}-\sqrt{x}\right)$$

Al evaluar el límite problema se obtiene una indeterminación de la forma $\infty - \infty$. ¡Hágalo!
Luego se multiplica y se divide por la conjugada de $\left(\sqrt{x+1}-\sqrt{x}\right)$. Por tanto, se tiene:

$$\lim_{x\to\infty}\left(\sqrt{x+1}-\sqrt{x}\right) = \lim_{x\to\infty}\frac{\left(\sqrt{x+1}-\sqrt{x}\right)\left(\sqrt{x+1}+\sqrt{x}\right)}{\left(\sqrt{x+1}+\sqrt{x}\right)}$$

$$\lim_{x\to\infty}\left(\sqrt{x+1}-\sqrt{x}\right) = \lim_{x\to\infty}\frac{x+1-x}{\left(\sqrt{x+1}+\sqrt{x}\right)} = \lim_{x\to\infty}\frac{1}{\sqrt{x+1}+\sqrt{x}} = \frac{1}{\infty} = 0.$$

Se evaluó el límite y hemos encontrado el valor del límite:

$$\boxed{\lim_{x\to\infty}\left(\sqrt{x+1}-\sqrt{x}\right) = 0}$$

157

$$\lim_{x\to\infty}\left(\frac{x^5+2x^4+3x+2}{x^2+3x+1}-\frac{x^4+x+1}{x+2}\right)$$

Para resolver el límite es necesario transformar las dos fracciones a un denominador común. Para lo cual se halla el mínimo común múltiplo de x^2+3x+1 y $x+2$:

$$m.c.m.(x^2+3x+1,\ x+2) = (x^2+3x+1)(x+2)$$

$$\lim_{x\to\infty}\left(\frac{x^5+2x^4+3x+2}{x^2+3x+1}-\frac{x^4+x+1}{x+2}\right) = \lim_{x\to\infty}\frac{(x^5+2x^4+3x+2)(x+2)-(x^2+3x+1)(x^4+x+1)}{(x^2+3x+1)(x+2)}$$

Operando matemáticamente la fracción del límite anterior se tiene:

$$\lim_{x\to\infty}\left(\frac{x^5+2x^4+3x+2}{x^2+3x+1}-\frac{x^4+x+1}{x+2}\right) = \lim_{x\to\infty}\frac{x^5+3x^4-x^3-x^2+4x+3}{x^3+5x^2+7x+2}.$$

Según las reglas de inferencia estudiadas en este libro, cuando el grado del polinomio del numerador es mayor que el grado del polinomio del denominador, el resultado del límite es infinito. En consecuencia, se encontró el valor del límite:

$$\boxed{\lim_{x\to\infty}\left(\frac{x^5+2x^4+3x+2}{x^2+3x+1}-\frac{x^4+x+1}{x+2}\right) = \infty}$$

$$\lim_{x\to\infty}\left(\sqrt{x^2+x+1}-\sqrt{x^2+x+2}\right)$$

158

Para levantar este tipo de indeterminación $(\infty - \infty)$, es necesario transformarla en $\frac{\infty}{\infty}$. Este procedimiento se realiza multiplicando y dividiendo el límite problema por la conjugada de $\left(\sqrt{x^2+x+1}-\sqrt{x^2+x+2}\right)$.

Por tanto, se tiene:

$$\lim_{x\to\infty}\left(\sqrt{x^2+x+1}-\sqrt{x^2+x+2}\right) = \lim_{x\to\infty}\frac{\left(\sqrt{x^2+x+1}-\sqrt{x^2+x+2}\right)\left(\sqrt{x^2+x+1}+\sqrt{x^2+x+2}\right)}{\left(\sqrt{x^2+x+1}+\sqrt{x^2+x+2}\right)}$$

Se resuelve el producto de la diferencia por la suma en el numerador:

$$\lim_{x\to\infty}\left(\sqrt{x^2+x+1}-\sqrt{x^2+x+2}\right) = \lim_{x\to\infty}\frac{x^2+x+1-x^2-x-2}{\left(\sqrt{x^2+x+1}+\sqrt{x^2+x+2}\right)}$$

$$\lim_{x\to\infty}\left(\sqrt{x^2+x+1}-\sqrt{x^2+x+2}\right) = -\lim_{x\to\infty}\frac{1}{\left(\sqrt{x^2+x+1}+\sqrt{x^2+x+2}\right)}.$$

Evaluando el límite resultante por sustitución se tiene:

$$\lim_{x\to\infty}\left(\sqrt{x^2+x+1}-\sqrt{x^2+x+2}\right) = -\frac{1}{\left(\sqrt{\infty^2+\infty+1}+\sqrt{\infty^2+\infty+2}\right)} = -\frac{1}{\infty} = 0.$$

En consecuencia, se tiene el valor del límite:

$$\boxed{\lim_{x\to\infty}\left(\sqrt{x^2+x+1}-\sqrt{x^2+x+2}\right) = 0}$$

159

$$\lim_{x \to \infty} \left(\frac{x^2+1}{x+2} - \frac{x^2+10}{x+1} \right)$$

Para levantar este tipo de indeterminación $(\infty - \infty)$, es necesario transformarla en $\frac{\infty}{\infty}$.

Para resolver el límite es necesario transformar las dos fracciones a un denominador común. Para lo cual se halla el mínimo común múltiplo de x^2+2 y $x+1$:

$$m.c.m.(x+2\ ,\ x+1) = (x+2)(x+1).$$

Por tanto, tenemos:

$$\lim_{x \to \infty} \left(\frac{x^2+1}{x+2} - \frac{x^2+10}{x+1} \right) = \lim_{x \to \infty} \frac{(x^2+1)(x+1) - [(x^2+10)(x+2)]}{(x+2)(x+1)}$$

$$\lim_{x \to \infty} \left(\frac{x^2+1}{x+2} - \frac{x^2+10}{x+1} \right) = \lim_{x \to \infty} \frac{x^3+x^2+x+1-[x^3+2x^2+10x+20]}{(x+2)(x+1)}$$

$$\lim_{x \to \infty} \left(\frac{x^2+1}{x+2} - \frac{x^2+10}{x+1} \right) = \lim_{x \to \infty} \frac{x^3+x^2+x+1-x^3-2x^2-10x-20}{(x+2)(x+1)}$$

Se cancelan y se suman términos semejantes:

$$\lim_{x \to \infty} \left(\frac{x^2+1}{x+2} - \frac{x^2+10}{x+1} \right) = \lim_{x \to \infty} \frac{-x^2-9x-19}{x^2+3x+2}.$$

Según las reglas de inferencia estudiadas en este libro, cuando el grado del polinomio del numerador es igual que el grado del polinomio del denominador el resultado del límite es el cociente de los coeficientes de los grados iguales. En nuestro caso, el resultado es -1.
En consecuencia, se ha encontrado el valor del límite:

$$\boxed{\lim_{x \to \infty} \left(\frac{x^2+1}{x+2} - \frac{x^2+10}{x+1} \right) = -1}$$

$$\lim_{x\to\infty}\left(\sqrt{x^2+x+1}-\sqrt{3+x+2x^2}\right)$$

160

Para levantar este tipo de indeterminación $(\infty - \infty)$, es necesario transformarla en $\frac{\infty}{\infty}$. Este procedimiento se realiza multiplicando y dividiendo el límite problema por la conjugada de $\sqrt{x^2+x+1}-\sqrt{3+x+2x^2}$.

Por consiguiente, tenemos:

$$\lim_{x\to\infty}\left(\sqrt{x^2+x+1}-\sqrt{3+x+2x^2}\right)=\lim_{x\to\infty}\frac{\left(\sqrt{x^2+x+1}-\sqrt{3+x+2x^2}\right)\left(\sqrt{x^2+x+1}+\sqrt{3+x+2x^2}\right)}{\left(\sqrt{x^2+x+1}+\sqrt{3+x+2x^2}\right)}$$

Se resuelve el producto de la diferencia por la suma en el numerador:

$$\lim_{x\to\infty}\left(\sqrt{x^2+x+1}-\sqrt{3+x+2x^2}\right)=\lim_{x\to\infty}\frac{x^2+x+1-3-x-2x^2}{\left(\sqrt{x^2+x+1}+\sqrt{3+x+2x^2}\right)}$$

Se cancelan y se suman términos semejantes:

$$\lim_{x\to\infty}\left(\sqrt{x^2+x+1}-\sqrt{3+x+2x^2}\right)=\lim_{x\to\infty}\frac{-2-x^2}{\left(\sqrt{x^2+x+1}+\sqrt{3+x+2x^2}\right)}$$

Se divide cada término por la potencia mayor de la fracción:

$$\lim_{x\to\infty}\left(\sqrt{x^2+x+1}-\sqrt{3+x+2x^2}\right)=\lim_{x\to\infty}\frac{-\frac{2}{x^2}-\frac{x^2}{x^2}}{\left(\sqrt{\frac{x^2}{x^4}+\frac{x}{x^4}+\frac{1}{x^4}}+\sqrt{\frac{3}{x^4}+\frac{x}{x^4}+\frac{2x^2}{x^4}}\right)}=-\frac{1}{0}$$

El resultado nos indica que el límite no converge hacia un valor específico. Lo cual decimos que el límite no existe (tiende a infinito).

En consecuencia, se tiene el valor del límite:

$$\boldsymbol{\lim_{x\to\infty}\left(\sqrt{x^2+x+1}-\sqrt{3+x+2x^2}\right)=-\infty}$$

161

$$\lim_{x\to\infty}\left(\frac{x^2+3x+1}{x+2}-\frac{x^2+3x+10}{x+1}\right)$$

Para levantar este tipo de indeterminación $(\infty - \infty)$, es necesario transformarla en $\frac{\infty}{\infty}$.

Para resolver el límite es necesario transformar las dos fracciones a un denominador común. Para lo cual se halla el mínimo común múltiplo de $x + 2$ y $x + 1$:

$$m.c.m.(x+2\ ,\ x+1) = (x+2)(x+1).$$

A continuación, se opera algebraicamente:

$$\lim_{x\to\infty}\left(\frac{x^2+3x+1}{x+2}-\frac{x^2+3x+10}{x+1}\right) = \lim_{x\to\infty}\frac{(x^2+3x+1)(x+1)-[(x^2+3x+10)(x+2)]}{(x+2)(x+1)}$$

$$\lim_{x\to\infty}\left(\frac{x^2+3x+1}{x+2}-\frac{x^2+3x+10}{x+1}\right) = \lim_{x\to\infty}\frac{x^3+4x^2+4x+1-x^3-5x^2-16x-20}{(x+2)(x+1)}$$

Se cancelan y se suman términos semejantes para simplificar:

$$\lim_{x\to\infty}\left(\frac{x^2+3x+1}{x+2}-\frac{x^2+3x+10}{x+1}\right) = \lim_{x\to\infty}\frac{-x^2-12x-19}{(x+2)(x+1)} = \lim_{x\to\infty}\frac{-x^2-12x-19}{x^2+3x+2}.$$

Según las reglas de inferencia estudiadas en este libro, cuando el grado del polinomio del numerador es igual que el grado del polinomio del denominador el resultado del límite es el cociente de los coeficientes de los grados iguales. En nuestro caso, el resultado es -1.

En consecuencia, se tiene el valor del límite:

$$\boldsymbol{\lim_{x\to\infty}\left(\frac{x^2+3x+1}{x+2}-\frac{x^2+3x+10}{x+1}\right) = -1}$$

$\lim_{x\to\infty} \left(\sqrt{x^2+1} - x\right)$ **162**

Para levantar este tipo de indeterminación $(\infty - \infty)$, es necesario transformarla en $\frac{\infty}{\infty}$. Este procedimiento se realiza multiplicando y dividiendo el límite problema por la conjugada de $\sqrt{x^2+1} - x$.

Por tanto, se tiene:

$$\lim_{x\to\infty} \left(\sqrt{x^2+1} - x\right) = \lim_{x\to\infty} \frac{\left(\sqrt{x^2+1} - x\right)\left(\sqrt{x^2+1} + x\right)}{\left(\sqrt{x^2+1} + x\right)}$$

Se resuelve el producto de la diferencia por la suma en el numerador y se cancelan términos semejantes:

$$\lim_{x\to\infty} \left(\sqrt{x^2+1} - x\right) = \lim_{x\to\infty} \frac{x^2+1-x^2}{\left(\sqrt{x^2+1} + x\right)} = \lim_{x\to\infty} \frac{1}{\left(\sqrt{x^2+1} + x\right)}$$

Se divide cada término por la potencia mayor:

$$\lim_{x\to\infty} \left(\sqrt{x^2+1} - x\right) = \lim_{x\to\infty} \frac{\frac{1}{x}}{\sqrt{\frac{x^2}{x^2} + \frac{1}{x^2}} + \frac{x}{x}}$$

Se evalúa el límite resultante:

$$\lim_{x\to\infty} \left(\sqrt{x^2+1} - x\right) = \frac{\frac{1}{\infty}}{\sqrt{1 + \frac{1}{\infty^2}} + 1} = \frac{0}{2} = 0$$

En consecuencia, obtenemos el valor del límite:

$$\boxed{\lim_{x\to\infty} \left(\sqrt{x^2+1} - x\right) = 0}$$

163

$$\lim_{x\to\infty} \sqrt{x}\,\left(\sqrt{x+3}-\sqrt{x+2}\right)$$

Para levantar este tipo de indeterminación $(\infty-\infty)$, es necesario transformarla en $\frac{\infty}{\infty}$. Este procedimiento se realiza multiplicando y dividiendo el límite problema por la conjugada de $\sqrt{x+3}-\sqrt{x+2}$.

Por tanto, se tiene:

$$\lim_{x\to\infty} \sqrt{x}\,\left(\sqrt{x+3}-\sqrt{x+2}\right) = \lim_{x\to\infty} \frac{\sqrt{x}\left(\sqrt{x+3}-\sqrt{x+2}\right)\left(\sqrt{x+3}+\sqrt{x+2}\right)}{\left(\sqrt{x+3}+\sqrt{x+2}\right)}$$

$$\lim_{x\to\infty} \sqrt{x}\,\left(\sqrt{x+3}-\sqrt{x+2}\right) = \lim_{x\to\infty} \frac{\sqrt{x}(x+3-x-2)}{\left(\sqrt{x+3}+\sqrt{x+2}\right)} = \lim_{x\to\infty} \frac{\sqrt{x}}{\sqrt{x+3}+\sqrt{x+2}} = \frac{\infty}{\infty}$$

Se divide cada término por la potencia mayor $\sqrt{x}$ y se simplifica:

$$\lim_{x\to\infty} \sqrt{x}\,\left(\sqrt{x+3}-\sqrt{x+2}\right) = \lim_{x\to\infty} \frac{\frac{\sqrt{x}}{\sqrt{x}}}{\sqrt{\frac{x}{x}+\frac{3}{x}}+\sqrt{\frac{x}{x}+\frac{2}{x}}} = \lim_{x\to\infty} \frac{1}{\sqrt{1+\frac{3}{x}}+\sqrt{1+\frac{2}{x}}}.$$

Se evalúa el límite resultante y su resultado es:

$$\lim_{x\to\infty} \sqrt{x}\left(\sqrt{x+3}-\sqrt{x+2}\right) = \frac{1}{\sqrt{1+\frac{3}{\infty}}+\sqrt{1+\frac{2}{\infty}}} = \frac{1}{2}.$$

En consecuencia, se ha obtenido el valor del límite:

$$\boxed{\lim_{x\to\infty} \sqrt{x}\,\left(\sqrt{x+3}-\sqrt{x+2}\right) = \frac{1}{2}}$$

$\lim_{x \to \infty} \left(\sqrt{x^2 + 2} - \sqrt{x^3 + 3} \right)$ **164**

Para levantar este tipo de indeterminación $(\infty - \infty)$, es necesario transformarla en $\frac{\infty}{\infty}$. Este procedimiento se realiza multiplicando y dividiendo el límite problema por la conjugada de $\sqrt{x^2 + 2} - \sqrt{x^3 + 3}$.

Por tanto, se tiene:

$$\lim_{x \to \infty} \left(\sqrt{x^2 + 2} - \sqrt{x^3 + 3} \right) = \lim_{x \to \infty} \frac{\left(\sqrt{x^2 + 2} - \sqrt{x^3 + 3}\right)\left(\sqrt{x^2 + 2} + \sqrt{x^3 + 3}\right)}{\left(\sqrt{x^2 + 2} + \sqrt{x^3 + 3}\right)}$$

$$\lim_{x \to \infty} \left(\sqrt{x^2 + 2} - \sqrt{x^3 + 3} \right) = \lim_{x \to \infty} \frac{x^2 + 2 - x^3 - 3}{\left(\sqrt{x^2 + 2} + \sqrt{x^3 + 3}\right)} = \lim_{x \to \infty} \frac{-x^3 + x^2 - 1}{\sqrt{x^2 + 2} + \sqrt{x^3 + 3}} = \frac{\infty}{\infty}$$

Se divide cada término por la potencia mayor x^3 y se simplifica:

$$\lim_{x \to \infty} \left(\sqrt{x^2 + 2} - \sqrt{x^3 + 3} \right) = \lim_{x \to \infty} \frac{-\frac{x^3}{x^3} + \frac{x^2}{x^3} - \frac{1}{x^3}}{\sqrt{\frac{x^2}{x^6} + \frac{2}{x^6}} + \sqrt{\frac{x^3}{x^6} + \frac{3}{x^6}}} = \lim_{x \to \infty} \frac{-1 + \frac{1}{x} - \frac{1}{x^3}}{\sqrt{\frac{1}{x^4} + \frac{2}{x^6}} + \sqrt{\frac{1}{x^3} + \frac{3}{x^6}}}.$$

Se evalúa el límite resultante y su resultado es:

$$\lim_{x \to \infty} \left(\sqrt{x^2 + 2} - \sqrt{x^3 + 3} \right) = \frac{-1 + 0 + 0}{\sqrt{0 + 0} + \sqrt{0 + 0}} = -\frac{1}{0}.$$

El resultado nos indica que el límite no converge hacia un valor específico. Lo cual decimos que el límite no existe (tiende a infinito).

En consecuencia, obtenemos el valor del límite:

$$\boxed{\lim_{x \to \infty} \left(\sqrt{x^2 + 2} - \sqrt{x^3 + 3} \right) = -\infty}$$

165

$$\lim_{x\to\infty}\left(\sqrt{2x+3}-\sqrt{3x+2}\right)$$

Para levantar este tipo de indeterminación $(\infty - \infty)$, es necesario transformarla en $\frac{\infty}{\infty}$. Este procedimiento se realiza multiplicando y dividiendo el límite problema por la conjugada de $\sqrt{2x+3}-\sqrt{3x+2}$.

Por tanto, se tiene:

$$\lim_{x\to\infty}\left(\sqrt{2x+3}-\sqrt{3x+2}\right)=\lim_{x\to\infty}\frac{\left(\sqrt{2x+3}-\sqrt{3x+2}\right)\left(\sqrt{2x+3}+\sqrt{3x+2}\right)}{\left(\sqrt{2x+3}+\sqrt{3x+2}\right)}$$

$$\lim_{x\to\infty}\left(\sqrt{2x+3}-\sqrt{3x+2}\right)=\lim_{x\to\infty}\frac{2x+3-3x-2}{\left(\sqrt{2x+3}+\sqrt{3x+2}\right)}=\lim_{x\to\infty}\frac{-x+1}{\sqrt{2x+3}+\sqrt{3x+2}}=\frac{\infty}{\infty}$$

$$\lim_{x\to\infty}\left(\sqrt{2x+3}-\sqrt{3x+2}\right)=\lim_{x\to\infty}\frac{-\frac{x}{x}+\frac{1}{x}}{\sqrt{\frac{2x}{x^2}+\frac{3}{x^2}}+\sqrt{\frac{3x}{x^2}+\frac{2}{x^2}}}=\lim_{x\to\infty}\frac{-1}{\sqrt{\frac{2x}{x^2}+\frac{3}{x^2}}+\sqrt{\frac{3x}{x^2}+\frac{2}{x^2}}}.$$

Se evalúa el límite resultante y su resultado es:

$$\lim_{x\to\infty}\left(\sqrt{2x+3}-\sqrt{3x+2}\right)=\frac{-1}{\sqrt{\frac{2x}{\infty^2}+\frac{3}{\infty^2}}+\sqrt{\frac{3x}{\infty^2}+\frac{2}{\infty^2}}}=-\frac{1}{0}.$$

El resultado nos indica que el límite no converge hacia un valor específico. Lo cual decimos que el límite no existe (tiende a infinito).

En consecuencia, se ha encontrado el valor del límite:

$$\boxed{\lim_{x\to\infty}\left(\sqrt{2x+3}-\sqrt{3x+2}\right)=-\infty}$$

$$\lim_{x\to 0^+}\left(\frac{1}{x}-\frac{1}{sen\,x}\right)$$

166

Al evaluar el límite, la indeterminación matemática es de la forma $\infty - \infty$. ¡hágalo! Tenga presente que para levantar este tipo de indeterminación $(\infty - \infty)$, es necesario transformarla en $\frac{\infty}{\infty}$ o $\frac{0}{0}$.

$$\lim_{x\to 0^+}\left(\frac{1}{x}-\frac{1}{sen\,x}\right)=\lim_{x\to 0^+}\left(\frac{sen\,x-x}{x\,sen\,x}\right)=\frac{0}{0}$$

$$\lim_{x\to 0^+}\left(\frac{sen\,x-x}{x\,sen\,x}\right)=\lim_{x\to 0^+}\frac{(sen\,x-x)(sen\,x+x)}{(x\,sen\,x)(sen\,x+x)}=\lim_{x\to 0^+}\frac{sen^2x-x^2}{(x\,sen\,x)(sen\,x+x)}.$$

Luego se procede a separar en dos fracciones:

$$\lim_{x\to 0^+}\left(\frac{sen\,x-x}{x\,sen\,x}\right)=\lim_{x\to 0^+}\left(\frac{sen^2x}{(x\,sen\,x)(sen\,x+x)}-\frac{x^2}{(x\,sen\,x)(sen\,x+x)}\right).$$

Cancelando un $sen\,x$ y una x se tiene:

$$\lim_{x\to 0^+}\left(\frac{sen\,x-x}{x\,sen\,x}\right)=\lim_{x\to 0^+}\left(\frac{sen\,x}{x}\,\frac{1}{(sen\,x+x)}-\frac{x}{sen\,x}\,\frac{1}{(sen\,x+x)}\right).$$

Como:

$$\lim_{x\to 0^+}\frac{sen\,x}{x}=\lim_{x\to 0^+}\frac{x}{sen\,x}=1,$$

se tiene:

$$\lim_{x\to 0^+}\left(\frac{sen\,x-x}{x\,sen\,x}\right)=\lim_{x\to 0^+}\left(\frac{1}{(sen\,x+x)}-\frac{1}{(sen\,x+x)}\right).$$

Resolviendo lo que está en el paréntesis:

$$\lim_{x\to 0^+}\left(\frac{sen\,x-x}{x\,sen\,x}\right)=\lim_{x\to 0^+}(0)=0$$

En consecuencia, se ha encontrado el valor del límite:

$$\boxed{\lim_{x\to 0^+}\left(\frac{1}{x}-\frac{1}{sen\,x}\right)=0}$$

167

$$\lim_{x \to 0} \left(\frac{1}{\tan x} - \frac{1}{x} \right)$$

Al evaluar el límite, la indeterminación matemática es de la forma $\infty - \infty$. ¡hágalo! Tenga presente que para levantar este tipo de indeterminación $(\infty - \infty)$, es necesario transformarla en $\frac{\infty}{\infty}$ ó $\frac{0}{0}$.

$$\lim_{x \to 0} \left(\frac{1}{\tan x} - \frac{1}{x} \right) = \lim_{x \to 0} \left(\frac{x - \tan x}{x \tan x} \right) = \frac{0}{0}$$

$$\lim_{x \to 0} \left(\frac{x - \tan x}{x \tan x} \right) = \lim_{x \to 0} \frac{(x - \tan x)(x + \tan x)}{(x\tan x)(x + \tan x)} = \lim_{x \to 0} \frac{x^2 - tan^2 x}{(x tan\, x)(x + \tan x)}.$$

Luego se procede a separar en dos fracciones:

$$\lim_{x \to 0} \left(\frac{x - \tan x}{x \tan x} \right) = \lim_{x \to 0} \left(\frac{x^2}{(x tan\, x)(x + \tan x)} - \frac{tan^2 x}{(x tan\, x)(x + \tan x)} \right).$$

Cancelando una x y una $tanx$ se tiene:

$$\lim_{x \to 0} \left(\frac{x - \tan x}{x \tan x} \right) = \lim_{x \to 0} \left(\frac{x}{\tan x} \frac{1}{(x + \tan x)} - \frac{\tan x}{x} \frac{1}{(x + \tan x)} \right).$$

Como:

$$\lim_{x \to 0} \frac{x}{tanx} = \lim_{x \to 0} \frac{tanx}{x} = 1,$$

Se tiene:

$$\lim_{x \to 0} \left(\frac{x - \tan x}{x \tan x} \right) = \lim_{x \to 0} \left(\frac{1}{(x + \tan x)} - \frac{1}{(x + \tan x)} \right).$$

Resolviendo lo que está en el paréntesis:

$$\lim_{x \to 0} \left(\frac{x - \tan x}{x \tan x} \right) = \lim_{x \to 0} (0) = 0.$$

En consecuencia, se ha encontrado el valor del límite:

$$\boxed{\lim_{x \to 0} \left(\frac{1}{\tan x} - \frac{1}{x} \right) = 0}$$

$$\lim_{x\to 0}\left(\frac{x^2-5x+2}{x^2+2x}-\frac{x^3+2x+1}{x^3+x}\right)$$ **168**

Al evaluar el límite, la indeterminación matemática es de la forma $\infty - \infty$. ¡hágalo!
Se convierte las dos fracciones en una fracción hallando el mínimo común múltiplo.

$$m.c.m.(x^2+2x,\ x^3+x)=(x^2+2x)(x^3+x).$$

$$\lim_{x\to 0}\left(\frac{x^2-5x+2}{x^2+2x}-\frac{x^3+2x+1}{x^3+x}\right)=\lim_{x\to 0}\frac{(x^3+x)(x^2-5x+2)-(x^2+2x)(x^3+2x+1)}{(x^2+2x)(x^3+x)}$$

$$\lim_{x\to 0}\left(\frac{x^2-5x+2}{x^2+2x}-\frac{x^3+2x+1}{x^3+x}\right)=\lim_{x\to 0}\frac{-10x^2+x^3-7x^4}{2x^2+x^3+2x^4+x^5}=\frac{0}{0}\ \to\ \lim_{x\to 0}\frac{x^2(-10+x-7x^2)}{x^2(2+x+2x^2+x^3)}$$

Cancelando x^2 y evaluando el límite por sustitución directa obtenemos el valor del límite.

$$\boldsymbol{\lim_{x\to 0}\left(\frac{x^2-5x+2}{x^2+2x}-\frac{x^3+2x+1}{x^3+x}\right)=-5}$$

$$\lim_{x\to 2}\left(\frac{3}{x^2-5x+6}-\frac{4}{x-2}\right)$$ **169**

Al evaluar el límite, la indeterminación matemática es de la forma $\infty - \infty$. ¡hágalo!
Se convierte las dos fracciones en una fracción hallando el mínimo común múltiplo.

$$m.c.m.(x^2-5x+6, x-2\ )=(x-3)(x-2)$$

Por tanto, se tiene:

$$\lim_{x\to 2}\left(\frac{3}{x^2-5x+6}-\frac{4}{x-2}\right)=\lim_{x\to 2}\frac{3-4(x-3)}{(x-3)(x-2)}=\lim_{x\to 2}\frac{-4x+15}{x^2-5x+6}=\frac{7}{0}.$$

El resultado nos indica que el límite no converge hacia un valor específico. Lo cual decimos que el límite no existe (tiende a infinito).

En consecuencia, se tiene:

$$\boldsymbol{\lim_{x\to 2}\left(\frac{3}{x^2-5x+6}-\frac{4}{x-2}\right): No\ existe.}$$

170

$$\lim_{x \to -\infty} \left(\sqrt{x^2 - 3x} + x \right)$$

La indeterminación es $(\infty - \infty)$. Se levanta este tipo de indeterminación transformándola en $\frac{\infty}{\infty}$. La transformación se realiza multiplicando y dividiendo el límite por la conjugada de $\sqrt{x^2 - 3x} + x$.

$$\lim_{x \to -\infty} \left(\sqrt{x^2 - 3x} + x \right) = \lim_{x \to -\infty} \frac{\left(\sqrt{x^2 - 3x} + x\right)\left(\sqrt{x^2 - 3x} - x\right)}{\left(\sqrt{x^2 - 3x} - x\right)}$$

$$\lim_{x \to -\infty} \left(\sqrt{x^2 - 3x} + x \right) = \lim_{x \to -\infty} \frac{x^2 - 3x - x^2}{\left(\sqrt{x^2 - 3x} - x\right)} = \lim_{x \to -\infty} \frac{-3x}{\left(\sqrt{x^2 - 3x} - x\right)} = \frac{\infty}{\infty}.$$

Se evaluó el límite resultante y se presentó una indeterminación matemática de la forma $\frac{\infty}{\infty}$ la cual se puede resolver teniendo el cuidado de hacer lo siguiente: Como $x < 0$ $(x \to -\infty)$, $x = -\sqrt{x^2}$. Ver el ejercicio 112). Cuando $x \to -\infty$, x es un número **negativo**. Por definición, la raíz cuadrada principal $\sqrt{k}$ siempre es positiva. Para levantar la indeterminación $\frac{\infty}{\infty}$ vamos a utilizar otro artificio matemático, el **cambio de variable**.

Sea $t = -x$, cuando $x \to -\infty$, entonces $t = -(-\infty) = \infty$, $t \to \infty$, $x = -t$. Por tanto, se tiene:

$$\lim_{x \to -\infty} \frac{-3x}{\left(\sqrt{x^2 - 3x} - x\right)} = \lim_{x \to -\infty} \frac{-3(-t)}{\left(\sqrt{(-t)^2 - 3(-t)} - (-t)\right)} = \lim_{t \to \infty} \frac{3t}{\left(\sqrt{t^2 + 3t} + t\right)} = \frac{\infty}{\infty}.$$

Se divide cada término por la potencia mayor (t), se simplifica y se evalúa:

$$\lim_{t \to \infty} \frac{3t}{\left(\sqrt{t^2 + 3t} + t\right)} = \lim_{t \to \infty} \frac{\frac{3t}{t}}{\sqrt{\frac{t^2}{t^2} + \frac{3t}{t^2}} + \frac{t}{t}} = \lim_{t \to \infty} \frac{3}{\sqrt{1 + \frac{3}{t}} + 1} = \frac{3}{\sqrt{1 + \frac{3}{\infty}} + 1} = \frac{3}{2}$$

En consecuencia, hemos obtenido el valor del límite:

$$\boxed{\lim_{x \to -\infty} \left(\sqrt{x^2 - 3x} + x \right) = \frac{3}{2}}$$

$$\lim_{x\to 1}\left(\frac{2}{(x-1)^2}-\frac{1}{x(x-1)}\right)$$

171

La indeterminación es de la forma $\infty - \infty$.! $hágalo$!

Para resolver el límite es necesario transformar las dos fracciones a un denominador común. Para lo cual se halla el mínimo común múltiplo de $(x-1)^2$ y $x(x-1)$.

m.c.m. ($(x-1)^2$, $x(x-1)$) = $x(x-1)^2$. Por tanto, se tiene:

$$\lim_{x\to 1}\left(\frac{2}{(x-1)^2}-\frac{1}{x(x-1)}\right)=\lim_{x\to 1}\frac{2x-x+1}{x(x-1)^2}=\lim_{x\to 1}\frac{x+1}{x(x-1)^2}=\frac{2}{0}.$$

Como tenemos una constante positiva en el numerador (2) y el denominador es un término cuadrático $(x-1)^2$ que siempre será positivo (o tenderá a 0 por la derecha), el resultado es:

$$\boxed{\lim_{x\to 1}\left(\frac{\mathbf{2}}{(\boldsymbol{x}-\mathbf{1})^{\mathbf{2}}}-\frac{\mathbf{1}}{\boldsymbol{x}(\boldsymbol{x}-\mathbf{1})}\right)=+\infty}$$

$$\lim_{x\to\infty}\left(\frac{2x^2-5x+7}{x+3}-2x\right)$$

172

Al evaluar el límite problema se obtiene una indeterminación de la forma $\infty - \infty$. ¡Hágalo!
Se resuelve la expresión que está en el paréntesis y con el $m.c.m. = x+3$, se tiene:

$$\lim_{x\to\infty}\left(\frac{2x^2-5x+7}{x+3}-2x\right)=\lim_{x\to\infty}\frac{2x^2-5x+7-2x^2-6x}{x+3}$$

$$\lim_{x\to\infty}\left(\frac{2x^2-5x+7}{x+3}-2x\right)=\lim_{x\to\infty}\frac{-11x+7}{x+3}=-11.$$

Al aplicar la regla de inferencia, se ha obtenido el valor del límite:

$$\boxed{\lim_{x\to\infty}\left(\frac{\mathbf{2}\boldsymbol{x}^{\mathbf{2}}-\mathbf{5}\boldsymbol{x}+\mathbf{7}}{\boldsymbol{x}+\mathbf{3}}-\mathbf{2}\boldsymbol{x}\right)=-\mathbf{11}}$$

173

$$\lim_{x \to +\infty} \left(\frac{x^2 - 5x}{x + 1} - \frac{3x}{2} \right)$$

Al evaluar el límite problema se obtiene una indeterminación de la forma $\infty - \infty$. ¡Hágalo!

Se resuelve la expresión que está en el paréntesis y con el $m.c.m. = 2(x + 1$, se tiene:

$$\lim_{x \to +\infty} \left(\frac{x^2 - 5x}{x + 1} - \frac{3x}{2} \right) = \lim_{x \to \infty} \frac{2x^2 - 10x - 3x^2 - 3x}{2(x + 1)}$$

$$\lim_{x \to +\infty} \left(\frac{x^2 - 5x}{x + 1} - \frac{3x}{2} \right) = \lim_{x \to \infty} \frac{-x^2 - 13x}{2x + 2} = \frac{\infty}{\infty}.$$

Como el grado del polinomio del numerador es mayor que el grado del polinomio del denominador, se tiene que el valor del límite es:

$$\boxed{\lim_{x \to +\infty} \left(\frac{x^2 - 5x}{x + 1} - \frac{3x}{2} \right) = -\infty}$$

174

$$\lim_{x \to \infty} \left(x^2 - \sqrt{x^4 + 2x} \right)$$

Al evaluar el límite problema se obtiene una indeterminación de la forma $\infty - \infty$. ¡Hágalo!

$$\lim_{x \to \infty} \left(x^2 - \sqrt{x^4 + 2x} \right) = \lim_{x \to \infty} \frac{\left(x^2 - \sqrt{x^4 + 2x}\right)\left(x^2 + \sqrt{x^4 + 2x}\right)}{\left(x^2 + \sqrt{x^4 + 2x}\right)}$$

$$\lim_{x \to \infty} \left(x^2 - \sqrt{x^4 + 2x} \right) = \lim_{x \to \infty} \frac{x^4 - x^4 - 2x}{\left(x^2 + \sqrt{x^4 + 2x}\right)} = \lim_{x \to \infty} \frac{-2x}{\left(x^2 + \sqrt{x^4 + 2x}\right)} = \frac{\infty}{\infty}.$$

Multiplicando y dividiendo por la potencia mayor, simplificando y evaluando el límite resultante se tiene el siguiente resultado del límite:

$$\boxed{\lim_{x \to \infty} \left(\boldsymbol{x^2 - \sqrt{x^4 + 2x}} \right) = \mathbf{0}}$$

$\lim_{x\to\infty}\left(x^2 - \sqrt{x^4 - 1}\right)$ **175**

Al evaluar el límite, se nota una indeterminación matemática de la forma $\infty - \infty$. ¡hágalo!

Para levantar este tipo de indeterminación $(\infty - \infty)$, es necesario transformarla en $\frac{\infty}{\infty}$. Esta transformación se realiza multiplicando y dividiendo el límite problema por la conjugada de $\left(x^2 - \sqrt{x^4 - 1}\right)$:

$$\lim_{x\to\infty}\left(x^2 - \sqrt{x^4 - 1}\right) = \lim_{x\to\infty}\frac{\left(x^2 - \sqrt{x^4 - 1}\right)\left(x^2 + \sqrt{x^4 + 1}\right)}{\left(x^2 + \sqrt{x^4 + 1}\right)}$$

$$\lim_{x\to\infty}\left(x^2 - \sqrt{x^4 - 1}\right) = \lim_{x\to\infty}\frac{x^4 - x^4 + 1}{\left(x^2 + \sqrt{x^4 + 1}\right)} = \lim_{x\to\infty}\frac{1}{x^2 + \sqrt{x^4 + 1}} = \frac{1}{\infty} = 0.$$

En consecuencia, se evaluó el límite y su valor es:

$$\boxed{\lim_{x\to\infty}\left(x^2 - \sqrt{x^4 - 1}\right) = 0}$$

$\lim_{x\to\infty}\left(x - \sqrt{x^2 - 1}\right)$ **176**

Al evaluar el límite, se nota una indeterminación matemática de la forma $\infty - \infty$. ¡hágalo!

Para levantar este tipo de indeterminación $(\infty - \infty)$, es necesario transformarla en $\frac{\infty}{\infty}$. Esta transformación se realiza multiplicando y dividiendo el límite problema por la conjugada de $\left(x - \sqrt{x^2 - 1}\right)$:

$$\lim_{x\to\infty}\left(x - \sqrt{x^2 - 1}\right) = \lim_{x\to\infty}\frac{\left(x - \sqrt{x^2 - 1}\right)\left(x + \sqrt{x^2 - 1}\right)}{\left(x + \sqrt{x^2 + 1}\right)}$$

$$\lim_{x\to\infty}\left(x - \sqrt{x^2 - 1}\right) = \lim_{x\to\infty}\frac{x^2 - x^2 + 1}{\left(x + \sqrt{x^2 + 1}\right)} = \lim_{x\to\infty}\frac{1}{x + \sqrt{x^2 + 1}} = \frac{1}{\infty} = 0.$$

En consecuencia, se evaluó el límite y su valor es:

$$\boxed{\lim_{x\to\infty}\left(x - \sqrt{x^2 - 1}\right) = 0}$$

177

$$\lim_{t\to\infty}\left(\sqrt{t^2+t}-t\right)$$

Al evaluar el límite, se nota una indeterminación matemática de la forma $\infty - \infty$. ¡hágalo!

$$\lim_{t\to\infty}\left(\sqrt{t^2+t}-t\right) = \lim_{t\to\infty}\frac{\left(\sqrt{t^2+t}-t\right)\left(\sqrt{t^2+t}+t\right)}{\left(\sqrt{t^2+t}+t\right)}$$

$$\lim_{t\to\infty}\left(\sqrt{t^2+t}-t\right) = \lim_{t\to\infty}\frac{t^2+t-t^2}{\left(\sqrt{t^2+t}+t\right)} = \lim_{t\to\infty}\frac{t}{\sqrt{t^2+t}+t} = \frac{\infty}{\infty} = \lim_{t\to\infty}\frac{\frac{t}{t}}{\sqrt{\frac{t^2}{t^2}+\frac{t}{t^2}}+\frac{t}{t}} = \frac{1}{2}.$$

En consecuencia, se ha obtenido el valor del límite:

$$\boldsymbol{\lim_{t\to\infty}\left(\sqrt{t^2+t}-t\right) = \frac{1}{2}}$$

178

$$\lim_{x\to-\infty}\left(\sqrt{(x+a)(x+b)}+x\right)$$

Para resolver el ejercicio se procede análogamente como se hizo en el ejercicio 170. Como el límite tiende a $-\infty$, es más sencillo trabajar con un cambio de variable. Sea $t = -x$. Cuando $x \to -\infty$, entonces $t \to +\infty$. Se sustituye $x = -t$ y se opera algébricamente para obtener el límite:

$$\lim_{t\to\infty}\left(\sqrt{(-t+a)(-t+b)}-t\right) = \lim_{t\to\infty}\left(\sqrt{t^2-(a+b)t+b}-t\right)$$

Al evaluar el límite se presenta una indeterminación de la forma $\infty - \infty$. Para resolverla se multiplica y se divide por el conjugado de $\sqrt{t^2-(a+b)t+b}-t$:

$$\lim_{t\to\infty}\frac{\left(\sqrt{t^2-(a+b)t+b}-t\right)\left(\sqrt{t^2-(a+b)t+b}+t\right)}{\left(\sqrt{t^2-(a+b)t+b}+t\right)} = \lim_{t\to\infty}\frac{t^2-(a+b)t+b-t^2}{\left(\sqrt{t^2-(a+b)t+b}+t\right)}$$

$$\lim_{t\to\infty}\frac{-(a+b)t+b}{\left(\sqrt{t^2-(a+b)t+b}+t\right)} = \frac{\infty}{\infty} = \lim_{t\to\infty}\frac{\frac{-(a+b)t}{t}+\frac{b}{t}}{\sqrt{\frac{t^2}{t^2}-\frac{(a+b)t}{t^2}+\frac{b}{t^2}}+\frac{t}{t}} = \lim_{t\to\infty}\frac{-(a+b)+\frac{b}{t}}{\sqrt{1-\frac{(a+b)}{t}+\frac{b}{t^2}}+1}$$

$$\boldsymbol{\lim_{x\to-\infty}\left(\sqrt{(x+a)(x+b)}+x\right) = -\frac{a+b}{2}}$$

$\lim_{t \to -\infty} \left(\sqrt{t^2 + t} + t\right)$ **179**

La indeterminación es $(\infty - \infty)$. Se levanta este tipo de indeterminación transformándola en $\frac{\infty}{\infty}$. La transformación se realiza multiplicando y dividiendo el límite por la conjugada de $\sqrt{t^2 + t} + t$.

$$\lim_{t \to -\infty} \left(\sqrt{t^2 + t} + t\right) = \lim_{t \to -\infty} \frac{\left(\sqrt{t^2 + t} + t\right)\left(\sqrt{t^2 + t} - t\right)}{\left(\sqrt{t^2 + t} - t\right)}$$

$$\lim_{t \to -\infty} \left(\sqrt{t^2 + t} + t\right) = \lim_{t \to -\infty} \frac{t^2 + t - t^2}{\left(\sqrt{t^2 + t} - t\right)} = \lim_{t \to -\infty} \frac{t}{\left(\sqrt{t^2 + t} - t\right)} = \frac{\infty}{\infty}.$$

Se evaluó el límite resultante y se presentó una indeterminación matemática de la forma $\frac{\infty}{\infty}$ la cual se puede resolver teniendo el cuidado de hacer lo siguiente: Como $t < 0$ $(t \to -\infty)$, $t = -\sqrt{t^2}$. Ver el ejercicio 112). Cuando $t \to -\infty$, t es un número **negativo**. Por definición, la raíz cuadrada principal $\sqrt{k}$ siempre es positiva. Para levantar la indeterminación $\frac{\infty}{\infty}$ vamos a utilizar otro artificio matemático, el **cambio de variable**.

Sea $z = -t$, cuando $t \to -\infty$, entonces $z \to \infty$, $t = -z$. Por tanto, se tiene:

$$\lim_{t \to -\infty} \frac{t}{\sqrt{t^2 + t} - t} = \lim_{z \to \infty} \frac{-z}{\sqrt{(-z)^2 - z} - (-z)} = -\lim_{z \to \infty} \frac{z}{\sqrt{z^2 - z} + z} = \frac{\infty}{\infty}$$

Se divide cada término por la potencia mayor (z), se simplifica y se evalúa:

$$\lim_{t \to -\infty} \frac{t}{\sqrt{t^2 + t} - t} = -\lim_{z \to \infty} \frac{\frac{z}{z}}{\sqrt{\frac{z^2}{z^2} - \frac{z}{z^2}} + \frac{z}{z}} = -\lim_{z \to \infty} \frac{1}{\sqrt{1 - \frac{1}{z}} + 1} = -\frac{1}{1 + 1} = -\frac{1}{2}$$

En consecuencia, se ha obtenido el valor del límite:

$$\boxed{\lim_{t \to -\infty} \left(\sqrt{t^2 + t} + t\right) = -\frac{1}{2}}$$

180

$$\lim_{x \to 0} \left(\frac{x^2 + 3}{x^3} - \frac{1}{x} \right)$$

Al evaluar el límite, la indeterminación matemática es de la forma $\infty - \infty$. ¡hágalo!
Se convierte las dos fracciones en una fracción hallando el mínimo común múltiplo:

$m.c.m.(x^3,\ x) = x^3.$

Por tanto, se tiene:

$$\lim_{x \to 0} \left(\frac{x^2 + 3}{x^3} - \frac{1}{x} \right) = \lim_{x \to 0} \frac{x^2 + 3 - x^2}{x^3} = \lim_{x \to 0} \frac{3}{x^3}$$

Ahora analizamos qué sucede cuando x se acerca a 0:

El numerador es una constante positiva (3).

El denominador (x^3) se vuelve un número extremadamente pequeño.

Sin embargo, el resultado depende de la dirección desde la que nos acerquemos a cero, ya que la potencia es impar:

Por la derecha $(\boldsymbol{x \to 0^+})$: x^3 es positivo, por lo que $\frac{3}{0^+}$ *tiende a* $+\infty$.

Por la izquierda $(\boldsymbol{x \to 0^-})$: x^3 es negativo, por lo que $\frac{3}{0^-}$ *tiende a* $-\infty$.

Como los limites laterales no coinciden, el límite no existe. O que el comportamiento tiende a $\pm\infty$.

$$\boldsymbol{\lim_{x \to 0} \left(\frac{x^2 + 3}{x^3} - \frac{1}{x} \right) \to \textit{El límite no existe o no converge a un número real.}}$$

LÍMITES INDETERMINADOS DE LA FORMA MATEMÁTICA 1^{∞}

EDITORIAL INFINITO

¡Haciendo Historia!

Producido por Editorial Infinito (República Bolivariana de Venezuela)

$$\lim_{x \to \infty} \left(1 + \frac{1}{x}\right)^{x}$$

181

Al evaluar el límite, se nota una indeterminación matemática de la forma 1^{∞}.
Es decir:

$$\lim_{x \to \infty} \left(1 + \frac{1}{x}\right)^{x} = \left(1 + \frac{1}{\infty}\right)^{\infty} = (1 + 0)^{\infty} = 1^{\infty}.$$

Se identifican $f(x)$ y $g(x)$ y se sustituyen en la fórmula y se opera matemáticamente:

$$\lim_{x \to x_0} f(x)^{g(x)} = e^{\lim\limits_{x \to x_0} g(x)(f(x)-1)} \rightarrow \ la\ fórmula.$$

$$f(x) = 1 + \frac{1}{x} \quad y \quad g(x) = x$$

$$\lim_{x \to x_0} f(x)^{g(x)} = e^{\lim\limits_{x \to x_0} g(x)(f(x)-1)} = \lim_{x \to \infty} \left(1 + \frac{1}{x}\right)^{x} = e^{\lim\limits_{x \to \infty} x\left(1 + \frac{1}{x} - 1\right)} = e^{1} = e.$$

En consecuencia, se ha obtenido el valor del límite:

$$\boxed{\lim_{x \to \infty} \left(1 + \frac{1}{x}\right)^{x} = \boldsymbol{e}}$$

$$\lim_{x \to \infty} \left(1 + \frac{1}{x}\right)^{x}$$

182

El límite anterior también se puede resolver aplicando límites especiales o notables. El límite especial correspondiente es:

$$\lim_{x \to \infty} \left(1 + \frac{1}{x}\right)^{x} = e.$$

Observe que la expresión que está en el paréntesis del ejercicio y su exponente son iguales al límite especial. Ver límites especiales en el fundamento teórico del presente libro. Por tanto, se tiene:

$$\boxed{\lim_{x \to \infty} \left(1 + \frac{1}{x}\right)^{x} = \boldsymbol{e}}$$

183

$$\lim_{x \to 0} (1 + x^2)^{\frac{1}{x^2}}$$

Al evaluar el límite, se presenta una indeterminación matemática de la forma 1^{∞}.
Es decir:

$$\lim_{x \to 0} (1 + x^2)^{\frac{1}{x^2}} = (1 + 0^2)^{\frac{1}{0^2}} = 1^{\infty}.$$

Se identifica $f(x)$ y $g(x)$ y se sustituye en la siguiente fórmula:

$$\lim_{x \to x_0} f(x)^{g(x)} = e^{\lim_{x \to x_0} g(x)(f(x)-1)}$$

$$f(x) = 1 + x^2 \quad y \quad g(x) = \frac{1}{x^2}$$

$$\lim_{x \to x_0} f(x)^{g(x)} = e^{\lim_{x \to x_0} g(x)(f(x)-1)} = \lim_{x \to 0} (1 + x^2)^{\frac{1}{x^2}} = e^{\lim_{x \to 0} \frac{1}{x^2}(1+x^2-1)} = e^1 = e.$$

En consecuencia, se ha obtenido el valor del límite:

$$\boxed{\lim_{x \to 0} (1 + x^2)^{\frac{1}{x^2}} = e}$$

184

$$\lim_{x \to 0} (1 + x^2)^{\frac{1}{x^2}}$$

El límite anterior también se puede resolver aplicando límites especiales o notables. El límite especial correspondiente es:

$$\lim_{u \to 0} (1 + u^2)^{\frac{1}{u^2}} = e.$$

Observe que la expresión que está en el paréntesis como el exponente del límite especial son equivalentes al límite problema, por tanto:

$$\boxed{\mathbf{\lim_{x \to 0} (1 + x^2)^{\frac{1}{x^2}} = e}}$$

$$\lim_{x \to 4} \left(\frac{x-2}{2}\right)^{\frac{1}{x-4}}$$

185

Al evaluar el límite, se manifiesta una indeterminación matemática de la forma 1^{∞}. ! *hágalo*!.
Se identifica $f(x)$ y $g(x)$ y se sustituye en la fórmula correspondiente a los ejercicios anteriores:

$$f(x) = \frac{x-2}{2} \quad y \quad g(x) = \frac{1}{x-4}$$

$$\lim_{x \to 4} \left(\frac{x-2}{2}\right)^{\frac{1}{x-4}} = e^{\lim\limits_{x \to 4} \frac{1}{x-4}\left(\frac{x-2}{2}-1\right)} = e^{\lim\limits_{x \to 4} \frac{1}{x-4}\left(\frac{x-4}{2}\right)} = e^{\lim\limits_{x \to 4} \frac{1}{2}} = \sqrt{e}.$$

Por consiguiente, se tiene el valor del límite:

$$\boldsymbol{\lim_{x \to 4} \left(\frac{x-2}{2}\right)^{\frac{1}{x-4}} = \sqrt{e}}$$

$$\lim_{x \to 4} \left(\frac{x-2}{2}\right)^{\frac{1}{x-4}}$$

186

El límite anterior también se puede resolver aplicando límites especiales o notables. El límite especial correspondiente es:

$$\lim_{u \to 0}(1+u)^{\frac{1}{u}} = e.$$

Observe que la expresión que está en el paréntesis del límite problema, no es equivalente a la expresión en el paréntesis del límite especial. Por tanto, se requiere encontrar esa equivalencia aplicando propiedades de fracciones algebraicas. También hay observar que la variable del límite tiende a 4 ($x \to 4$). Por tanto, realizaremos un **camio de variable** para que la nueva tendencia sea hacia 0.

Cambio de variable:

Sea $u = x - 4$. Entonces, cuando $x \to 4$, tenemos que $u \to 0$. Despejando a x, se tiene: $x = u + 4$. Ahora sustituimos el valor de x tanto en la base como en el exponente:

$$\frac{x-2}{2} = \frac{u+4-2}{2} = \frac{u+2}{2}$$

$$\frac{1}{x-4} = \frac{1}{u+4-4} = \frac{1}{u}$$

La base del límite debe expresarse como la suma de 1 más una expresión algebraica, esto se logra sumando 1 y restando 1 a la base:

$$\frac{u+2}{2} = 1 + \left(\frac{u+2}{2} - 1\right) = 1 + \left(\frac{u+2-2}{2}\right) = 1 + \frac{u}{2}$$

Por tanto, el límite se transforma en:

$$\lim_{x\to4}\left(\frac{x-2}{2}\right)^{\frac{1}{x-4}} = \lim_{u\to0}\left(1+\frac{u}{2}\right)^{\frac{1}{u}}$$

Para que coincida exactamente con la forma del límite especial, necesitamos que el exponente sea el recíproco del término que acompaña a 1. Esto se logra multiplicando y dividiendo por 2 el exponente del límite anterior:

$$\lim_{u\to0}\left(1+\frac{u}{2}\right)^{\frac{1}{u}} = \lim_{u\to0}\left(1+\frac{u}{2}\right)^{\frac{1}{u}*\frac{2}{2}}$$

$$\lim_{u\to0}\left(1+\frac{u}{2}\right)^{\frac{1}{u}} = \lim_{u\to0}\left(1+\frac{u}{2}\right)^{\frac{2}{u}*\frac{1}{2}}$$

Aplicando propiedades de potenciación, se tiene:

$$\lim_{u\to0}\left(1+\frac{u}{2}\right)^{\frac{1}{u}} = \left[\lim_{u\to0}\left(1+\frac{u}{2}\right)^{\frac{2}{u}}\right]^{\frac{1}{2}} = e^{\frac{1}{2}} = \sqrt{e}$$

En consecuencia, se ha resuelto el límite aplicando limites especiales o notables:

$$\boxed{\lim_{x\to4}\left(\frac{x-2}{2}\right)^{\frac{1}{x-4}} = \sqrt{e}}$$

187

$$\lim_{x\to 1}\left(\frac{2x+1}{x+2}\right)^{\frac{1}{x-1}}$$

Al evaluar el límite, se manifiesta una indeterminación matemática de la forma 1^{∞}. ! $hágalo$!.
Se identifica $f(x)$ y $g(x)$ y se sustituye en la fórmula correspondiente a los ejercicios anteriores:

$$f(x) = \frac{2x+1}{x+2} \quad y \quad g(x) = \frac{1}{x-1}$$

$$\lim_{x\to 1}\left(\frac{2x+1}{x+2}\right)^{\frac{1}{x-1}} = e^{\lim\limits_{x\to 1}\frac{1}{x-1}\left(\frac{2x+1}{x+2}-1\right)} = e^{\lim\limits_{x\to 1}\frac{1}{x-1}\left(\frac{2x+1-x-2}{x+2}\right)} = e^{\lim\limits_{x\to 1}\frac{1}{x-1}\left(\frac{x-1}{x+2}\right)} = e^{\frac{1}{3}} = \sqrt[3]{e}\,.$$

Por tanto, se ha encontrado el valor del límite:

$$\boxed{\lim_{x\to 1}\left(\frac{2x+1}{x+2}\right)^{\frac{1}{x-1}} = e^{\frac{1}{3}} = \sqrt[3]{e}}$$

188

$$\lim_{x\to 1}\left(\frac{2x+1}{x+2}\right)^{\frac{1}{x-1}}$$

El límite anterior también se puede resolver aplicando límites especiales o notables. El límite especial correspondiente es:

$$\lim_{u\to 0}(1+u)^{\frac{1}{u}} = e.$$

Se observa que la variable del límite tiende a 1 $(x \to 1)$. Por tanto, realizaremos un cambio de variable para que la nueva tendencia sea hacia 0.

Cambio de variable:

Sea $u = x - 1$. Entonces, cuando $x \to 1$, tenemos que $u \to 0$. Despejando a x, se tiene: $x = u + 1$.
Ahora sustituimos el valor de x tanto en la base como en el exponente del límite:

$$\lim_{x\to 1}\left(\frac{2x+1}{x+2}\right)^{\frac{1}{x-1}} = \lim_{u\to 0}\left(\frac{2u+3}{u+3}\right)^{\frac{1}{u}}$$

La base del límite debe expresarse como la suma de 1 más una expresión algebraica, esto se logra sumando 1 y restando 1 a la base:

$$\frac{2u+3}{u+3} = 1 + \left(\frac{2u+3}{u+3} - 1\right) = 1 + \left(\frac{2u+3-u-3}{u+3}\right) = 1 + \frac{u}{u+3}$$

Por tanto, el límite se transforma en:

$$\lim_{x\to 1}\left(\frac{2x+1}{x+2}\right)^{\frac{1}{x-1}} = \lim_{u\to 0}\left(1 + \frac{u}{u+3}\right)^{\frac{1}{u}}$$

Para que coincida exactamente con la forma del límite especial, necesitamos que el exponente sea el recíproco del término que acompaña a 1. Esto se logra multiplicando y dividiendo por la expresión $\frac{u}{u+3}$ del exponente del límite anterior:

$$\lim_{u\to 0}\left(1 + \frac{u}{u+3}\right)^{\frac{1}{u}} = \lim_{u\to 0}\left(1 + \frac{u}{u+3}\right)^{\frac{1}{u} * \frac{u+3}{u} * \frac{u}{u+3}} = \left[\lim_{u\to 0}\left(1 + \frac{u}{u+3}\right)^{\frac{u+3}{u}}\right]^{\frac{1}{u+3}}$$

Se evalúa el exponente restante:

$$\lim_{u\to 0}\frac{1}{u+3} = \frac{1}{0+3} = \frac{1}{3}. \, Por\ tanto\text{:} \lim_{x\to 1}\left(\frac{2x+1}{x+2}\right)^{\frac{1}{x-1}} = \left[\lim_{u\to 0}\left(1 + \frac{u}{u+3}\right)^{\frac{u+3}{u}}\right]^{\frac{1}{3}} = e^{\frac{1}{3}} = \sqrt[3]{e}\,.$$

En consecuencia, se ha resuelto el límite aplicando limites especiales o notables.

$$\lim_{x\to\infty}\left(\frac{2x+1}{2x}\right)^{5x}$$

189

Al evaluar el límite, se presenta una indeterminación matemática de la forma 1^{∞}. Es decir:

$$\lim_{x\to\infty}\left(\frac{2x+1}{2x}\right)^{5x} = \lim_{x\to\infty}\left(\frac{2x}{2x} + \frac{1}{2x}\right)^{5x} = (1+0)^{\infty} = 1^{\infty}$$

Se identifica $f(x)$ y $g(x)$ y se sustituye en la fórmula correspondiente a los ejercicios anteriores:

$$f(x) = \frac{2x+1}{2x} \ \ y \ \ g(x) = 5x$$

$$\lim_{x\to\infty}\left(\frac{2x+1}{2x}\right)^{5x} = e^{\lim_{x\to\infty}(5x)\left(\frac{2x+1}{2x} - 1\right)} = e^{\lim_{x\to\infty}(5x)\left(\frac{2x+1-2x}{2x}\right)} = e^{\lim_{x\to\infty}\frac{5x}{2x}} = e^{\frac{5}{2}} = \sqrt{e^5}\,.$$

Por consiguiente, se obtiene el valor del límite:

$$\boxed{\lim_{x\to\infty}\left(\frac{2x+1}{2x}\right)^{5x} = \sqrt{e^5}}$$

190

$$\lim_{x\to\infty} \left(\frac{2x+1}{2x}\right)^{5x}$$

Para encontrar la equivalencia entre el límite especial:

$$\lim_{x\to\infty} \left(1+\frac{1}{x}\right)^{x} = e,$$

y el límite problema se procede de la siguiente manera:

$$\lim_{x\to\infty} \left(\frac{2x+1}{2x}\right)^{5x} = \lim_{x\to\infty} \left(\frac{2x}{2x}+\frac{1}{2x}\right)^{5x} = \lim_{x\to\infty} \left(1+\frac{1}{2x}\right)^{5x}.$$

Se multiplica y se divide el exponente por $2x$ para encontrar el $2x$ de la fracción, y se tiene presente que el límite de la potencia de una función es igual a la potencia del límite de la función:

$$\lim_{x\to\infty} \left(\frac{2x+1}{2x}\right)^{5x} = \lim_{x\to\infty} \left(1+\frac{1}{2x}\right)^{2x\ 5x\frac{1}{2x}} = \left[\lim_{x\to\infty} \left(1+\frac{1}{2x}\right)^{2x}\right]^{\lim_{x\to\infty}\frac{5x}{2x}}.$$

Observe que la expresión que está en los corchetes es equivalente al límite especial.

Por tanto, obtenemos el límite:

$$\lim_{x\to\infty} \left(\frac{2x+1}{2x}\right)^{5x} = e^{\lim_{x\to\infty}\frac{5x}{2x}} = e^{\lim_{x\to\infty}\frac{5}{2}} = e^{\frac{5}{2}}.$$

En consecuencia, se ha resuelto el límite aplicando limites notables:

$$\boxed{\lim_{x\to\infty} \left(\frac{2x+1}{2x}\right)^{5x} = \sqrt{e^5}}$$

Comentario: Los límites que involucran al número e son fundamentales porque actúan como el puente entre el álgebra elemental y el **análisis matemático avanzado**. Su importancia se extiende a diversas disciplinas debido a cómo modelan el crecimiento y el cambio continuo. Este tipo de límite es la base para definir el **interés compuesto continuo** en economía.

$$\lim_{x\to\infty}\left(1+\frac{3}{2x}\right)^{8x}$$

191

Al evaluar el límite, se manifiesta una indeterminación matemática de la forma 1^{∞}. ! $hágalo$!

Se identifica $f(x)$ y $g(x)$ y se sustituye en la fórmula correspondiente a los ejercicios anteriores:

$$f(x) = 1 + \frac{3}{2x} \quad y \quad g(x) = 8x$$

$$\lim_{x\to\infty}\left(1+\frac{3}{2x}\right)^{8x} = e^{\lim\limits_{x\to\infty}(8x)\left(1+\frac{3}{2x}-1\right)} = e^{\lim\limits_{x\to\infty}(8x)\left(\frac{3}{2x}\right)} = e^{12}.$$

En consecuencia, obtenemos el valor del límite: $\boldsymbol{\lim_{x\to\infty}\left(1+\frac{3}{2x}\right)^{8x} = e^{12}}$

$$\lim_{x\to\infty}\left(1+\frac{3}{2x}\right)^{8x}$$

192

Para encontrar la equivalencia entre el límite especial

$$\lim_{x\to\infty}\left(1+\frac{1}{x}\right)^{x} = e,$$

y el límite problema se procede de la siguiente manera:

$$\lim_{x\to\infty}\left(1+\frac{3}{2x}\right)^{8x} = \lim_{x\to\infty}\left(1+\frac{3}{2x}\right)^{\frac{8x*2x}{2x}} = \left[\lim_{x\to\infty}\left(1+\frac{3}{2x}\right)^{2x}\right]^{\lim\limits_{x\to\infty}\frac{8x}{2x}}$$

$$\lim_{x\to\infty}\left(1+\frac{3}{2x}\right)^{8x} = e^{\lim\limits_{x\to\infty}4} = e^{4k} = e^{4*3} = e^{12}$$

El valor de k se justifica por lo siguiente:

$$\lim_{x\to\infty}\left(1+\frac{1}{x}\right)^{x} = e = \lim_{x\to\infty}\left(1+\frac{k}{x}\right)^{x} = e^{k}.$$

En consecuencia, obtenemos el valor del límite: $\boldsymbol{\lim_{x\to\infty}\left(1+\frac{3}{2x}\right)^{8x} = e^{12}}$

193

$$\lim_{x\to\infty}\left(\frac{x^2+3x+1}{x^2-x+3}\right)^{2x}$$

Al evaluar el límite, se manifiesta una indeterminación matemática de la forma 1^{∞}. ! *hágalo*!.

Se identifica $f(x)$ y $g(x)$ y se sustituye en la fórmula correspondiente a los ejercicios anteriores:

$$f(x) = \frac{x^2+3x+1}{x^2-x+3} \quad y \quad g(x) = 2x$$

$$\lim_{x\to\infty}\left(\frac{x^2+3x+1}{x^2-x+3}\right)^{2x} = e^{\lim\limits_{x\to\infty}(2x)\left(\frac{x^2+3x+1}{x^2-x+3}-1\right)} = e^{\lim\limits_{x\to\infty}\left(\frac{8x^2-4x}{x^2-x+3}\right)} = e^8.$$

Por consiguiente, se tiene el valor del límite: $\boldsymbol{\lim_{x\to\infty}\left(\frac{x^2+3x+1}{x^2-x+3}\right)^{2x} = e^8}$

194

$$\lim_{x\to\infty}\left(\frac{x^2+3x+1}{x^2-x+3}\right)^{2x}$$

Para encontrar la equivalencia entre el límite especial $\lim\limits_{x\to\infty}\left(1+\frac{1}{x}\right)^x = e$ y el límite problema se procede de la siguiente forma: Se realiza la división de los polinomios y se obtiene como resultado:

$$\lim_{x\to\infty}\left(\frac{x^2+3x+1}{x^2-x+3}\right)^{2x} = \lim_{x\to\infty}\left(1+\frac{4x-2}{x^2-x+3}\right)^{2x}$$

Se aplica el inverso a la fracción en el paréntesis:

$$\lim_{x\to\infty}\left(\frac{x^2+3x+1}{x^2-x+3}\right)^{2x} = \lim_{x\to\infty}\left(1+\frac{1}{\frac{x^2-x+3}{4x-2}}\right)^{2x} = \left[\lim_{x\to\infty}\left(1+\frac{1}{\frac{x^2-x+3}{4x-2}}\right)^{\frac{x^2-x+3}{4x-2}}\right]^{\lim\limits_{x\to\infty}\frac{4x-2}{x^2-x+3}(2x)}$$

$$= e^{\lim\limits_{x\to\infty}\frac{8x^2-4x}{x^2-x+3}} = e^8$$

Por consiguiente, se tiene el valor del límite: $\boldsymbol{\lim_{x\to\infty}\left(\frac{x^2+3x+1}{x^2-x+3}\right)^{2x} = e^8}$

$$\lim_{x\to\infty}\left(\frac{x^2+1}{x^2-1}\right)^{\frac{x^2+3}{2x+5}}$$

195

Al evaluar el límite, se manifiesta una indeterminación matemática de la forma 1^{∞}. ! *hágalo*!.
Se identifica $f(x)$ y $g(x)$ y se sustituye en la fórmula correspondiente a los ejercicios anteriores:

$$f(x)=\frac{x^2+1}{x^2-1} \quad y \quad g(x)=\frac{x^2+3}{2x+5}$$

$$\lim_{x\to\infty}\left(\frac{x^2+1}{x^2-1}\right)^{\frac{x^2+3}{2x+5}}=e^{\lim\limits_{x\to\infty}\left(\frac{x^2+3}{2x+5}\right)\left(\frac{x^2+1}{x^2-1}-1\right)}=e^{\lim\limits_{x\to\infty}\frac{2x^2+6}{2x^3+5x^2-2x-5}}=e^0=1$$

En consecuencia, se ha encontrado el valor del límite:

$$\boldsymbol{\lim_{x\to\infty}\left(\frac{x^2+1}{x^2-1}\right)^{\frac{x^2+3}{2x+5}}=1}$$

$$\lim_{x\to\infty}\left(\frac{x^2+1}{x^2-1}\right)^{\frac{x^2+3}{2x+5}}$$

196

Para encontrar la equivalencia entre el límite especial $\lim\limits_{x\to\infty}\left(1+\frac{1}{x}\right)^x=e$ y el límite problema se procede de la siguiente forma: Se realiza la división de polinomios y se obtiene como resultado:

$$\lim_{x\to\infty}\left(\frac{x^2+1}{x^2-1}\right)^{\frac{x^2+3}{2x+5}}=\lim_{x\to\infty}\left(1+\frac{2}{x^2-1}\right)^{\frac{x^2+3}{2x+5}}.$$

Se aplica el inverso a la fracción en el paréntesis:

$$\lim_{x\to\infty}\left(\frac{x^2+1}{x^2-1}\right)^{\frac{x^2+3}{2x+5}}=\lim_{x\to\infty}\left(1+\frac{1}{\frac{x^2-1}{2}}\right)^{\frac{x^2+3}{2x+5}}=\left[\lim_{x\to\infty}\left(1+\frac{1}{\frac{x^2-1}{2}}\right)^{\frac{x^2-1}{2}}\right]^{\lim\limits_{x\to\infty}\frac{x^2+3}{2x+5}\frac{2}{x^2-1}}$$

$$=e^{\lim\limits_{x\to\infty}\frac{2x^2+6}{2x^3+5x^2-2x-5}}=e^0=1.$$

En consecuencia, se ha encontrado el valor del límite: $\boldsymbol{\lim\limits_{x\to\infty}\left(\frac{x^2+1}{x^2-1}\right)^{\frac{x^2+3}{2x+5}}=1}$

197

$$\lim_{x\to\infty}\left(\frac{x+a}{x+b}\right)^{x+c}$$

Con $a, b\ y\ c \in R$.

Al evaluar el límite, se nota una indeterminación matemática de la forma $1^{\infty}.\,!\,hágalo!$.

Se identifica $f(x)$ y $g(x)$ y se sustituye en la fórmula correspondiente a los ejercicios anteriores.

$$f(x) = \frac{x+a}{x+b}\quad y\ \ g(x) = x + c$$

$$\lim_{x\to\infty}\left(\frac{x+a}{x+b}\right)^{x+c} = e^{\lim\limits_{x\to\infty}(x+c)\left(\frac{x+a}{x+b}-1\right)} = e^{\lim\limits_{x\to\infty}(x+c)\left(\frac{x+a-x-b}{x+b}\right)} = e^{\lim\limits_{x\to\infty}(x+c)\left(\frac{a-b}{x+b}\right)}$$

$$= e^{\lim\limits_{x\to\infty}\left(\frac{ax-bx+ac-bc}{x+b}\right)} = e^{\lim\limits_{x\to\infty}\left(\frac{(a-b)x+ac-bc}{x+b}\right)} = e^{a-b}.$$

Por consiguiente, se tiene el valor del límite: $\boldsymbol{\lim_{x\to\infty}\left(\frac{x+a}{x+b}\right)^{x+c} = e^{a-b}}$

198

$$\lim_{x\to\infty}\left(\frac{x+a}{x+b}\right)^{x+c}$$

Para encontrar la equivalencia entre el límite especial $\lim\limits_{x\to\infty}\left(1+\frac{1}{x}\right)^{x} = e$ y el límite problema se procede de la siguiente forma: Se realiza la división de los polinomios y se obtiene como resultado:

$$\frac{x+a}{x+b} = 1 + \frac{a-b}{x+b}.$$

Por tanto, se tiene:

$$\lim_{x\to\infty}\left(\frac{x+a}{x+b}\right)^{x+c} = \lim_{x\to\infty}\left(1+\frac{1}{\frac{x+b}{a-b}}\right)^{x+c} = \left[\lim_{x\to\infty}\left(1+\frac{1}{\frac{x+b}{a-b}}\right)^{\frac{x+b}{a-b}}\right]^{\lim\limits_{x\to\infty}\frac{a-b}{x+b}(x+c)}$$

$$= e^{\lim\limits_{x\to\infty}\frac{ax-bx+ac-bc}{x+b}} = e^{\lim\limits_{x\to\infty}\frac{(a-b)x+ac-bc}{x+b}} = e^{a-b}.$$

Por consiguiente, se tiene el valor del límite: $\boldsymbol{\lim_{x\to\infty}\left(\frac{x+a}{x+b}\right)^{x+c} = e^{a-b}}$

$$\lim_{x\to\infty} \sqrt[x]{\left(\frac{x+2}{x-1}\right)^{x^2}}$$

199

Se reescribe el límite y se evalúa para mostrar el tipo de indeterminación:

$$\lim_{x\to\infty} \sqrt[x]{\left(\frac{x+2}{x-1}\right)^{x^2}} = \lim_{x\to\infty} \left(\frac{x+2}{x-1}\right)^{\frac{x^2}{x}} = \lim_{x\to\infty} \left(\frac{x+2}{x-1}\right)^{x} = 1^{\infty}$$

Se identifica $f(x)$ y $g(x)$ y se sustituye en la fórmula correspondiente a los ejercicios anteriores:

$$f(x) = \frac{x+2}{x-1} \quad y \quad g(x) = \frac{x^2}{x}$$

Por tanto, se tiene:

$$\lim_{x\to\infty} \left(\frac{x+2}{x-1}\right)^{\frac{x^2}{x}} = e^{\lim_{x\to\infty}\left(\frac{x^2}{x}\right)\left(\frac{x+2}{x-1}-1\right)} = e^{\lim_{x\to\infty}\left(\frac{x^2}{x}\right)\left(\frac{x+2-x+1}{x-1}\right)}$$

$$\lim_{x\to\infty} \left(\frac{x+2}{x-1}\right)^{\frac{x^2}{x}} = e^{\lim_{x\to\infty}\left(\frac{3x^2}{x^2-x}\right) = \frac{\infty}{\infty}}$$

Se procede a evaluar el límite:

$$\lim_{x\to\infty} \left(\frac{x+2}{x-1}\right)^{\frac{x^2}{x}} = e^{\lim_{x\to\infty}\left(\frac{3x^2}{x^2-x}\right)} = e^3.$$

En consecuencia, se ha obtenido el valor del límite:

$$\boxed{\lim_{x\to\infty} \sqrt[x]{\left(\frac{x+2}{x-1}\right)^{x^2}} = e^3}$$

Comentario: En la evaluación directa del límite se apreció una indeterminación de la forma $\frac{\infty}{\infty}$, para levantarla se aplicó las reglas de inferencia y se obtuvo el valor del límite.

200

$$\lim_{x\to\infty} \sqrt[x]{\left(\frac{x+2}{x-1}\right)^{x^2}}$$

Se reescribe el límite y se encuentra la equivalencia entre el límite especial

$$\lim_{x\to\infty}\left(1+\frac{1}{x}\right)^x = e,$$

y el límite problema:

$$\lim_{x\to\infty} \sqrt[x]{\left(\frac{x+2}{x-1}\right)^{x^2}} = \lim_{x\to\infty}\left(\frac{x+2}{x-1}\right)^{\frac{x^2}{x}}$$

$$\lim_{x\to\infty} \sqrt[x]{\left(\frac{x+2}{x-1}\right)^{x^2}} = \lim_{x\to\infty}\left(\frac{x+2}{x-1}\right)^{x}.$$

Para encontrar la equivalencia se divide primero los polinomios del límite anterior:

$$\lim_{x\to\infty}\left(\frac{x+2}{x-1}\right)^{\frac{x^2}{x}} = \lim_{x\to\infty}\left(1+\frac{3}{x-1}\right)^{x} = \left[\lim_{x\to\infty}\left(1+\frac{3}{x-1}\right)^{x-1}\right]^{\lim\limits_{x\to\infty}\frac{x}{x-1}} = \mathrm{e}^{k*1} = \mathrm{e}^{3*1} = \mathrm{e}^{3}.$$

El valor de k se justifica por lo siguiente:

$$\lim_{x\to\infty}\left(1+\frac{1}{x}\right)^x = e = \lim_{x\to\infty}\left(1+\frac{k}{x}\right)^x = e^k.$$

En consecuencia, se ha obtenido el valor del límite:

$$\boxed{\lim_{x\to\infty} \sqrt[x]{\left(\frac{x+2}{x-1}\right)^{x^2}} = e^3}$$

$$\lim_{x \to -\infty} \left(\frac{x+3}{x-2}\right)^{-x+1}$$

201

Al evaluar el límite, se nota una indeterminación matemática de la forma 1^{∞}. ! $hágalo$!. Tenga presente que para encontrar la forma indeterminada se efectúa la división de los polinomios del límite.

Se identifica $f(x)$ y $g(x)$ y se sustituye en la fórmula correspondiente a los ejercicios anteriores:

$$f(x) = \frac{x+3}{x-2} \quad y \quad g(x) = -x + 1.$$

Por tanto, se tiene:

$$\lim_{x \to -\infty} \left(\frac{x+3}{x-2}\right)^{-x+1} = e^{\lim_{x \to -\infty} (-x+1)\left(\frac{x+3}{x-2} - 1\right)} = e^{\lim_{x \to -\infty} (-x+1)\left(\frac{x+3-x+2}{x-2}\right)}$$

$$\lim_{x \to -\infty} \left(\frac{x+3}{x-2}\right)^{-x+1} = e^{\lim_{x \to -\infty} (-x+1)\left(\frac{5}{x-2}\right)} = e^{\lim_{x \to -\infty} \left(\frac{-5x+5}{x-2}\right) = \frac{\infty}{\infty}}$$

Al evaluar el límite resultante obtenemos:

$$\lim_{x \to -\infty} \left(\frac{x+3}{x-2}\right)^{-x+1} = e^{-5}.$$

En consecuencia, se ha encontrado el valor del límite:

$$\boxed{\lim_{x \to -\infty} \left(\frac{x+3}{x-2}\right)^{-x+1} = e^{-5}}$$

Comentario: En la evaluación directa del límite se apreció una indeterminación de la forma $\frac{\infty}{\infty}$, para levantarla se aplicó las reglas de inferencia y se obtuvo el valor del límite.

202

$$\lim_{x \to -\infty} \left(\frac{x+3}{x-2}\right)^{-x+1}$$

Para encontrar la equivalencia entre el límite especial $\lim_{x \to \infty} \left(1 + \frac{1}{x}\right)^{x} = e$ y el límite problema se procede de la siguiente forma: Se efectúa la división de los polinomios del límite y el resultado es:

$$\frac{x+3}{x-2} = 1 + \frac{5}{x-2}.$$

Por tanto, se tiene:

$$\lim_{x \to -\infty} \left(\frac{x+3}{x-2}\right)^{-x+1} = \lim_{x \to -\infty} \left(1 + \frac{5}{x-2}\right)^{-x+1}$$

$$\lim_{x \to -\infty} \left(\frac{x+3}{x-2}\right)^{-x+1} = \left[\lim_{x \to -\infty} \left(1 + \frac{5}{x-2}\right)^{x-2}\right]^{\lim_{x \to -\infty} \frac{-x+1}{x-2}}$$

$$\lim_{x \to -\infty} \left(\frac{x+3}{x-2}\right)^{-x+1} = e^{\lim_{x \to -\infty} \frac{-x+1}{x-2}}$$

Se evalúa el límite resultante:

$$\lim_{x \to -\infty} \left(\frac{x+3}{x-2}\right)^{-x+1} = e^{-1*k} = e^{-1*5} = e^{-5}.$$

El valor de k se justifica por lo siguiente:

$$\lim_{x \to \infty} \left(1 + \frac{1}{x}\right)^{x} = e = \lim_{x \to \infty} \left(1 + \frac{k}{x}\right)^{x} = e^{k}.$$

En consecuencia, se ha encontrado el valor del límite: $\boldsymbol{\lim_{x \to -\infty} \left(\frac{x+3}{x-2}\right)^{-x+1} = e^{-5}}$

$$\lim_{x\to\infty} \sqrt[x]{\left(\frac{x^2-2}{x^2+x-1}\right)^{3x^2+1}}$$

203

Se reescribe el límite y se evalúa para mostrar el tipo de indeterminación

$$\lim_{x\to\infty} \sqrt[x]{\left(\frac{x^2-2}{x^2+x-1}\right)^{3x^2+1}} = \lim_{x\to\infty} \left(\frac{x^2-2}{x^2+x-1}\right)^{\frac{3x^2+1}{x}} = 1^{\infty}.$$

Se identifica $f(x)$ y $g(x)$ y se sustituye en la fórmula correspondiente a los ejercicios anteriores.

$$f(x) = \frac{x^2-2}{x^2+x-1} \;\; y \;\; g(x) = \frac{3x^2+1}{x}.$$

Por tanto, se tiene:

$$\lim_{x\to\infty} \left(\frac{x^2-2}{x^2+x-1}\right)^{\frac{3x^2+1}{x}} = \lim_{x\to\infty} e^{\lim\limits_{x\to\infty}\left(\frac{3x^2+1}{x}\right)\left(\frac{x^2-2}{x^2+x-1}-1\right)}$$

$$\lim_{x\to\infty} \left(\frac{x^2-2}{x^2+x-1}\right)^{\frac{3x^2+1}{x}} = e^{\lim\limits_{x\to\infty}\left(\frac{3x^2+1}{x}\right)\left(\frac{x^2-2-x^2-x+1}{x^2+x-1}\right)} = e^{\lim\limits_{x\to\infty}\left(\frac{3x^2+1}{x}\right)\left(\frac{-x-1}{x^2+x-1}\right)}$$

Se evalúa el límite resultante:

$$\lim_{x\to\infty} \left(\frac{x^2-2}{x^2+x-1}\right)^{\frac{3x^2+1}{x}} = e^{\lim\limits_{x\to\infty} \frac{-3x^3-3x^2-x-1}{x^3+x^2-x}} = e^{-3} = \frac{1}{e^3}.$$

Por consiguiente, se obtiene el valor del límite:

$$\boxed{\lim_{x\to\infty} \sqrt[x]{\left(\frac{x^2-2}{x^2+x-1}\right)^{3x^2+1}} = \frac{1}{e^3}}$$

Comentario: En la evaluación del límite resultante se aplicó las reglas de inferencia.

204

$$\lim_{x\to\infty}\sqrt[x]{\left(\frac{x^2-2}{x^2+x-1}\right)^{3x^2+1}}$$

Se reescribe el límite:

$$\lim_{x\to\infty}\sqrt[x]{\left(\frac{x^2-2}{x^2+x-1}\right)^{3x^2+1}}=\lim_{x\to\infty}\left(\frac{x^2-2}{x^2+x-1}\right)^{\frac{3x^2+1}{x}}.$$

Se efectúa la división de los polinomios y se aplica el inverso en la fracción:

$$\lim_{x\to\infty}\left(1+\frac{-(x+1)}{x^2+x-1}\right)^{\frac{3x^2+1}{x}}=\lim_{x\to\infty}\left(1+\frac{-1}{\frac{x^2+x-1}{(x+1)}}\right)^{\frac{3x^2+1}{x}}.$$

El límite de la potencia de una función es igual a la potencia del límite de la función, es decir:

$$\lim_{x\to\infty}\left(1+\frac{-(x+1)}{x^2+x-1}\right)^{\frac{3x^2+1}{x}}=\left[\lim_{x\to\infty}\left(1+\frac{-1}{\frac{x^2+x-1}{x+1}}\right)^{\frac{x^2+x-1}{x+1}}\right]^{\lim_{x\to\infty}\frac{3x^2+1}{x}/\frac{x^2+x-1}{x+1}}.$$

La expresión en los corchetes es igual al límite especial: $\lim_{x\to\infty}\left(1+\frac{1}{x}\right)^x=e.$

$$\lim_{x\to\infty}\left(1+\frac{-(x+1)}{x^2+x-1}\right)^{\frac{3x^2+1}{x}}=e^{(-1)\lim_{x\to\infty}\frac{3x^2+1}{x}/\frac{x^2+x-1}{x+1}}=e^{(-1)\lim_{x\to\infty}\frac{\frac{3x^2+1}{x}}{\frac{x^2+x-1}{x+1}}}$$

$$\lim_{x\to\infty}\left(1+\frac{-(x+1)}{x^2+x-1}\right)^{\frac{3x^2+1}{x}}=e^{(-1)\lim_{x\to\infty}\frac{(3x^2+1)(x+1)}{x(x^2+x-1)}}=e^{(-1)\lim_{x\to\infty}\left(\frac{3x^3+3x^2+x+1}{x^3+x^2-x}\right)}$$

$$\lim_{x\to\infty}\left(1+\frac{-(x+1)}{x^2+x-1}\right)^{\frac{3x^2+1}{x}}=e^{-1*3}=e^{-3}=\frac{1}{e^3}.$$

En consecuencia, hemos encontrado el valor del límite:

$$\boxed{\lim_{x\to\infty}\sqrt[x]{\left(\frac{x^2-2}{x^2+x-1}\right)^{3x^2+1}}=\frac{1}{e^3}}$$

$$\lim_{x\to\infty} \left(\frac{3x^2 - x + 1}{2x^2 + x + 1}\right)^{\frac{x^2}{1-x}}$$

205

El límite problema es un claro ejemplo de la importancia de evaluar el límite inicialmente. Se aplica propiedad de límites de una potencia que dice: el límite de una función elevada a otra es igual a la potencia de los límites de cada función:

$$\lim_{x\to\infty} \left(\frac{3x^2 - x + 1}{2x^2 + x + 1}\right)^{\frac{x^2}{1-x}} = \left[\lim_{x\to\infty} \left(\frac{3x^2 - x + 1}{2x^2 + x + 1}\right)\right]^{\lim\limits_{x\to\infty} \frac{x^2}{1-x}}.$$

Para resolver este límite, necesitamos analizar tanto la **base** como el **exponente** de la función a medida que tiende a infinito.

1. Análisis de la Base

Primero, calculamos el límite de la base. Al ser una función racional con el mismo grado en el numerador y el denominador (grado 2), el límite es el cociente de los coeficientes principales:

$$\lim_{x\to\infty} \left(\frac{3x^2 - x + 1}{2x^2 + x + 1}\right) = \frac{3}{2}$$

2. Análisis del Exponente

Luego dividimos por x (la mayor potencia del denominador):

$$\frac{x^2}{1-x} = \frac{\frac{x^2}{x}}{\frac{1}{x} - \frac{x}{x}} = \frac{x}{\frac{1}{x} - 1}$$

Al evaluar el límite: $\frac{\infty}{0-1} = -\infty$. Nota: Se divide por la potencia mayor en el denominador ya que nos da una respuesta clara e inmediata.

Sustituyendo los comportamientos que se encontraron, el límite tiene la forma:

$$\left(\frac{3}{2}\right)^{-\infty}$$

Como la base es un número mayor que 1, podemos aplicar la propiedad de las potencias negativas:

$$\left(\frac{3}{2}\right)^{-\infty} = \left(\frac{2}{3}\right)^{\infty}$$

Dado que 2/3 es un número entre 0 y 1, al elevarlo a una potencia que crece infinitamente, el resultado tiende a cero. En consecuencia, se tiene el valor del límite:

$$\lim_{x\to\infty} \left(\frac{3x^2-x+1}{2x^2+x+1}\right)^{\frac{x^2}{1-x}} = 0$$

206

$$\lim_{x\to\infty}\left(1+\frac{1}{x+2}\right)^{x-1}$$

Al evaluar el límite, se nota una indeterminación matemática de la forma 1^{∞}. ¡Hágalo!

Se identifica $f(x)$ y $g(x)$ y se sustituye en la fórmula correspondiente a los ejercicios anteriores:

$$f(x) = 1+\frac{1}{x+2} \quad y \quad g(x) = x-1.$$

La fórmula correspondiente es:

$$\lim_{x\to\infty} f(x)^{g(x)} = e^{\lim\limits_{x\to x_0} g(x)(f(x)-1)}$$

Sustituyendo a $f(x)$ y $g(x)$ en la fórmula, se obtiene:

$$\lim_{x\to\infty}\left(1+\frac{1}{x+2}\right)^{x-1} = e^{\lim\limits_{x\to\infty} x-1\left(1+\frac{1}{x+2}-1\right)}$$

Se simplifica la expresión algebraica en el paréntesis:

$$\lim_{x\to\infty}\left(1+\frac{1}{x+2}\right)^{x-1} = e^{\lim\limits_{x\to\infty} x-1\left(\frac{1}{x+2}\right)} = e^{\lim\limits_{x\to\infty}\frac{x-1}{x+2}} = e^{1} = e.$$

En el paso anterior se evaluó el límite aplicando reglas de inferencia.

En consecuencia, se ha encontrado el valor del límite: $\boldsymbol{\lim_{x\to\infty}\left(1+\frac{1}{x+2}\right)^{x-1} = e}$

$$\lim_{x\to\infty}\left(1+\frac{1}{x+2}\right)^{x-1}$$

207

Para encontrar la equivalencia entre el límite especial

$$\lim_{x\to\infty}\left(1+\frac{1}{x}\right)^{x} = e,$$

y el límite problema se procede de la siguiente manera: Se multiplica y se divide el exponente del límite por $(x+2)$. Nota: Observe que la base del límite es equivalente a la base del límite especial:

$$\lim_{x\to\infty}\left(1+\frac{1}{x+2}\right)^{x-1} = \lim_{x\to\infty}\left(1+\frac{1}{x+2}\right)^{\frac{(x-1)(x+2)}{(x+2)}}$$

Se aplica propiedades de potenciación y propiedades de límites:

$$\lim_{x\to\infty}\left(1+\frac{1}{x+2}\right)^{x-1} = \left[\lim_{x\to\infty}\left(1+\frac{1}{x+2}\right)^{(x+2)}\right]^{\lim\limits_{x\to\infty}\frac{(x-1)}{(x+2)}}$$

La expresión que está en los corchetes es el número $\boldsymbol{e}$.

Por tanto, se tiene:

$$\lim_{x\to\infty}\left(1+\frac{1}{x+2}\right)^{x-1} = e^{\lim\limits_{x\to\infty}\frac{(x-1)}{(x+2)}}$$

Ahora se procede a evaluar el límite resultante en el paso anterior aplicando reglas de inferencia:

$$\lim_{x\to\infty}\left(1+\frac{1}{x+2}\right)^{x-1} = e^{1} = e$$

En consecuencia, se ha encontrado el valor del límite: $\boxed{\lim_{x\to\infty}\left(1+\frac{1}{x+2}\right)^{x-1} = e}$

208

$$\lim_{x\to\infty}\left(1-\frac{2}{3x}\right)^{x}$$

Se reescribe el límite:

$$\lim_{x\to\infty}\left(1-\frac{2}{3x}\right)^{x} = \lim_{x\to\infty}\left(1+\frac{-2}{3x}\right)^{x}.$$

Al evaluar el límite, se nota una indeterminación matemática de la forma 1^{∞}. ¡Hágalo!

Se identifica $f(x)$ y $g(x)$:

$$f(x) = 1+\frac{-2}{3x} \quad y \quad g(x) = x.$$

Sustituyendo las expresiones anteriores en la fórmula correspondiente, se tiene:

$$\lim_{x\to 0} f(x)^{g(x)} = e^{\lim\limits_{x\to x_0} g(x)(f(x)-1)}$$

$$\lim_{x\to\infty}\left(1-\frac{2}{3x}\right)^{x} = e^{\lim\limits_{x\to\infty} x\left(1+\frac{-2}{3x}-1\right)}$$

Cancelando términos semejantes y evaluando el límite resultante se tiene:

$$\lim_{x\to\infty}\left(1-\frac{2}{3x}\right)^{x} = e^{\lim\limits_{x\to\infty} x\left(\frac{-2}{3x}\right)} = e^{\lim\limits_{x\to\infty} -\frac{2x}{3x}} = e^{-\frac{2}{3}}.$$

En consecuencia, se tiene el valor del límite:

$$\boxed{\lim_{x\to\infty}\left(1-\frac{2}{3x}\right)^{x} = e^{-\frac{2}{3}}}$$

$$\lim_{x \to \infty} \left(1 - \frac{2}{3x}\right)^{x}$$

209

Se reescribe el límite:

$$\lim_{x \to \infty} \left(1 - \frac{2}{3x}\right)^{x} = \lim_{x \to \infty} \left(1 + \frac{-2}{3x}\right)^{x}.$$

Para encontrar la equivalencia entre el límite especial

$$\lim_{x \to \infty} \left(1 + \frac{1}{x}\right)^{x} = e,$$

y el límite problema se procede de la siguiente manera: Se multiplica y se divide el exponente del límite por $(3x)$ y se aplica propiedades de potenciación:

$$\lim_{x \to \infty} \left(1 + \frac{-2}{3x}\right)^{x} = \left[\lim_{x \to \infty} \left(1 + \frac{-2}{3x}\right)^{3x}\right]^{\frac{x}{3x}}$$

El límite de la potencia de una función es igual a la potencia del límite de la función, es decir:

$$\lim_{x \to \infty} \left(1 + \frac{-2}{3x}\right)^{x} = \left[\lim_{x \to \infty} \left(1 + \frac{-2}{3x}\right)^{3x}\right]^{\lim\limits_{x \to \infty} \frac{x}{3x}}.$$

La expresión en los corchetes es equivalente al límite especial:

$$\lim_{x \to \infty} \left(1 + \frac{1}{x}\right)^{x} = e.$$

Por tanto, se tiene:

$$\lim_{x \to \infty} \left(1 + \frac{-2}{3x}\right)^{x} = e^{-2 \lim\limits_{x \to \infty} \frac{x}{3x}} = e^{-2 * \frac{1}{3}} = e^{\frac{-2}{3}}.$$

En consecuencia, se ha encontrado el valor del límite: $\boxed{\lim\limits_{x \to \infty} \left(1 + \frac{-2}{3x}\right)^{x} = e^{-\frac{2}{3}}}$

210

$$\lim_{x\to\infty}\left(\frac{2x+1}{2x+4}\right)^{\frac{x^2}{x+1}}$$

Al evaluar el límite, se nota una indeterminación matemática de la forma 1^{∞}. ! *hágalo*!
Se identifica $f(x)$ y $g(x)$:

$$f(x)=\frac{2x+1}{2x+4} \quad y \quad g(x)=\frac{x^2}{x+1}.$$

Sustituyendo las expresiones anteriores en la fórmula correspondiente, se tiene:

$$\lim_{x\to 0} f(x)^{g(x)} = e^{\lim_{x\to x_0} g(x)(f(x)-1)}$$

$$\lim_{x\to\infty}\left(\frac{2x+1}{2x+4}\right)^{\frac{x^2}{x+1}} = e^{\lim_{x\to\infty}\left(\frac{x^2}{x+1}\right)\left(\frac{2x+1}{2x+4}-1\right)} = e^{\lim_{x\to\infty}\left(\frac{x^2}{x+1}\right)\left(\frac{2x+1-2x-4}{2x+4}\right)}$$

Cancelando términos semejantes, se tiene:

$$\lim_{x\to\infty}\left(\frac{2x+1}{2x+4}\right)^{\frac{x^2}{x+1}} = e^{\lim_{x\to\infty}\left(\frac{x^2}{x+1}\right)\left(\frac{-3}{2x+4}\right)} = e^{\lim_{x\to\infty}\left(\frac{-3x^2}{2x^2+4x+2x+4}\right)}$$

Se evalúa el límite resultante aplicando reglas de inferencia:

$$\lim_{x\to\infty}\left(\frac{2x+1}{2x+4}\right)^{\frac{x^2}{x+1}} = e^{-\frac{3}{2}}.$$

En consecuencia, se tiene el valor del límite:

$$\boxed{\lim_{x\to\infty}\left(\frac{2x+1}{2x+4}\right)^{\frac{x^2}{x+1}} = e^{-\frac{3}{2}}}$$

$$\lim_{x \to \infty} \left(\frac{2x+1}{2x+4}\right)^{\frac{x^2}{x+1}}$$

211

Para encontrar la equivalencia entre el límite especial $\lim_{x \to \infty} \left(1 + \frac{1}{x}\right)^x = e$ y el límite problema se procede de la siguiente manera: Se realiza la división de los polinomios, dando como resultado:

$$\frac{2x+1}{2x+4} = 1 + \frac{-3}{2x+4}.$$

Por tanto, se tiene:

$$\lim_{x \to \infty} \left(\frac{2x+1}{2x+4}\right)^{\frac{x^2}{x+1}} = \lim_{x \to \infty} \left(1 + \frac{-3}{2x+4}\right)^{\frac{x^2}{x+1}}.$$

Se multiplica y se divide el exponente del límite por $(2x+4)$, se aplica propiedades de potenciación y propiedades de limites:

$$\lim_{x \to \infty} \left(1 + \frac{-3}{2x+4}\right)^{\frac{x^2}{x+1}} = \left[\lim_{x \to \infty} \left(1 + \frac{-3}{2x+4}\right)^{2x+4}\right]^{\lim_{x \to \infty} \frac{x^2}{x+1} \frac{1}{2x+4}}$$

$$\lim_{x \to \infty} \left(1 + \frac{-3}{2x+4}\right)^{\frac{x^2}{x+1}} = e^{-3 \lim_{x \to \infty} \frac{x^2}{2x^2+4x+2x+4}} = e^{-3 * \frac{1}{2}} = e^{-\frac{3}{2}}.$$

El valor de $k = -3$ se justifica por lo siguiente:

$$\lim_{x \to \infty} \left(1 + \frac{1}{x}\right)^x = e = \lim_{x \to \infty} \left(1 + \frac{k}{x}\right)^x = e^k.$$

En consecuencia, obtenemos el valor del límite:

$$\boldsymbol{\lim_{x \to \infty} \left(1 + \frac{-3}{2x+4}\right)^{\frac{x^2}{x+1}} = e^{-\frac{3}{2}}}$$

212

$$\lim_{x \to 0} (1 - 2x^2)^{\frac{1}{x^2}}$$

Al evaluar el límite, se nota una indeterminación matemática de la forma 1^{∞}. ! *hágalo*!
Se identifica $f(x)$ y $g(x)$ y se sustituye en la fórmula correspondiente a los ejercicios anteriores:

$$f(x) = 1 - 2x^2 \quad y \quad g(x) = \frac{1}{x^2}$$

$$\lim_{x \to 0} (1 - 2x^2)^{\frac{1}{x^2}} = e^{\lim\limits_{x \to 0} \frac{1}{x^2}(1 - 2x^2 - 1)} = e^{\lim\limits_{x \to 0} -2} = e^{-2}.$$

Por tanto, se tiene el valor del límite:

$$\boxed{\lim_{x \to 0} (1 - 2x^2)^{\frac{1}{x^2}} = e^{-2}}$$

213

$$\lim_{x \to 0} (1 - 2x^2)^{\frac{1}{x^2}}$$

Para encontrar la equivalencia entre el límite especial $\lim\limits_{x \to 0} (1 + x)^{\frac{1}{x}}$ = e y el límite problema, se procede de la siguiente forma: Para buscar una equivalencia entre la expresión $1 - 2x^2$ y $1 + x$, es necesario hacer un cambio de variable:
Sea $t = -2x^2$, si $x \to 0$ entonces, $t \to 0$ y

$$x^2 = -\frac{t}{2}.$$

Realizando las respectivas sustituciones en el límite problema, aplicando propiedades de limites:

$$\lim_{x \to 0} (1 - 2x^2)^{\frac{1}{x^2}} = \lim_{t \to 0} (1 + t)^{\frac{1}{-\frac{t}{2}}} = \lim_{t \to 0} (1 + t)^{\frac{1}{t}(-2)}$$

$$\lim_{x \to 0} (1 - 2x^2)^{\frac{1}{x^2}} = \left[\lim_{t \to 0} (1 + t)^{\frac{1}{t}}\right]^{\lim\limits_{t \to 0} -2} = e^{-2}.$$

En consecuencia, se ha encontrado el valor del límite:

$$\boxed{\lim_{x \to 0} (1 - 2x^2)^{\frac{1}{x^2}} = e^{-2}}$$

$\lim_{x \to 0} (3 - 2e^x)^{\frac{1}{x}}$ **214**

Al evaluar el límite, se aprecia una indeterminación matemática de la forma 1^{∞}. ¡*hágalo*!.

Se identifica $f(x)$ y $g(x)$:

$$f(x) = 3 - 2e^x \ \ y \quad g(x) = \frac{1}{x}.$$

Sustituyendo las expresiones anteriores en la fórmula correspondiente, se tiene:

$$\lim_{x \to 0} f(x)^{g(x)} = e^{\lim_{x \to x_0} g(x)(f(x)-1)}$$

$$\lim_{x \to 0} (3 - 2e^x)^{\frac{1}{x}} = e^{\lim_{x \to 0} \frac{1}{x}(3-2e^x - 1)} = e^{\lim_{x \to 0} \frac{1}{x}(2-2e^x)}.$$

Sacando factor común 2, realizar la multiplicación, multiplicar por -1 el numerador y utilizar el límite especial:

$$\lim_{x \to 0} \left(\frac{e^x - 1}{x} \right) = 1,$$

se tiene:

$$\lim_{x \to 0} (3 - 2e^x)^{\frac{1}{x}} = e^{\lim_{x \to 0} \frac{1}{x} 2(1-e^x)} = e^{2 \lim_{x \to 0} \frac{1-e^x}{x}} = e^{-2 \lim_{x \to 0} \frac{e^x - 1}{x}} = e^{-2*1} = e^{-2}.$$

En consecuencia, se ha obtenido el valor del límite: $\boldsymbol{\lim_{x \to 0} (3 - 2e^x)^{\frac{1}{x}} = e^{-2}}$

215

$$\lim_{x \to 0} (3 - 2e^x)^{\frac{1}{x}}$$

Ahora se resuelve el mismo límite, pero aplicando limites notables y una técnica conocida como técnica de la exponenciación logarítmica. Esto nos permite transformar la potencia en el límite en un producto más manejable.

Ahora se procede a transformar el límite:

Se aplica la identidad $a^b = e^{\ln(a^b)} = e^{b\ln(a)}$ en el límite:

$$\lim_{x \to 0} (3 - 2e^x)^{\frac{1}{x}} = \lim_{x \to 0} e^{\frac{1}{x}\ln(3-2e^x)}$$

Por la continuidad de la función exponencial, podemos calcular el límite del exponente y luego elevar (e) a ese resultado, usando el siguiente límite notable:

$$\lim_{u \to 0} \frac{\ln(1+u)}{u} = 1, \ \lim_{x \to 0} \frac{\ln(3-2e^x)}{x}.$$

Para que la expresión en el logaritmo tenga la forma $(1+u)$, se reescribe $3 - 2e^x$:

$$3 - 2e^x = 1 + (2 - 2e^x)$$

Se sustituye la expresión anterior en el límite del exponente:

$$\lim_{x \to 0} \frac{\ln\left(1 + (2 - 2e^x)\right)}{x}$$

Se multiplica y se divide el límite del exponente por $(2 - 2e^x)$ para completar la estructura del límite notable:

$$\lim_{x \to 0} \frac{\ln\left(1 + (2 - 2e^x)\right)}{x} = \lim_{x \to 0} \left[\frac{\ln\left(1 + (2 - 2e^x)\right)}{2 - 2e^x} \ \frac{2 - 2e^x}{x}\right] = \lim_{x \to 0} \frac{\ln\left(1 + (2 - 2e^x)\right)}{2 - 2e^x} \ \lim_{x \to 0} \frac{2 - 2e^x}{x}$$

El primer límite es igual a 1(límite notable), luego se resuelve el segundo límite:

$$\lim_{x \to 0} \frac{2 - 2e^x}{x} = \lim_{x \to 0} \frac{2(1 - e^x)}{x} = \lim_{x \to 0} (-2)\frac{(e^x - 1)}{x} = -2, ya\ que\colon \lim_{x \to 0} \frac{(e^x - 1)}{x} = 1.$$

Por tanto, se tiene:

$$\lim_{x \to 0} \frac{\ln\left(1 + (2 - 2e^x)\right)}{x} = 1 * (-2) = -2$$

En consecuencia, se obtiene el valor del límite:

$$\boxed{\lim_{x \to 0} (3 - 2e^x)^{\frac{1}{x}} = \lim_{x \to 0} e^{\frac{1}{x}\ln(3-2e^x)} = e^{-2}}$$

$$\lim_{x \to 0} (1 + x)^{\frac{2}{3x}}$$

216

Al evaluar el límite, se aprecia una indeterminación matemática de la forma 1^{∞}. ! *hágalo*!
Se identifica $f(x)$ y $g(x)$ y se sustituye en la fórmula correspondiente a los ejercicios anteriores:

$$f(x) = 1 + x \quad \text{y} \quad g(x) = \frac{2}{3x}.$$

Por tanto, se tiene:

$$\lim_{x \to 0} (1 + x)^{\frac{2}{3x}} = e^{\lim_{x \to 0} \frac{2}{3x}(1+x-1)} = e^{\lim_{x \to 0} \frac{2}{3x}(x)} = e^{\lim_{x \to 0} \frac{2}{3}} = e^{\frac{2}{3}}.$$

En consecuencia, se obtiene el valor del límite: $\boldsymbol{\lim_{x \to 0} (1 + x)^{\frac{2}{3x}} = e^{\frac{2}{3}}}$

$$\lim_{x \to 0} (1 + x)^{\frac{2}{3x}}$$

217

Para encontrar la equivalencia entre el límite especial

$$\lim_{x \to 0} (1 + x)^{\frac{1}{x}} = e,$$

y el límite problema se procede de la siguiente forma: Se divide el exponente en dos fracciones y se reescribe el límite:

$$\lim_{x \to 0} (1 + x)^{\frac{2}{3x}} = \lim_{x \to 0} (1 + x)^{\frac{1}{x} * \frac{2}{3}}$$

$$\lim_{x \to 0} (1 + x)^{\frac{2}{3x}} = \left[\lim_{x \to 0} (1 + x)^{\frac{1}{x}}\right]^{\lim_{x \to 0} \frac{2}{3}} = e^{\frac{2}{3}}.$$

En consecuencia, obtenemos el valor del límite: $\boldsymbol{\lim_{x \to 0} (1 + x)^{\frac{2}{3x}} = e^{\frac{2}{3}}}$

218

$$\lim_{x\to\infty}\left(\frac{x+a}{x-a}\right)^{x}$$

Si se evalúa el límite directamente no se puede apreciar la indeterminación 1^{∞}. Se debe entonces realizar la división de los polinomios que están en el paréntesis y el resultado se evalúa, notándose la indeterminación. ¡Hágalo!

Se identifica $f(x)$ y $g(x)$ y se sustituye en la fórmula correspondiente a los ejercicios anteriores.

$$f(x)=\frac{x+a}{x-a} \quad y \quad g(x)=x\,.$$

Por tanto, se tiene:

$$\lim_{x\to\infty}\left(\frac{x+a}{x-a}\right)^{x} = e^{\lim\limits_{x\to\infty} x\left(\frac{x+a}{x-a}-1\right)}$$

Se resuelve la expresión algebraica que está en el paréntesis:

$$\lim_{x\to\infty}\left(\frac{x+a}{x-a}\right)^{x} = e^{\lim\limits_{x\to\infty} x\left(\frac{x+a-x+a}{x-a}\right)}$$

Se cancelan términos semejantes y se evalúa el límite resultante:

$$\lim_{x\to\infty}\left(\frac{x+a}{x-a}\right)^{x} = e^{\lim\limits_{x\to\infty}\left(\frac{2ax}{x-a}\right)} = e^{2a}.$$

En consecuencia, se tiene el valor del límite:

$$\boxed{\lim_{x\to\infty}\left(\frac{x+a}{x-a}\right)^{x} = e^{2a}}$$

$$\lim_{x \to \infty} \left(\frac{x+a}{x-a}\right)^{x}$$

219

Para encontrar la equivalencia entre el límite especial

$$\lim_{x \to \infty} \left(1 + \frac{1}{x}\right)^{x} = e,$$

y el límite problema, se procede de la siguiente forma: Se realiza la división de los polinomios dando como resultado:

$$\frac{x+a}{x-a} = 1 + \frac{2a}{x-a}.$$

Por tanto, se tiene:

$$\lim_{x \to \infty} \left(\frac{x+a}{x-a}\right)^{x} = \lim_{x \to \infty} \left(1 + \frac{2a}{x-a}\right)^{x}$$

Se multiplica y se divide el exponente (x) del límite por $x - a$ y se aplica propiedades de limites:

$$\lim_{x \to \infty} \left(\frac{x+a}{x-a}\right)^{x} = \left[\lim_{x \to \infty} \left(1 + \frac{2a}{x-a}\right)^{x-a}\right]^{\lim\limits_{x \to \infty} x \frac{1}{x-a}} = \left[\lim_{x \to \infty} \left(1 + \frac{2a}{x-a}\right)^{x-a}\right]^{\lim\limits_{x \to \infty} \frac{x}{x-a}}$$

$$\lim_{x \to \infty} \left(\frac{x+a}{x-a}\right)^{x} = e^{2a*1} = e^{2a}.$$

Por consiguiente, se ha obtenido el valor del límite:

$$\boldsymbol{\lim_{x \to \infty} \left(\frac{x+a}{x-a}\right)^{x} = e^{2a}}$$

220

$$\lim_{n\to\infty}\left(\frac{3n}{3n+1}\right)^{\frac{3n^2}{2}}$$

Al evaluar el límite, se aprecia una indeterminación matemática de la forma 1^{∞}. ! *hágalo*!

Se identifica $f(n)$ y $g(n)$ y se sustituye en la fórmula correspondiente a los ejercicios anteriores:

$$f(n)=\frac{3n}{3n+1}\quad y \quad g(n)=\frac{3n^2}{2}.$$

Por tanto, se tiene:

$$\lim_{n\to\infty}\left(\frac{3n}{3n+1}\right)^{\frac{3n^2}{2}}=e^{\lim\limits_{n\to\infty}\frac{3n^2}{2}\left(\frac{3n}{3n+1}-1\right)}$$

Se resuelve la expresión algebraica que está en el paréntesis:

$$\lim_{n\to\infty}\left(\frac{3n}{3n+1}\right)^{\frac{3n^2}{2}}=e^{\lim\limits_{n\to\infty}\frac{3n^2}{2}\left(\frac{3n-2n-1}{3n+1}\right)}=e^{\lim\limits_{n\to\infty}\frac{3n^2}{2}\left(\frac{-1}{3n+1}\right)}$$

$$\lim_{n\to\infty}\left(\frac{3n}{3n+1}\right)^{\frac{3n^2}{2}}=e^{\lim\limits_{n\to\infty}\left(\frac{-3n^2}{6n+2}\right)}$$

Se evalúa el límite resultante:

$$\lim_{n\to\infty}\left(\frac{3n}{3n+1}\right)^{\frac{3n^2}{2}}=e^{-\infty}=\frac{1}{e^{\infty}}=\frac{1}{\infty}=0.$$

En consecuencia, obtenemos el valor del límite:

$$\boxed{\lim_{n\to\infty}\left(\frac{3n}{3n+1}\right)^{\frac{3n^2}{2}}=0}$$

$$\lim_{n\to\infty}\left(\frac{3n}{3n+1}\right)^{\frac{3n^2}{2}}$$

221

Para encontrar la equivalencia entre el límite notable:

$$\lim_{x\to\infty}\left(1+\frac{1}{x}\right)^{x} = e$$

y el límite problema se procede de la siguiente forma: Se realiza la división de los polinomios dando como resultado:

$$\frac{3n}{3n+1} = 1 + \frac{-1}{3n+1}.$$

Por tanto, se tiene:

$$\lim_{n\to\infty}\left(\frac{3n}{3n+1}\right)^{\frac{3n^2}{2}} = \lim_{n\to\infty}\left(1+\frac{-1}{3n+1}\right)^{\frac{3n^2}{2}}$$

Se multiplica y se divide el exponente del límite por $3n+1$ y se aplica propiedades de limites:

$$\lim_{n\to\infty}\left(\frac{3n}{3n+1}\right)^{\frac{3n^2}{2}} = \left[\lim_{n\to\infty}\left(1+\frac{-1}{3n+1}\right)^{3n+1}\right]^{\lim\limits_{n\to\infty}\frac{3n^2}{2}\frac{1}{3n+1}}$$

$$\lim_{n\to\infty}\left(\frac{3n}{3n+1}\right)^{\frac{3n^2}{2}} = \left[\lim_{n\to\infty}\left(1+\frac{-1}{3n+1}\right)^{3n+1}\right]^{\lim\limits_{n\to\infty}\frac{3n^2}{6n+2}}$$

$$\lim_{n\to\infty}\left(\frac{3n}{3n+1}\right)^{\frac{3n^2}{2}} = e^{-\infty} = \frac{1}{e^{\infty}} = \frac{1}{\infty} = 0.$$

En consecuencia, obtenemos el valor del límite:

$$\boldsymbol{\lim_{n\to\infty}\left(\frac{3n}{3n+1}\right)^{\frac{3n^2}{2}} = 0}$$

222

$\lim_{x \to 0} \sqrt[x]{1-2x}$

Se reescribe el límite y se evalúa para mostrar el tipo de indeterminación:

$$\lim_{x \to 0} \sqrt[x]{1-2x} = (1-2x)^{\frac{1}{x}} = 1^{\infty}.$$

Se identifica $f(x)$ y $g(x)$ y se sustituye en la fórmula correspondiente a los ejercicios anteriores:

$$f(x) = 1 - 2x \quad y \quad g(x) = \frac{1}{x}.$$

Por tanto, se tiene:

$$\lim_{x \to 0} (1-2x)^{\frac{1}{x}} = e^{\lim\limits_{x \to 0} \frac{1}{x}(1-2x-1)} = e^{\lim\limits_{x \to 0} \frac{1}{x}(-2x)} = e^{\lim\limits_{x \to 0} -2}.$$

En consecuencia, obtenemos el valor del límite: $\boldsymbol{\lim_{x \to 0} \sqrt[x]{1-2x} = e^{-2}}$

223

$\lim_{x \to 0} \sqrt[x]{1-2x}$

Para encontrar la equivalencia entre el límite especial:

$$\lim_{x \to 0} (1+x)^{\frac{1}{x}}.$$

y el límite problema se procede de la siguiente forma: Se reescribe el límite y se aplica propiedad de límites de una potencia.
Por tanto, se tiene:

$$\lim_{x \to 0} \sqrt[x]{1-2x} = \lim_{x \to 0} (1-2x)^{\frac{1}{x}} = \lim_{x \to 0} (1+(-2x))^{\frac{1}{x}}$$

$$\lim_{x \to 0} \sqrt[x]{1-2x} = \left[\lim_{x \to 0} (1+(-2x))^{\frac{1}{-2x}}\right]^{\lim\limits_{x \to 0} -2} = e^{-2}.$$

En consecuencia, obtenemos el valor del límite: $\boldsymbol{\lim_{x \to 0} \sqrt[x]{1-2x} = e^{-2}}$

$$\lim_{x\to\infty} \left(\frac{x+1}{x-1}\right)^{\frac{x^2+2}{x-3}}$$

224

Se evalúa el límite inicialmente aplicando propiedad de límites de una potencia para mostrar la indeterminación 1^{∞}.

Se identifica $f(x)$ y $g(x)$ y se sustituye en la fórmula correspondiente a los ejercicios anteriores.

$$f(x) = \frac{x+1}{x-1} \qquad y \qquad g(x) = \frac{x^2+2}{x-3}.$$

Por tanto, se tiene:

$$\lim_{x\to\infty} \left(\frac{x+1}{x-1}\right)^{\frac{x^2+2}{x-3}} = e^{\lim\limits_{x\to\infty}\left(\frac{x^2+2}{x-3}\right)\left(\frac{x+1}{x-1}-1\right)}$$

Se resuelve la expresión algebraica en el segundo paréntesis:

$$\lim_{x\to\infty} \left(\frac{x+1}{x-1}\right)^{\frac{x^2+2}{x-3}} = e^{\lim\limits_{x\to\infty}\left(\frac{x^2+2}{x-3}\right)\left(\frac{x+1-x+1}{x-1}\right)} = e^{\lim\limits_{x\to\infty}\left(\frac{x^2+2}{x-3}\right)\left(\frac{2}{x-1}\right)}$$

Se efectúa la multiplicación planteada en los paréntesis y se evalúa el límite resultante:

$$\lim_{x\to\infty} \left(\frac{x+1}{x-1}\right)^{\frac{x^2+2}{x-3}} = e^{\lim\limits_{x\to\infty}\left(\frac{2x^2+4}{x^2-x-3x+3}\right)} = e^2.$$

Por consiguiente, se obtiene el valor del límite:

$$\boxed{\lim_{x\to\infty} \left(\frac{x+1}{x-1}\right)^{\frac{x^2+2}{x-3}} = e^2}$$

225

$$\lim_{x\to\infty}\left(\frac{x+1}{x-1}\right)^{\frac{x^2+2}{x-3}}$$

Para encontrar la equivalencia entre el límite especial

$$\lim_{x\to\infty}\left(1+\frac{1}{x}\right)^{x} = e,$$

y el límite problema se procede de la siguiente forma: Se realiza la división de los polinomios dando como resultado:

$$\frac{x+1}{x-1} = 1 + \frac{2}{x-1}.$$

Por tanto, se tiene:

$$\lim_{x\to\infty}\left(\frac{x+1}{x-1}\right)^{\frac{x^2+2}{x-3}} = \lim_{x\to\infty}\left(1+\frac{2}{x-1}\right)^{\frac{x^2+2}{x-3}}$$

Se multiplica y se divide el exponente del límite por $x-1$ y se aplica propiedades de limites:

$$\lim_{x\to\infty}\left(\frac{x+1}{x-1}\right)^{\frac{x^2+2}{x-3}} = \left[\lim_{x\to\infty}\left(1+\frac{2}{x-1}\right)^{x-1}\right]^{\lim\limits_{x\to\infty}\frac{x^2+2}{x-3}\frac{1}{x-1}}$$

Se efectúa la multiplicación en el límite externo y se evalúa el límite resultante:

$$\lim_{x\to\infty}\left(\frac{x+1}{x-1}\right)^{\frac{x^2+2}{x-3}} = e^{2\lim\limits_{x\to\infty}\frac{x^2+2}{x^2-4x+3}} = e^2.$$

Por consiguiente, se obtiene el valor del límite:

$$\boxed{\lim_{x\to\infty}\left(\frac{x+1}{x-1}\right)^{\frac{x^2+2}{x-3}} = e^2}$$

$$\lim_{x\to 0} (1 + sen\, x)^{\frac{1}{x}}$$ **226**

Al evaluar el límite, se aprecia una indeterminación matemática de la forma 1^{∞}. ! *hágalo*!.
Se identifica $f(x)$ y $g(x)$ y se sustituye en la fórmula correspondiente a los ejercicios anteriores.

$$f(x) = 1 + sen\, x \quad y \quad g(x) = \frac{1}{x}.$$

Por tanto, se tiene:

$$\lim_{x\to 0} (1 + sen\, x)^{\frac{1}{x}} = e^{\lim_{x\to 0} \frac{1}{x}(1+senx-1)} = e^{\lim_{x\to 0} \frac{senx}{x}} = e^{1} = e.$$

El límite que aparece como exponente de la base e es un límite notable:

$$\lim_{x\to 0} \frac{sen\, x}{x} = 1.$$

En consecuencia, se ha encontrado el valor del límite: $\boldsymbol{\lim_{x\to 0} (1 + sen\, x)^{\frac{1}{x}} = e}$

$$\lim_{x\to 0} (1 + sen\, x)^{\frac{1}{x}}$$ **227**

Para encontrar la equivalencia entre el límite especial

$$\lim_{x\to 0} (1 + x)^{\frac{1}{x}} = e,$$

y el límite problema se procede de la siguiente manera: Se reescribe el límite para encontrar la equivalencia y se aplica propiedad de límites de una potencia.
Por tanto, se tiene:

$$\lim_{x\to 0} (1 + sen\, x)^{\frac{1}{x}} = \left[\lim_{x\to 0} (1 + sen\, x)^{\frac{1}{sen\, x}}\right]^{\lim_{x\to 0} sen\, x \frac{1}{x}}$$

$$\lim_{x\to 0} (1 + sen\, x)^{\frac{1}{x}} = \left[\lim_{x\to 0} (1 + sen\, x)^{\frac{1}{sen\, x}}\right]^{\lim_{x\to 0} \frac{sen\, x}{x}} = e^{1} = e.$$

En consecuencia, se ha encontrado el valor del límite: $\boldsymbol{\lim_{x\to 0} (1 + sen\, x)^{\frac{1}{x}} = e}$

228

$$\lim_{x \to \frac{\pi}{2}} (sen\, x)^{\tan x}$$

Al evaluar el límite, se aprecia una indeterminación matemática de la forma 1^{∞} ¡ *hágalo*!
Se identifica $f(x)$ y $g(x)$ y se sustituye en la fórmula correspondiente a los ejercicios anteriores y se evalúa el límite resultante:

$$f(x) = sen\, x \quad y \quad g(x) = \tan x$$

$$\lim_{x \to \frac{\pi}{2}} (sen\, x)^{\tan x} = e^{\lim\limits_{x \to \frac{\pi}{2}} \tan x (sen\, x - 1)} = e^{\lim\limits_{x \to \frac{\pi}{2}} \frac{sen\, x}{\cos x}(sen\, x - 1)} = e^{\lim\limits_{x \to \frac{\pi}{2}} \frac{senx(senx-1)}{cosx}}$$

$$\lim_{x \to \frac{\pi}{2}} (sen\, x)^{\tan x} = e^{\lim\limits_{x \to \frac{\pi}{2}} \frac{senx(-cos^2 x)}{cosx(senx+1)}} = e^{\lim\limits_{x \to \frac{\pi}{2}} \frac{-senx\, cosx}{senx+1}} = e^{\frac{-1*0}{1+1}} = e^{\frac{0}{2}} = e^0 = 1$$

En consecuencia, se ha encontrado el valor del límite: $\boldsymbol{\lim_{x \to \frac{\pi}{2}} (sen\, x)^{\tan x} = 1}$

229

$$\lim_{x \to \frac{\pi}{2}} (sen\, x)^{\tan x}$$

Tal como se trabajó en el ejercicio 215 para realizar un cambio de variable, también lo vamos a realizar en este ejercicio.
Cambio de variable:

Sea $t = x - \frac{\pi}{2}$, cuando $x \to \frac{\pi}{2}$, entonces $t \to 0, x = t + \frac{\pi}{2}$.

Sustituyendo el valor de x en las funciones, se tiene:

$$sen\, x = sen\left(t + \frac{\pi}{2}\right) = cost, \quad tanx = tan\left(t + \frac{\pi}{2}\right) = -\cot(t) = -\frac{1}{\tan t}.$$

Por tanto, el límite se transforma en:

$$\lim_{x \to \frac{\pi}{2}} (sen\, x)^{\tan x} = \lim_{t \to 0} (\cos t)^{-\frac{1}{\tan t}}$$

Para transformar el límite a la forma de límite notable usamos la siguiente propiedad:

$$\lim_{f(x)\to 1} f(x)^{g(x)} = e^{lim[f(x)-1]\,.\,g(x)}$$

Por tanto, se tiene:

$$\lim_{t\to 0}(\cos t)^{-\frac{1}{\tan t}} = e^{\lim\limits_{t\to 0}(cost-1)\,.\left(-\frac{1}{\tan t}\right)} = e^{\lim\limits_{t\to 0}\frac{1-\cos t}{\tan t}} = e^{\lim\limits_{t\to 0}\frac{1-\cos t}{t^2}\,.\,\frac{t^2}{\tan t}}$$

Se separan los límites:

Límite notable:

$$\lim_{t\to 0}\frac{1-\cos t}{t^2} = \frac{1}{2}$$

Límite notable:

$$\lim_{t\to 0}\frac{\tan t}{t} = 1, por\ tanto: \lim_{t\to 0}\frac{t^2}{\tan t} = \lim_{t\to 0} t\,.\,\lim_{t\to 0}\left(\frac{t}{\tan t}\right) = 0\,.\,1 = 0$$

Por tanto, se tiene:

$$\lim_{t\to 0}(\cos t)^{-\frac{1}{\tan t}} = e^{\frac{1}{2}\,.\,0} = e^0 = 1$$

En consecuencia, se ha encontrado el valor del límite: $\boldsymbol{\lim_{x\to\frac{\pi}{2}} (sen\ x)^{\tan x} = 1}$

$$\lim_{x\to 0}\left(\frac{1}{1+sen\ x}\right)^{\frac{1}{sen\ x}}$$

230

Al evaluar el límite, se aprecia una indeterminación matemática de la forma 1^{∞}! *hágalo*!

Se identifica $f(x)$ y $g(x)$ y se sustituye en la fórmula correspondiente a los ejercicios anteriores:

$$f(x) = \frac{1}{1+sen\ x} \quad y \quad g(x) = \frac{1}{sen\ x}.$$

Por tanto, se tiene:

$$\lim_{x\to 0}\left(\frac{1}{1+sen\ x}\right)^{\frac{1}{sen\ x}} = e^{\lim\limits_{x\to 0}\frac{1}{sen\ x}\left(\frac{1}{1+sen\ x}-1\right)} = e^{\lim\limits_{x\to 0}\frac{1}{sen\ x}\left(\frac{1-1-senx}{1+sen\ x}\right)}$$

$$\lim_{x\to 0}\left(\frac{1}{1+sen\,x}\right)^{\frac{1}{sen\,x}} = e^{\lim\limits_{x\to 0}\frac{1}{sen\,x}\left(\frac{-senx}{1+sen\,x}\right)} = e^{\lim\limits_{x\to 0}\frac{-senx}{senx+sen^2x}} = e^{\lim\limits_{x\to 0}\frac{-sen\,x}{senx(1+senx)}}$$

Se cancelan términos semejantes y se evalúa el límite:

$$\lim_{x\to 0}\left(\frac{1}{1+sen\,x}\right)^{\frac{1}{sen\,x}} = e^{\lim\limits_{x\to 0}\frac{-1}{1+senx}} = e^{-1}.$$

En consecuencia, obtenemos el valor del límite:

$$\boxed{\lim_{x\to 0}\left(\frac{1}{1+sen\,x}\right)^{\frac{1}{sen\,x}} = \boldsymbol{e^{-1}}}$$

231

$$\lim_{x\to 0}\left(\frac{1}{1+sen\,x}\right)^{\frac{1}{sen\,x}}$$

Para resolver el límite, vamos a utilizar el límite notable relacionado con el número e:

$$\lim_{x\to 0}(1+x)^{\frac{1}{x}} = e.$$

Se reescribe la fracción de la base de la siguiente forma:

$$\lim_{x\to 0}\left(\frac{1}{1+sen\,x}\right)^{\frac{1}{sen\,x}} = \lim_{x\to 0}\left((1+sen\,x)^{-1}\right)^{\frac{1}{sen\,x}},$$

y así se parece a la forma del límite notable.

Se aplican propiedades de potenciación:

$$\lim_{x\to 0}\left(\frac{1}{1+sen\,x}\right)^{\frac{1}{sen\,x}} = \left[\lim_{x\to 0}(1+sen\,x)^{\frac{1}{senx}}\right]^{-1}$$

La expresión que está en los corchetes es la definición exacta del número e.

En consecuencia, hemos encontrado el valor del límite:

$$\boxed{\boldsymbol{\lim_{x\to 0}\left(\frac{1}{1+sen\,x}\right)^{\frac{1}{sen\,x}} = e^{-1}}}$$

$\lim\limits_{x \to 0} (\cos x)^{\frac{1}{x}}$ **232**

Al evaluar el límite, se aprecia una indeterminación matemática de la forma 1^{∞}. ! *hágalo*!.

Se identifica $f(x)$ y $g(x)$ y se sustituye en la fórmula correspondiente a los ejercicios anteriores:

$$f(x) = \cos x \quad y \quad g(x) = \frac{1}{x}$$

$$\lim_{x \to 0} (cos\ x)^{\frac{1}{x}} = e^{\lim\limits_{x \to 0} \frac{1}{x}(cosx-1)} = e^{\lim\limits_{x \to 0} \frac{\cos x - 1}{x}} = e^{-\lim\limits_{x \to 0} \frac{1-\cos x}{x}} = e^{-0} = \frac{1}{e^0} = 1.$$

Nota: Se tomó en consideración el límite notable:

$$\lim_{x \to 0} \frac{1 - \cos x}{x} = 0.$$

Por consiguiente, se obtiene el valor del límite: $\boldsymbol{\lim\limits_{x \to 0} (\cos x)^{\frac{1}{x}} = 1}$

$\lim\limits_{x \to 0} (\cos x)^{\frac{1}{x}}$ **233**

Para encontrar la equivalencia entre el límite especial

$$\operatorname{Lim}_{x \to 0} (1 + x)^{\frac{1}{x}} = e,$$

y el límite problema se procede de la siguiente forma: Se suma y se resta 1 a la expresión que está en el paréntesis:

$$\lim_{x \to 0} (\cos x)^{\frac{1}{x}} = \lim_{x \to 0} (1 + \cos x - 1)^{\frac{1}{x}} = \lim_{x \to 0} (1 + (\cos x - 1))^{\frac{1}{x}}$$

$$\lim_{x \to 0} (\cos x)^{\frac{1}{x}} = \left[\lim_{x \to 0} (1 + (\cos x - 1)^{\frac{1}{\cos x - 1)}}\right]^{\lim\limits_{x \to 0} \frac{\cos x - 1)}{x}} = e^{\lim\limits_{x \to 0} \frac{(\cos x - 1)}{x}}$$

$$\lim_{x \to 0} (\cos x)^{\frac{1}{x}} = e^{-\lim\limits_{x \to 0} \frac{1-\cos x}{x}} = e^{-0} = \frac{1}{e^0} = 1.$$

Por consiguiente, se obtiene el valor del límite: $\boldsymbol{\lim\limits_{x \to 0} (\cos x)^{\frac{1}{x}} = 1}$

234

$$\lim_{x \to 0} (\cos x)^{\frac{1}{x^2}}$$

Al evaluar el límite, se aprecia una indeterminación matemática de la forma 1^{∞}. ! $hágalo$!.

Se identifica $f(x)$ y $g(x)$ y se sustituye en la fórmula correspondiente a los ejercicios anteriores:

$$f(x) = \cos x \;\; y \;\; g(x) = \frac{1}{x^2}$$

$$\lim_{x \to 0} (\cos x)^{\frac{1}{x^2}} = e^{\lim_{x \to 0} \frac{1}{x^2}(\cos x - 1)} = e^{\lim_{x \to 0} \frac{\cos x - 1}{x^2}} = e^{\lim_{x \to 0} \frac{(\cos x - 1)(\cos x + 1)}{x^2(\cos x + 1)}}$$

$$\lim_{x \to 0} (\cos x)^{\frac{1}{x^2}} = e^{\lim_{x \to 0} \frac{\cos^2 x - 1}{x^2(\cos x + 1)}} = e^{\lim_{x \to 0} \frac{-sen^2 x}{x^2(\cos x + 1)}} = e^{-\lim_{x \to 0} \left(\frac{sen\, x}{x}\right)^2 \frac{1}{\cos x + 1}} = e^{-\lim_{x \to 0} \frac{1}{\cos x + 1}}$$

$$\lim_{x \to 0} (\cos x)^{\frac{1}{x^2}} = e^{-\frac{1}{2}}.$$

En consecuencia, se ha encontrado el valor del límite: $\boldsymbol{\lim_{x \to 0} (\cos x)^{\frac{1}{x^2}} = e^{-\frac{1}{2}}}$

235

$$\lim_{x \to 0} (\cos x)^{\frac{1}{x^2}}$$

Para encontrar la equivalencia entre el límite especial

$$\operatorname{Lim}_{x \to 0} (1 + x)^{\frac{1}{x}} = e,$$

y el límite problema se procede de la siguiente forma: Se suma y se resta 1 a la expresión que está en el paréntesis:

$$\lim_{x \to 0} (\cos x)^{\frac{1}{x^2}} = \lim_{x \to 0} (1 + \cos x - 1)^{\frac{1}{x^2}} = \lim_{x \to 0} (1 + (\cos x - 1))^{\frac{1}{x^2}}$$

$$\lim_{x \to 0} (\cos x)^{\frac{1}{x^2}} = \left[\lim_{x \to 0} (1 + (\cos x - 1)^{\frac{1}{\cos x - 1)}}\right]^{\lim_{x \to 0} \frac{\cos x - 1}{x^2}} = e^{\lim_{x \to 0} \frac{\cos x - 1}{x^2}} = e^{\lim_{x \to 0} \frac{(\cos x - 1)(\cos x + 1)}{x^2(\cos x + 1)}}$$

$$\lim_{x \to 0} (\cos x)^{\frac{1}{x^2}} = e^{\lim_{x \to 0} \frac{\cos^2 x - 1}{x^2(\cos x + 1)}} = e^{\lim_{x \to 0} \frac{-sen^2 x}{x^2(\cos x + 1)}} = e^{-\lim_{x \to 0} \left(\frac{sen\, x}{x}\right)^2 \frac{1}{\cos x + 1}} = e^{-\lim_{x \to 0} \frac{1}{\cos x + 1}} = e^{-\frac{1}{2}}$$

En consecuencia, se ha encontrado el valor del límite: $\boldsymbol{\lim_{x \to 0} (\cos x)^{\frac{1}{x^2}} = e^{-\frac{1}{2}}}$

$$\lim_{x \to \frac{\pi}{2}} (1 + 2\cos x)^{\frac{1}{\cos x}}$$ **236**

Al evaluar el límite, se aprecia una indeterminación matemática de la forma 1^{∞}. ! *hágalo*!.
Se identifica $f(x)$ y $g(x)$ y se sustituye en la fórmula correspondiente a los ejercicios anteriores:

$$f(x) = 1 + 2\cos x \quad y \quad g(x) = \frac{1}{\cos x}.$$

Por tanto, se tiene:

$$\lim_{x \to \frac{\pi}{2}} (1 + 2\cos x)^{\frac{1}{\cos x}} = e^{\lim_{x \to \frac{\pi}{2}} \frac{1}{\cos x}(1 + 2\cos x - 1)} = e^{\lim_{x \to \frac{\pi}{2}} \frac{1}{\cos x}(2\cos x)} = e^{\lim_{x \to \frac{\pi}{2}} \frac{2\cos x}{\cos x}} = e^2.$$

Por consiguiente, se obtiene el valor del límite: $$\boldsymbol{\lim_{x \to \frac{\pi}{2}} (1 + 2\cos x)^{\frac{1}{\cos x}} = e^2}$$

$$\lim_{x \to \frac{\pi}{2}} (1 + 2\cos x)^{\frac{1}{\cos x}}$$ **237**

Para resolver la indeterminación 1^{∞} usamos el límite notable

$$\operatorname{Lim}_{x \to 0} (1 + x)^{\frac{1}{x}} = e,$$

o su variante generalizada:

$\lim_{x \to a} f(x) = 1 \; y \; \lim_{x \to a} g(x) = \infty$, el límite se resuelve como:

$$e^{\lim_{x \to a} [f(x) - 1] \,.\, g(x)}$$

Se identifica:

$$f(x) = 1 + 2\cos x \quad y \quad g(x) = \frac{1}{\cos x}.$$

Calculamos el límite en el exponente de e:

$$límite = \lim_{x \to \frac{\pi}{2}} (1 + 2cosx - 1) \,.\, \frac{1}{cosx} = \lim_{x \to \frac{\pi}{2}} 2cosx \,.\, \frac{1}{cosx} = \lim_{x \to \frac{\pi}{2}} 2 = 2$$

En consecuencia, se ha encontrado el valor del límite: $$\boldsymbol{\lim_{x \to \frac{\pi}{2}} (1 + 2\cos x)^{\frac{1}{\cos x}} = e^2}$$

238

$$\lim_{n\to\infty}\left(\frac{n^2+1}{n^2+3}\right)^n$$

Al evaluar el límite, se aprecia una indeterminación matemática de la forma 1^{∞}. ! *hágalo*!.

Se identifica $f(x)$ y $g(x)$ y se sustituye en la fórmula correspondiente a los ejercicios anteriores:

$$f(x) = \frac{n^2+1}{n^2+3} \quad y \quad g(x) = n.$$

Por tanto, se tiene:

$$\lim_{n\to\infty}\left(\frac{n^2+1}{n^2+3}\right)^n = e^{\lim\limits_{n\to\infty} n\left(\frac{n^2+1}{n^2+3}-1\right)} = e^{\lim\limits_{n\to\infty} n\left(\frac{n^2+1-n^2-3}{n^2+3}\right)} = e^{\lim\limits_{n\to\infty}\left(\frac{-2n}{n^2+3}\right)} = e^0 = 1.$$

En consecuencia, obtenemos el valor del límite:

$$\boxed{\lim_{n\to\infty}\left(\frac{n^2+1}{n^2+3}\right)^n = 1}$$

239

$$\lim_{n\to\infty}\left(\frac{n^2+1}{n^2+3}\right)^n$$

Para encontrar la equivalencia entre el límite especial

$$\lim_{x\to\infty}\left(1+\frac{1}{x}\right)^x = e,$$

y el límite problema se procede de la siguiente forma: Se realiza la división de los polinomios dando como resultado:

$$\frac{n^2+1}{n^2+3} = 1 + \frac{-2}{n^2+3}.$$

Por tanto, se tiene:

$$\lim_{n\to\infty}\left(\frac{n^2+1}{n^2+3}\right)^n = \lim_{n\to\infty}\left(1+\frac{-2}{n^2+3}\right)^n$$

$$\lim_{n\to\infty}\left(\frac{n^2+1}{n^2+3}\right)^n = \left[\lim_{n\to\infty}\left(1+\frac{-2}{n^2+3}\right)^{n^2+3}\right]^{\lim\limits_{n\to\infty}\frac{n}{n^2+3}} = [e^{-2}]^0 = e^0 = 1$$

En consecuencia, obtenemos el valor del límite:

$$\boxed{\lim_{n\to\infty}\left(\frac{n^2+1}{n^2+3}\right)^n = 1}$$

$$\lim_{x \to a} \left(\frac{sen\, x}{sen\, a}\right)^{\frac{1}{x-a}}$$

240

Al evaluar el límite, se aprecia una indeterminación matemática de la forma $1^{\infty}.!\, hágalo!.$
Se identifica $f(x)$ y $g(x)$ y se sustituye en la fórmula correspondiente a los ejercicios anteriores:

$$f(x) = \frac{sen\, x}{sen\, a} \quad y \quad g(x) = \frac{1}{x-a}.$$

Por tanto, se tiene:

$$\lim_{x \to a} \left(\frac{sen\, x}{sen\, a}\right)^{\frac{1}{x-a}} = e^{\lim\limits_{x \to a} \frac{1}{x-a}\left(\frac{sen\, x}{sen\, a} - 1\right)}.$$

Realizando la operación en el paréntesis e intercambiando los denominadores se tiene:

$$\lim_{x \to a} \left(\frac{sen\, x}{sen\, a}\right)^{\frac{1}{x-a}} = e^{\lim\limits_{x \to a} \frac{1}{x-a}\left(\frac{sen\, x - sen\, a}{sen\, a}\right)} = e^{\lim\limits_{x \to a} \frac{1}{sen\, a}\left(\frac{sen\, x - sen\, a}{x-a}\right)}.$$

Como:

$$\frac{1}{sen\, a}$$

es una constante sale del límite:

$$\lim_{x \to a} \left(\frac{sen\, x}{sen\, a}\right)^{\frac{1}{x-a}} = e^{\frac{1}{sen\, a} \lim\limits_{x \to a} \left(\frac{sen\, x - sen\, a}{x-a}\right)}.$$

La solución del límite:

$$\lim_{x \to a} \left(\frac{sen\, x - sen\, a}{x-a}\right)$$

es igual al resultado del problema número 060 y es $\cos(a)$.

$$\lim_{x \to a} \left(\frac{sen\, x}{sen\, a}\right)^{\frac{1}{x-a}} = e^{\frac{1}{sen\, a} \lim\limits_{x \to a} \left(\frac{sen\, x - sen\, a}{x-a}\right)} = e^{\frac{1}{sen\, a} \cos a} = e^{\frac{\cos a}{sen\, a}} = e^{ctg\, a}$$

En consecuencia, se ha encontrado el valor del límite:

$$\boxed{\lim_{x \to a} \left(\frac{sen\, x}{sen\, a}\right)^{\frac{1}{x-a}} = e^{ctg\, a}}$$

Ejercicios complementarios

EDITORIAL INFINITO

¡Haciendo Historia!

Producido por Editorial Infinito (República Bolivariana de Venezuela)

$$\lim_{x\to 2}\frac{\sqrt[3]{x^2+4}-2}{\sqrt{3x-2}-2}$$

241

Al evaluar el límite problema se obtiene una indeterminación de la forma $\frac{0}{0}$. ¡Hágalo!

Para resolver este límite por racionalización (multiplicar por el conjugado), se debe eliminar tanto la raíz cúbica del numerador como la raíz cuadrada del denominador. Par ello, se aplica las siguientes dos identidades: $a^3-b^3=(a-b)(a^2+ab+b^2), a^2-b^2=(a-b)(a+b)$.

A continuación, se identifica el factor de racionalización y su conjugado en el numerador:

Se tiene: $\sqrt[3]{x^2+4}-2$, aquí $a=\sqrt[3]{x^2+4}$ y $b=2$. El conjugado es: $\left(\sqrt[3]{x^2+4}\right)^2+2\sqrt[3]{x^2+4}+4$.

Luego se identifica el factor de racionalización y su conjugado en el denominador:

Se tiene: $\sqrt{3x-2}-2$, aquí $a=\sqrt{3x-2}$ y $b=2$. El conjugado es: $\sqrt{3x-2}+2$.

Ahora se multiplica arriba y abajo por ambos conjugados simultáneamente:

$$\lim_{x\to 2}\left[\frac{\sqrt[3]{x^2+4}-2}{\sqrt{3x-2}-2}\cdot\frac{\left(\sqrt[3]{x^2+4}\right)^2+2\sqrt[3]{x^2+4}+4}{\left(\sqrt[3]{x^2+4}\right)^2+2\sqrt[3]{x^2+4}+4}\cdot\frac{\sqrt{3x-2}+2}{\sqrt{3x-2}+2}\right]$$

Al multiplicar el binomio cúbico por su trinomio, se obtiene la diferencia de cubos:

$$\left(\sqrt[3]{x^2+4}\right)^3-(2)^3=x^2+4-8=x^2-4$$

Al multiplicar el binomio cuadrado por su conjugado, se obtiene la diferencia de cuadrados:

$$\left(\sqrt{3x-2}\ \right)^2-(2)^2=3x-2-4=3x-6=3(x-2).$$

Los resultados parciales se sustituyen en el límite:

$$\lim_{x\to 2}\frac{(x^2-4)\left(\sqrt{3x-2}+2\right)}{3(x-2)\left(\left(\sqrt[3]{x^2+4}\right)^2+2\sqrt[3]{x^2+4}+4\right)}=\lim_{x\to 2}\frac{(x-2)(x+2)\left(\sqrt{3x-2}+2\right)}{3(x-2)\left(\left(\sqrt[3]{x^2+4}\right)^2+2\sqrt[3]{x^2+4}+4\right)}$$

$$\lim_{x\to 2}\frac{(x+2)\left(\sqrt{3x-2}+2\right)}{3\left(\left(\sqrt[3]{x^2+4}\right)^2+2\sqrt[3]{x^2+4}+4\right)}.\,Luego\ se\ evalúa\ el\ límite\ resultante.\,Por\ tanto:$$

$$\lim_{x\to 2}\frac{\sqrt[3]{x^2+4}-2}{\sqrt{3x-2}-2}=\frac{(2+2)\left(\sqrt{3(2)-2}+2\right)}{3\left(\left(\sqrt[3]{(2)^2+4}\right)^2+2\sqrt[3]{(2)^2+4}+4\right)}=\frac{4(4)}{36}=\frac{16}{36}=\mathbf{\frac{4}{9}}$$

242

$$\lim_{x\to -1}\frac{\sqrt[3]{x^2}+2\sqrt[3]{x}+1}{(x+1)^2}$$

Al evaluar el límite problema se obtiene una indeterminación de la forma $\frac{0}{0}$. ¡Hágalo!

La expresión en el numerador $\sqrt[3]{x^2}+2\sqrt[3]{x}+1$ se puede relacionar con un trinomio cuadrado perfecto: $a^2+2ab+b^2=(a+b)^2$.

Por tanto, se tiene:

$$a^2=\sqrt[3]{x^2}\;\rightarrow\;\sqrt{a^2}=\sqrt{\sqrt[3]{x^2}}\;\rightarrow\;a=\sqrt[6]{x^2}\;\rightarrow\;a=x^{\frac{2}{6}}\;\rightarrow a=x^{\frac{1}{3}}\;\rightarrow\;a=\sqrt[3]{x}\,,\mathrm{b}=1.$$

$$\lim_{x\to -1}\frac{\sqrt[3]{x^2}+2\sqrt[3]{x}+1}{(x+1)^2}=\lim_{x\to -1}\frac{(\sqrt[3]{x}+1)^2}{(x+1)^2}=\lim_{\mathrm{x}\to -1}\left[\frac{(\sqrt[3]{x}+1)}{(x+1)}\right]^2.$$

Se resuelve el límite de la base:

$$\lim_{x\to -1}\frac{(\sqrt[3]{x}+1)}{(\mathrm{x}+1)}=\frac{0}{0}$$

Para levantar la indeterminación se hace un cambio de variable:

Sea $x=t^3$, sí $x\rightarrow -1$ entonces, $t\rightarrow\; -1$. Por consiguiente, se tiene:

$$\lim_{x\to -1}\frac{(\sqrt[3]{x}+1)}{(x+1)}=\lim_{\mathrm{t}\to -1}\frac{\mathrm{t}+1}{\mathrm{t}^3+1}=\lim_{\mathrm{t}\to -1}\frac{(\mathrm{t}+1)}{(\mathrm{t}+1)(\mathrm{t}^2-\mathrm{t}+1)}=\lim_{\mathrm{t}\to -1}\frac{1}{\mathrm{t}^2-\mathrm{t}+1}.$$

Evaluando el límite resultante:

$$\lim_{\mathrm{t}\to -1}\frac{1}{\mathrm{t}^2-\mathrm{t}+1}=\frac{1}{1+1+1}=\frac{1}{3}$$

$$\lim_{x\to -1}\frac{\sqrt[3]{x^2}+2\sqrt[3]{x}+1}{(x+1)^2}=\lim_{x\to -1}\left[\frac{(\sqrt[3]{x}+1)}{(\mathrm{x}+1)}\right]^2=\left(\frac{1}{3}\right)^2=\frac{1}{9}.$$

En consecuencia, se ha enconreado el valor del límite:

$$\boxed{\lim_{x\to -1}\frac{\sqrt[3]{x^2}+2\sqrt[3]{x}+1}{(x+1)^2}=\frac{1}{9}}$$

$$\lim_{x\to\infty}\frac{senx}{x}$$

243

Para obtener un resultado se aplicará el teorema del encaje o teorema del emparedado que dice: Si $h(x)\le f(x)\le g(x)$, para toda x en un intervalo abierto que contiene a (c), excepto posiblemente en el propio (c), y si $\lim_{x\to c} h(x)=L$ y $\lim_{x\to c} g(x)=L$ entonces:

$$\lim_{x\to c} f(x)=L\,.$$

Como:

$$-1\le sen\,x\le 1.$$

Al dividir la desigualdad por x se obtiene:

$$-\frac{1}{x}\le\frac{\operatorname{sen}x}{x}\le\frac{1}{x}.$$

Se calculan los límites extremos de la desigualdad:

$$\lim_{x\to\infty}-\frac{1}{x}=-\frac{1}{\infty}=0\quad y\quad \lim_{x\to\infty}\frac{1}{x}=\frac{1}{\infty}=0$$

Como la función $\frac{\operatorname{sen}x}{x}$ está "atrapada" entre dos funciones que tienden a 0 a medida que x crece infinitamente, por el **Teorema del Sándwich** el valor del límite es:

$$\boxed{\lim_{x\to\infty}\frac{\operatorname{sen}x}{x}=0}$$

Comentario: No confundas este ejercicio con el límite notable:

$$\lim_{x\to 0}\frac{\operatorname{sen}x}{x}=1.$$

En este caso, al tender a **infinito**, el denominador se vuelve tan grande que "aplasta" la oscilación del numerador.

244

$$\lim_{x\to 0}\left(\frac{1+\tan x}{1+sen\,x}\right)^{\frac{1}{sen\,x}}$$

Al evaluar el límite, se aprecia una indeterminación matemática de la forma 1^{∞} ¡ hágalo!

Se identifica $f(x)$ y $g(x)$ y se sustituye en la fórmula correspondiente a los ejercicios anteriores:

$$f(x) = \frac{1+\tan x}{1+sen\,x} \quad y \quad g(x) = \frac{1}{sen\,x}$$

$$\lim_{x\to 0}\left(\frac{1+\tan x}{1+sen\,x}\right)^{\frac{1}{sen\,x}} = e^{\lim\limits_{x\to 0}\frac{1}{sen\,x}\left(\frac{1+\tan x}{1+sen\,x)}-1\right)} = e^{\lim\limits_{x\to 0}\frac{1}{sen\,x}\left(\frac{1+\tan x-1-sen\,x}{1+sen\,x)}\right)}$$

$$= e^{\lim\limits_{x\to 0}\frac{1}{sen\,x}\left(\frac{-sen\,x+\frac{sen\,x}{\cos x}}{1+sen\,x)}\right)} = e^{\lim\limits_{x\to 0}\frac{1}{sen\,x}\left(\frac{\frac{-sen\,x\cos x+sen\,x}{\cos x}}{1+sen\,x)}\right)}$$

$$= e^{\lim\limits_{x\to 0}\frac{1}{sen\,x}\left(\frac{-sen\,x\cos x+sen\,x}{\cos x\,(1+sen\,x)}\right)} = e^{\lim\limits_{x\to 0}\left(\frac{-sen\,x\cos x+sen\,x}{sen\,x\cos x\,(1+sen\,x)}\right)}$$

$$= e^{\lim\limits_{x\to 0}\frac{-sen\,x\cos x}{sen\,x\cos x\,(1+sen\,x)}+\frac{senx}{sen\,x\cos x\,(1+sen\,x)}}$$

$$= e^{\lim\limits_{x\to 0}-\frac{1}{(1+sen\,x)}+\frac{1}{\cos x\,(1+sen\,x)}}$$

$$= e^{\lim\limits_{x\to 0}-\frac{1}{(1+sen\,x)}+\frac{\sec x}{(1+sen\,x)}}$$

$$= e^{\lim\limits_{x\to 0}\left(\frac{-1+secx}{1+senx}\right)}.$$

Evaluando el límite resultante se obtiene:

$$\lim_{x\to 0}\left(\frac{1+\tan x}{1+sen\,x}\right)^{\frac{1}{sen\,x}} = e^{\lim\limits_{x\to 0}\left(\frac{-1+secx}{1+senx}\right)} = e^{\frac{-1+1}{1+0}} = e^{0} = 1.$$

En consecuencia, hemos encontrado el valor del límite:

$$\boxed{\lim_{x\to 0}\left(\frac{1+\tan x}{1+sen\,x}\right)^{\frac{1}{sen\,x}} = 1}$$

$$\lim_{x \to \frac{\pi}{6}} \frac{2sen^2x + \operatorname{sen} x - 1}{2sen^2x - 3 \operatorname{sen} x + 1}$$

245

Al evaluar el límite problema se obtiene una indeterminación de la forma $\frac{0}{0}$. ¡Hágalo!

Los trinomios del límite son de la forma $ax^2 + \mathrm{b}x + \mathrm{c}$. Para su factorización se procede a utilizar la resolvente matemática:

$$x = \frac{-b \pm \sqrt{b^2 - 4ac}}{2a}.$$

Dónde: $\mathrm{a} = 2,\ \mathrm{b} = 1\ \mathrm{y}\ \mathrm{c} = -1$ para el límite del numerador. Para el límite del denominador $\mathrm{a} = 2,\ \mathrm{b} = -3\ \mathrm{y}\ \mathrm{c} = 1$.

Sustituyendo estos valores en la resolvente se tiene: La factorización para el numerador es: $\left(\operatorname{sen} x - \frac{1}{2}\right)(sen\, x + 1)$. Para el denominador es: $\left(\operatorname{sen} x - \frac{1}{2}\right)(sen\, x - 1)$.

Sustituyendo en el límite problema, se tiene:

$$\lim_{x \to \frac{\pi}{6}} \frac{2sen^2x + \operatorname{sen} x - 1}{2sen^2x - 3 \operatorname{sen} x + 1} = \lim_{x \to \frac{\pi}{6}} \frac{\left(\operatorname{sen} x - \frac{1}{2}\right)(sen\, x + 1)}{\left(\operatorname{sen} x - \frac{1}{2}\right)(sen\, x - 1)}.$$

Cancelando los factores semejantes se obtiene:

$$\lim_{x \to \frac{\pi}{6}} \frac{2sen^2x + \operatorname{sen} x - 1}{2sen^2x - 3 \operatorname{sen} x + 1} = \lim_{x \to \frac{\pi}{6}} \frac{(sen\, x + 1)}{(sen\, x - 1)}.$$

Como $\frac{\pi}{6} \to 30^0$ entonces, sen $30^0 = \frac{1}{2}$, por tanto, se tiene:

$$\lim_{x \to \frac{\pi}{6}} \frac{2sen^2x + \operatorname{sen} x - 1}{2sen^2x - 3 \operatorname{sen} x + 1} = \lim_{x \to \frac{\pi}{6}} \frac{(sen\, x + 1)}{(sen\, x - 1)} = \frac{sen 30^0 + 1}{sen\ 30^0 - 1} = \frac{\frac{1}{2} + 1}{\frac{1}{2} - 1} = \frac{\frac{3}{2}}{-\frac{1}{2}} = -3.$$

En consecuencia, obtenemos el valor del límite:

$$\boxed{\lim_{x \to \frac{\pi}{6}} \frac{2sen^2x + \operatorname{sen} x - 1}{2sen^2x - 3 \operatorname{sen} x + 1} = -3}$$

246

$$\lim_{x \to 0} \frac{tan^2 x + 2x}{x + x^2}$$

Al evaluar el límite problema se obtiene una indeterminación de la forma $\frac{0}{0}$. ¡Hágalo!

Se saca factor común en el denominador con la finalidad de tener un denominador común, para luego separar el límite en dos fracciones:

$$\lim_{x \to 0} \frac{tan^2 x + 2x}{x + x^2} = \lim_{x \to 0} \frac{tan^2 x + 2x}{x(1 + x)} = \lim_{x \to 0} \frac{tan^2 x}{x(1 + x)} + \lim_{x \to 0} \frac{2x}{x(1 + x)}$$

Se opera en el denominador del primer límite con la intención de generar un x^2 y se cancela una x en el segundo límite:

$$\lim_{x \to 0} \frac{tan^2 x + 2x}{x + x^2} = \lim_{x \to 0} \frac{tan^2 x}{x^2\left(\frac{1}{x} + 1\right)} + \lim_{x \to 0} \frac{2}{(1 + x)} = \lim_{x \to 0} \frac{\frac{sen^2 x}{cos^2 x}}{x^2\left(\frac{1}{x} + 1\right)} + \lim_{x \to 0} \frac{2}{1 + x}$$

$$= \lim_{x \to 0} \frac{sen^2 x}{cos^2 x . x^2\left(\frac{1}{x} + 1\right)} + \lim_{x \to 0} \frac{2}{1 + x} = \lim_{x \to 0} \frac{sen^2 x}{x^2} . \lim_{x \to 0} \frac{1}{cos^2 x\left(\frac{1}{x} + 1\right)} + 2$$

$$= \lim_{x \to 0} \left(\frac{sen\, x}{x}\right)^2 \lim_{x \to 0} \frac{1}{cos^2 x\left(\frac{1}{x} + 1\right)} + 2$$

Por tanto, se tiene:

$$\lim_{x \to 0} \frac{tan^2 x + 2x}{x + x^2} = 1 . \lim_{x \to 0} \frac{1}{cos^2 x\left(\frac{1}{x} + 1\right)} + 2$$

Evaluando el límite resultante se obtiene:

$$\lim_{x \to 0} \frac{tan^2 x + 2x}{x + x^2} = \lim_{x \to 0} \frac{1}{cos^2 x\left(\frac{1}{x} + 1\right)} + 2 = \frac{1}{1.(\infty + 1)} + 2 = \frac{1}{\infty} + 2 = 0 + 2 = 2$$

En consecuencia, obtenemos el valor del límite:

$$\boldsymbol{\lim_{x \to 0} \frac{tan^2 x + 2x}{x + x^2} = 2}$$

$$\lim_{x \to 0} \frac{\cos x + 3x - 1}{5x}$$

247

Al evaluar el límite problema se obtiene una indeterminación de la forma $\frac{0}{0}$. ¡Hágalo!

Reagrupando términos para separar el límite en dos fracciones:

$$\lim_{x \to 0} \left(\frac{\cos x + 3x - 1}{5x}\right) = \lim_{x \to 0} \frac{\cos x - 1 + 3x}{5x} = \lim_{x \to 0} \left(\frac{\cos x - 1}{5x}\right) + \lim_{x \to 0} \frac{3x}{5x}.$$

Multiplicando y dividiendo tanto el numerador como el denominador por la conjugada de la expresión $\cos x - 1$ y cancelando la x en el segundo límite se tiene:

$$\lim_{x \to 0} \frac{\cos x - 1 + 3x}{5x} = \lim_{x \to 0} \left(\frac{(\cos x - 1)(\cos x + 1)}{5x(\cos x + 1)}\right) + \lim_{x \to 0} \frac{3}{5} = \lim_{x \to 0} \left(\frac{\cos x^2 - 1}{5x(\cos x + 1)}\right) + \lim_{x \to 0} \frac{3}{5}.$$

Aplicando la identidad trigonométrica pitagórica $sen^2 x + cos^2 x = 1$, se obtiene:

$$\lim_{x \to 0} \frac{\cos x - 1 + 3x}{5x} = \lim_{x \to 0} \left(\frac{-sen^2 x}{5x(\cos x + 1)}\right) + \lim_{x \to 0} \frac{3}{5} = \lim_{x \to 0} \left(\frac{-sen\, x\; sen\, x}{5x(\cos x + 1)}\right) + \lim_{x \to 0} \frac{3}{5}.$$

Reagrupando términos para encontrar el límite especial: $\lim_{x \to 0} \left(\frac{sen\, x}{x}\right) = 1$, obtenemos:

$$\lim_{x \to 0} \frac{\cos x - 1 + 3x}{5x} = -\frac{1}{5} \lim_{x \to 0} \frac{sen\, x}{x} \lim_{x \to 0} \frac{sen\, x}{(\cos x + 1)} + \frac{3}{5}$$

Evaluando los límites se tiene:

$$\lim_{x \to 0} \frac{\cos x - 1 + 3x}{5x} = -\frac{1}{5} \lim_{x \to 0} \frac{sen\, x}{x} \lim_{x \to 0} \frac{sen\, x}{(\cos x + 1)} + \frac{3}{5} = -\frac{1}{5} * 1 * \frac{0}{2} + \frac{3}{5} = \frac{3}{5}.$$

En consecuencia, se ha encontrado el valor del límite:

$$\boxed{\lim_{x \to 0} \frac{\cos x + 3x - 1}{5x} = \frac{3}{5}}$$

248

$$\lim_{x\to 0} \frac{\operatorname{sen} 3x + 4x}{x \sec x}$$

Al evaluar el límite problema se obtiene una indeterminación de la forma $\frac{0}{0}$. ¡Hágalo!

$$\lim_{x\to 0} \frac{\operatorname{sen} 3x + 4x}{x \sec x} = \lim_{x\to 0} \frac{\operatorname{sen} 3x + 4x}{x \, \frac{1}{\cos x}} = \lim_{x\to 0} \frac{\operatorname{sen} 3x + 4x}{\frac{x}{\cos x}}$$

$$\lim_{x\to 0} \frac{\operatorname{sen} 3x + 4x}{x \sec x} = \lim_{x\to 0} \frac{\frac{\operatorname{sen} 3x + 4x}{1}}{\frac{x}{\cos x}} = \lim_{x\to 0} \frac{\cos x(sen\ 3x + 4x)}{x} = \lim_{x\to 0} \left[\left(\frac{sen3x}{x} + \frac{4x}{x}\right) cosx\right]$$

Se multiplica numerador y denominador por 3 en el primer límite para encontrar el límite especial

$$\lim_{x\to 0} \left(\frac{sen\ x}{x}\right) = 1.$$

Se aplican propiedades de límites:

$$\lim_{x\to 0} \frac{\operatorname{sen} 3x + 4x}{x \sec x} = \lim_{x\to 0} \frac{3(sen\ 3x)}{3x} + \lim_{x\to 0} \frac{4x}{x} \; . \lim_{x\to 0} \cos x$$

Se cancela la x en el segundo límite:

$$\lim_{x\to 0} \frac{\operatorname{sen} 3x + 4x}{x \sec x} = \lim_{x\to 0} \frac{3(sen\ 3x)}{3x} + \lim_{x\to 0} 4 \; . \lim_{x\to 0} \cos x$$

Evaluando los límites, se tiene:

$$\lim_{x\to 0} \frac{\operatorname{sen} 3x + 4x}{x \sec x} = 3\;.\;\; 1 + 4 * 1 = 3 + 4 = 7$$

En consecuencia, se ha encontrado el valor del límite: $\boldsymbol{\lim_{x\to 0} \frac{\operatorname{sen} 3x + 4x}{x \sec x} = 7}$

$$\lim_{x \to \frac{\pi}{4}} \frac{sen\ 2x - \cos 2x - 1}{\cos x - sen\ x}$$

249

Para resolver el límite se requiere de las identidades trigonométricas del seno y del coseno del ángulo doble:

$$sen\ 2x = 2senx\ cosx$$

$$\cos 2x = 2cos^2x - 1.$$

Sustituyendo en el límite problema se tiene:

$$\lim_{x \to \frac{\pi}{4}} \frac{sen\ 2x - \cos 2x - 1}{\cos x - sen\ x} = \lim_{x \to \frac{\pi}{4}} \frac{2senx\ cosx - (2cos^2x - 1) - 1}{\cos x - sen\ x} = \lim_{x \to \frac{\pi}{4}} \frac{2senx\ cosx - 2cos^2x + 1 - 1}{\cos x - sen\ x}$$

Cancelando 1 y -1 y sacando factor común $\cos x$ se tiene:

$$\lim_{x \to \frac{\pi}{4}} \frac{sen\ 2x - \cos 2x - 1}{\cos x - sen\ x} = \lim_{x \to \frac{\pi}{4}} \frac{2\cos x(sen\ x - \cos x)}{\cos x - sen\ x} = \lim_{x \to \frac{\pi}{4}} \frac{-2\cos x(\cos x - sen\ x)}{(\cos x - sen\ x)}.$$

Cancelando factores semejantes:

$$\lim_{x \to \frac{\pi}{4}} = -2\cos x.$$

Evaluando el límite resultante:

$$\lim_{x \to \frac{\pi}{4}} = -2\cos x = -2\cos 45^0 = -2\frac{1}{\sqrt{2}} = -\frac{2}{\sqrt{2}}\frac{\sqrt{2}}{\sqrt{2}} = -\sqrt{2}$$

En consecuencia, obtenemos el valor del límite:

$$\boxed{\lim_{x \to \frac{\pi}{4}} \frac{\mathbf{sen\ 2x - \cos 2x - 1}}{\mathbf{\cos x - sen\ x}} = -\sqrt{2}}$$

250

¿Cuál será el comportamiento de las raíces de la ecuación $ax^2 + bx + c = 0$, si el coeficiente **a** tiende a cero y los coeficientes b y c son constantes, con b ≠ 0?

La resolvente matemática de la ecuación $ax^2 + bx + c = 0$ es:

$x = \frac{-b \pm \sqrt{b^2 - 4ac}}{2a}$. Sus raíces están definidas por las siguientes ecuaciones:

$$x_1 = \frac{-b + \sqrt{b^2 - 4ac}}{2a} \quad \text{y} \quad x_2 = \frac{-b - \sqrt{b^2 - 4ac}}{2a}.$$

Análisis del comportamiento de x_1 y x_2 cuando $a \to 0$:

Análisis para x_1: $\lim_{a \to 0} x_1 = \lim_{a \to 0} \frac{-b + \sqrt{b^2 - 4ac}}{2a} = \frac{0}{0}$.

Al evaluar el límite se puede apreciar una indeterminación de la forma $\frac{0}{0}$, la cual se puede levantar de la siguiente manera:

$$\lim_{a \to 0} x_1 = \lim_{a \to 0} \frac{\left(-b + \sqrt{b^2 - 4ac}\right)\left(-b - \sqrt{b^2 - 4ac}\right)}{2\text{a}\left(-b - \sqrt{b^2 - 4ac}\right)} = \lim_{a \to 0} \frac{b^2 - b^2 + 4ac}{2\text{a}\left(-b - \sqrt{b^2 - 4ac}\right)}$$

$$\lim_{a \to 0} x_1 = \lim_{a \to 0} \frac{4ac}{2\text{a}\left(-b - \sqrt{b^2 - 4ac}\right)} = \lim_{a \to 0} \frac{2c}{\left(-b - \sqrt{b^2 - 4ac}\right)} = \frac{2c}{-2b} = -\frac{c}{b}$$

Análisis para x_2: $\lim_{a \to 0} x_2 = \lim_{a \to 0} \frac{-b - \sqrt{b^2 - 4ac}}{2a} = \frac{0}{0}$

$$\lim_{a \to 0} x_2 = \lim_{a \to 0} \frac{\left(-b - \sqrt{b^2 - 4ac}\right)\left(-b + \sqrt{b^2 - 4ac}\right)}{2\text{a}\left(-b + \sqrt{b^2 - 4ac}\right)} = \lim_{a \to 0} \frac{b^2 - b^2 + 4ac}{2\text{a}\left(-b + \sqrt{b^2 - 4ac}\right)}$$

$$\lim_{a \to 0} x_2 = \lim_{a \to 0} \frac{4ac}{2\text{a}\left(-b + \sqrt{b^2 - 4ac}\right)} = \lim_{a \to 0} \frac{2c}{\left(-b + \sqrt{b^2 - 4ac}\right)} = \frac{2c}{0} \to x_2 \text{ no existe.}$$

Conclusión: Si el coeficiente a tiende a cero ($a \to 0$): La raíz x_1 se aproxima al valor de $-c/b$. La otra raíz x_2 tiende a infinito. En esta situación, la ecuación deja de ser cuadrática para convertirse en una lineal.

APLICACIONES DE LOS LÍMITES EN LA ADMINISTRACIÓN Y ECONOMÍA

EDITORIAL INFINITO

¡Haciendo Historia!

Producido por Editorial Infinito (República Bolivariana de Venezuela)

La relación de la demanda de cierto producto es la siguiente: $p = 30 - \ln(x+1)$. Donde x unidades pueden venderse a un precio determinado de cada unidad. a) Encontrar el ingreso para 5 unidades. b) Si x el número de unidades tiende a cero, encontrar el ingreso.

251

El ingreso $I(x)$ se define como el producto del número de unidades (x) y el precio por unidad (p), es decir:

$$I(x) = px \qquad (1).$$

La relación en la demanda es:

$$p = 30 - \ln(x+1) \qquad (2).$$

Sustituyendo la ecuación 2 en la ecuación 1 se tiene la función ingreso:

$$I(x) = x[30 - \ln(x+1)] \quad \rightarrow \quad I(x) = 30x - xln(x+1) \qquad (3).$$

a) Con la ecuación 3 podemos obtener el ingreso para 5 unidades:

$$I(x) = 30x - xln(x+1) = 30(5) - 5\ln(5+1) = 150 - 8.96 = 141.04$$

$$\boxed{\boldsymbol{I(5) \approx 141.04\ unidades\ monetarias}}.$$

b) Para encontrar el ingreso cuando x tiende a cero, se construye el límite correspondiente para luego hacer su respectiva evaluación:

$$\lim_{x\to 0}[30x - xln(x+1)] = 30\lim_{x\to 0}(x) - \lim_{x\to 0}(x)\lim_{x\to 0}\ln(x+1) \quad \leftarrow \quad se\ evalúa$$

$$= 30(0) - (0)\ln(0+1) = 30(0) - (0)\ln(1) = 0.$$

En consecuencia, el ingreso cuando $x \rightarrow 0$ es:

$$\boxed{\lim_{x\to 0} \boldsymbol{I(x) = 0}}.$$

Si el número de unidades tiende a cero, el ingreso tiende a 0.

Comentario: Esto tiene sentido lógico en economía; si no vendes ninguna unidad ($x = 0$), no puedes generar ingresos, independientemente de qué tan alto sea el precio inicial.

252

Encontrar el valor de ingreso para 3 unidades si la relación en la demanda es $P = \sqrt{100 - 0.1x - 10x^2}$. Si x el número de unidades tiende a cero, encontrar el ingreso.

El ingreso $I(x)$ se define como el producto del número de unidades (x) y el precio por unidad (p), es decir:

$$I(x) = px \qquad (1).$$

La relación en la demanda es:

$$P = \sqrt{100 - 0.1x - 10x^2} \qquad (2).$$

Sustituyendo la ecuación 2 en la ecuación 1 se tiene:

$$I(x) = px = x\sqrt{100 - 0.1x - 10x^2} \qquad (3).$$

Con la ecuación 3 podemos obtener el ingreso para 3 unidades:

$$I(x) = x\sqrt{100 - 0.1x - 10x^2} = 3\sqrt{100 - 0.1(3) - 10(3)^2}$$

$$= 3\sqrt{100 - 0.3 - 90} = 9.34 \rightarrow \boxed{\boldsymbol{I(3) \approx 9.34\ u.m.}}$$

Para encontrar el ingreso cuando x tiende a cero, tenemos que construir el límite correspondiente para luego hacer su evaluación:

$$\lim_{x\to 0}\left[x\sqrt{100 - 0.1x - 10x^2}\right] = \lim_{x\to 0} x\left(\lim_{x\to 0} 100 - 0.1\lim_{x\to 0} x - 10\lim_{x\to 0} x^2\right)^{\frac{1}{2}}$$

$$= 0(100 - 0 - 0)^{\frac{1}{2}} = 0(10) = 0.$$

En consecuencia, obtenemos:

$$\boxed{\boldsymbol{\lim_{x\to 0} I(x) = 0}}$$

Desde el punto de vista del cálculo, aunque el límite del **ingreso** sea 0 (porque no vendes nada), el límite del **precio** es muy revelador: $\lim_{x\to 0} P = \sqrt{100 - 0.1x - 10x^2} = 10$. Este valor de **10** se conoce en economía como el **precio de reserva** o precio prohibitivo. Es el precio máximo que el mercado está dispuesto a pagar; si el precio fuera 10 o más, la demanda sería nula.

Encontrar el costo para producir 10 unidades si la función del costo es $C(x) = \sqrt{25 + x + \ln(x+1)}$. Si x el número de unidades tiende a cero, encontrar el costo.

253

La función costo es:

$$C(x) = \sqrt{25 + x + \ln(x+1)} \qquad (1).$$

Con la ecuación 1 podemos obtener el costo para 10 unidades:

$$C(10) = \sqrt{25 + x + \ln(x+1)} = \sqrt{25 + 10 + \ln(10+1)}$$

$$= \sqrt{35 + \ln(11)} = 6.11$$

$$\boxed{\boldsymbol{C(10) \approx 6.11}}$$

Para encontrar el costo cuando x tiende a cero, tenemos que construir el límite correspondiente para luego hacer su evaluación:

$$\lim_{x \to 0}\left[\sqrt{25 + x + \ln(x+1)}\,\right] = \left(\lim_{x \to 0} 25 + \lim_{x \to 0} x + \lim_{x \to 0} \ln(x+1)\right)^{\frac{1}{2}}$$

$$= (25 + 0 + \ln(1))^{\frac{1}{2}} = \sqrt{25} = 5$$

$$\boxed{\lim_{x \to 0} \boldsymbol{C(x) = 5}}$$

Interpretación:

1. En términos financieros, este valor representa los **Costos Fijos**. El valor de **5** representa los gastos en los que incurre la empresa incluso si no produce ninguna unidad. Estos pueden incluir alquiler, servicios básicos, mantenimiento de maquinaria o salarios administrativos que no dependen del volumen de producción.

2. Al estar dentro de una **raíz cuadrada**, el costo total no crece de forma lineal. A medida que produces más, el costo aumenta, pero cada unidad adicional incrementa el costo total en una proporción menor que la anterior.

254

Determinar la utilidad para 15 unidades si el costo es $C(x) = 400 + x^2$ y la demanda es $p(x) = 300 - 2x$. Si x el número de unidades tiende a cero, encontrar la utilidad.

La utilidad total $u(x)$ se define como la diferencia entre el ingreso total $I(x)$ y el costo total $C(x)$. Es decir:

$$u(x) = I(x) - C(x) \qquad (1).$$

El ingreso total $I(x)$ se define como el producto del número de unidades (x) y el precio por unidad (p), es decir:

$$I(x) = px \qquad (2).$$

La relación de la demanda está dada por la ecuación:

$$p(x) = 300 - 2x \qquad (3).$$

Sustituyendo la ecuación 3 en la ecuación 2 se obtiene:

$$I(x) = x(300 - 2x) = 300x - 2x^2 \qquad (4).$$

Sustituyendo la ecuación 4 en la ecuación 1 y con $C(x)$ se obtiene la ecuación de la utilidad total $u(x)$:

$$u(x) = 300 - 2x^2 - 400 - x^2 = 300x - 3x^2 - 400$$

$$u(x) = 300x - 3x^2 - 400 \qquad (5).$$

Con la ecuación 5 podemos obtener la utilidad para 15 unidades:

$$u(x) = 300x - 3x^2 - 400 \quad \rightarrow \quad u(15) = 300(15) - 3(15)^2 - 400$$

$$u(15) = 4500 - 675 - 400 = 3425$$

$$\boxed{\boldsymbol{u(15) = 3\,425}}$$

Para encontrar la utilidad cuando x tiende a cero, tenemos que construir el límite correspondiente para luego hacer su evaluación:

$$\lim_{x\to 0}[300x - 3x^2 - 400\,] \qquad (6).$$

Aplicando propiedades de límites en la ecuación 6 se tiene:

$$\lim_{x\to 0}[300x - 3x^2 - 400\,] = 300\,\lim_{x\to 0} x - 3\lim_{x\to 0} x^2 - \lim_{x\to 0} 400$$

$$= 300\,(0) - 3(0) - 400$$

Cuando x tiende a cero la utilidad tiende a:

$$\boxed{\lim_{x\to 0} \boldsymbol{u(x) = -400}}$$

Interpretación: Cuando no se producen ni venden unidades, la utilidad es -400. Esto representa una pérdida, que equivale exactamente a los **costos fijos** (el número independiente en la función de costo).

Interpretación de la "Utilidad Negativa" $(\boldsymbol{x \to 0})$.

Cuando calculamos que la utilidad es -400 cuando x tiende a cero, estamos identificando el **Costo Fijo Total**.

En términos prácticos: Si la fábrica está abierta pero no produce nada, pierde 400 unidades monetarias. Esto representa gastos que no dependen de la producción, como el alquiler del local o servicios básicos. Es el "suelo" desde el cual la empresa debe empezar a subir.

Para cierto artículo la ecuación de la demanda es la siguiente: $p(x) = 5 - 0.001x$. Determinar el ingreso para 20 unidades si el costo de producir los artículos que se venden es $C(x) = 2000 + x$. Si x el número de unidades tiende a cero, encontrar el ingreso.

255

El ingreso $I(x)$ se define como el producto del número de unidades (x) y el precio por unidad (p), es decir:

$$I(x) = px \qquad (1).$$

La relación en la demanda es:

$$P = 5 - 0.001x \qquad (2).$$

Sustituyendo la ecuación 2 en la ecuación 1 se tiene la función ingreso:

$$I(x) = px = x(5 - 0.001x) = 5x - 0.001x^2 \quad \rightarrow \quad I(x) = 5x - 0.001x^2 \qquad (3).$$

Con la ecuación 3 podemos obtener el ingreso para 20 unidades:

$$I(x) = 5x - 0.001x^2 \quad \rightarrow \quad I(20) = 5(20) - 0.001(20)^2 = 100 - 0.4 = 99.6$$

$$\boxed{\boldsymbol{I(20) \approx 99.6}}$$

Para encontrar el ingreso cuando x tiende a cero, tenemos que construir el límite correspondiente para luego hacer su evaluación:

$$\lim_{x \to 0}[5x - 0.001x^2\,] = 5\lim_{x \to 0} x - 0.001 \lim_{x \to 0} x^2 = 5(0) - 0.001(0) = 0$$

Cuando x tiende a cero el ingreso tiende a:

$$\boxed{\lim_{x \to 0} \boldsymbol{I(x) = 0}}$$

Interpretación: Esto tiene sentido lógico: si no vendes ninguna unidad ($x = 0$), no generaras ningún ingreso.

256

La función costo de una fábrica es $C(x) = 2 + x - \frac{x^2}{4} + \frac{x^3}{24}$ en dólares, donde el nivel de producción está dado en miles de artículos semanales. Si cada artículo producido se puede vender en 5 dólares cada uno. Determinar: a) Ingreso para 30 artículos. b) Si x el número de unidades tiende a cero, encontrar el costo.

a) Si cada artículo producido se puede vender 5 dólares cada uno, entonces la función ingreso es:

$$I(x) = 5x \qquad (1).$$

Con la ecuación 1 podemos obtener el ingreso para 30 artículos:

$$I(x) = 5x \quad \rightarrow \quad I(30) = 5(30) = 150\ dólares$$

$$\boxed{\boldsymbol{I(30) = 150\ dólares}}$$

b) Para encontrar el costo cuando x tiende a cero, tenemos que construir el límite correspondiente para luego hacer su evaluación:

$$\lim_{x \to 0}\left[2 + x - \frac{x^2}{4} + \frac{x^3}{24}\right] = \lim_{x \to 0} 2 + \lim_{x \to 0} x - \frac{1}{4}\lim_{x \to 0} x^2 + \frac{1}{24}\lim_{x \to 0} x^3$$

$$= 2 + 0 - 0 + 0 = 2$$

Cuando x tiende a cero el costo tiende a:

$$\boxed{\lim_{x \to 0} \boldsymbol{C(x) = 2\ dólares}}$$

Interpretación: En economía, este valor representa el **costo fijo** de la fábrica (gastos que existen, aunque no se produzca nada, como renta o seguros).

Comportamiento de la Función: Nota que el término $-\frac{x^2}{4}$ es negativo. Esto sugiere que, en niveles iniciales de producción, la fábrica experimenta una **mejora en la eficiencia** (economías de escala), donde el costo por unidad adicional disminuye antes de que el término cúbico $\frac{x^3}{24}$ empiece a crecer y genere costos por saturación.

257

Una empresa determinó que la fabricación y venta de los bienes que produce está determinada por la ecuación de la demanda $p + 0.003x = 6$, y la función del costo por: $C = 2 + 1.2x$.
Encontrar: a) La utilidad para 25 unidades. b) La utilidad si x el número de unidades tiende a cero.

a) El ingreso $I(x)$ se define como el producto del número de unidades (x) y el precio por unidad (p), es decir:

$$I(x) = px \qquad (1).$$

La relación en la demanda es:

$$P(x) = 6 - 0.003x \qquad (2).$$

Sustituyendo la ecuación 2 en la ecuación 1 se tiene la función ingreso:

$$I(x) = px = x(6 - 0.003x) \rightarrow \quad I(x) = 6x - 0.003x^2 \qquad (3).$$

Sustituyendo la ecuación 3 en la ecuación 4 y con $C(x)$ se obtiene la ecuación de la utilidad $u(x)$:

$$u(x) = I(x) - C(x)\ (\mathbf{4}) \rightarrow \ u(x) = 6x - 0.003x^2 - 2 - 1.2x \ \rightarrow \ \boldsymbol{u(x) = 4.8x - 0.003x^2 - 2} \qquad (5).$$

Con la ecuación 5 podemos obtener el ingreso para 25 unidades:

$$u(x) = 4.8x - 0.003x^2 - 2 \quad \rightarrow \quad u(25) = 4.8(25) - 0.003(25)^2 - 2 = 120 - 3.875 = 116.125$$

$$\boxed{\boldsymbol{u(25) = 116.125}}$$

b) Encontrar la utilidad cuando x tiende a cero, tenemos que construir el límite correspondiente para luego hacer su evaluación:

$$\lim_{x\to 0}[4.8x - 0.003x^2 - 2] = 4.8 \lim_{x\to 0} x - 0.003 \lim_{x\to 0} x^2 - \lim_{x\to 0} 2 = 0 - 0 - 2 = -2$$

Cuando x tiende a cero la utilidad tiende a:

$$\boxed{\lim_{x\to 0} \boldsymbol{u(x) = -2}}$$

Interpretación: Si la producción tiende a cero, la utilidad es de -2. Esto representa una pérdida, que equivale a los costos fijos de la empresa.

258

La ecuación de la demanda para un monopolista es $p = 400 - 2x$ y la función del costo promedio es $\overline{C} = 0.2x + 4 + \frac{400}{x}$, donde x es el número de unidades y $p, \overline{C}$ se expresan en dólares por unidad. **Encontrar** la utilidad para 90 unidades. **Determinar** la utilidad cuando x el número de unidades tiende a cero.

La función costo promedio se define como la relación entre el costo (C) y las unidades producidas x:

$$\overline{C}(x) = \frac{C}{x} \qquad (1).$$

Despejando el costo de la ecuación 1 se tiene:

$$C = x\,\overline{C}(x) \qquad (2).$$

La función costo promedio es:

$$\overline{C} = 0.2x + 4 + \frac{400}{x} \qquad (3).$$

Sustituyendo la ecuación 3 en la ecuación 2 obtenemos la función costo:

$$C = x\,\overline{C}(x) = x\left(0.2x + 4 + \frac{400}{x}\right) \rightarrow \boldsymbol{C(x) = 0.2x^2 + 4x + 400} \qquad (4).$$

El ingreso $I(x)$ se define como el producto del número de unidades (x) y el precio por unidad (p), es decir:

$$I(x) = px \qquad (5).$$

La relación en la demanda es:

$$P(x) = 400 - 2x \qquad (6).$$

Sustituyendo la ecuación 6 en la ecuación 5 obtenemos la función ingreso:

$$I(x) = px = x\,(400 - 2x) = 400x - 2x^2 \rightarrow \boldsymbol{I(x) = 400x - 2x^2} \qquad (7).$$

La función utilidad es:

$$u(x) = I(x) - C(x) = 400x - 2x^2 - 0.2x^2 - 4x - 400 \quad \rightarrow \quad \boldsymbol{u(x) = -2.2x^2 + 396x - 400} \qquad (8).$$

Con la ecuación 8 podemos obtener la utilidad para 90 unidades:

$$u(x) = -2.2x^2 + 396x - 400 \quad \rightarrow \quad u(90) = -2.2(90)^2 + 396(90) - 400.$$

Por tanto, se tiene:

$$\boxed{\boldsymbol{u(90) = \$\ 17\ 420}}$$

Para encontrar la utilidad cuando x tiende a cero, tenemos que construir el límite correspondiente:

$$\lim_{x \to 0}[-2.2x^2 + 396x - 400].$$

Luego procedemos a su evaluación:

$$\lim_{x \to 0}[-2.2x^2 + 396x - 400] = -2.2 \lim_{x \to 0} x^2 + 396 \lim_{x \to 0} x - \lim_{x \to 0} 400$$

$$= -0 + 0 - 400.$$

En consecuencia, obtenemos:

$$\boxed{\lim_{x \to 0} \boldsymbol{u(x) = -400}}$$

Interpretación: Cuando la producción tiende a cero, la utilidad es de $-\$\ 400$ (una pérdida). Esto tiene sentido matemático, ya que el número 400 en la función de costo representa los costos fijos que la empresa debe pagar incluso si no produce nada.

Interpretación del "Límite cuando $x \rightarrow 0$"

Desde un punto de vista contable, ese valor de $-\$\ 400$ representa los **Costos Fijos Totales**.

En la función de costo promedio original el término $\frac{400}{x}$ es el **Costo Fijo Promedio**.

A medida que x se acerca a cero, el costo por unidad se dispara al infinito porque los 400 dólares de costo fijo se tienen que repartir entre casi cero unidades.

Por eso, producir "casi nada" es el peor escenario financiero para este monopolista.

La ecuación de la demanda para el producto de un monopolista es $p = \frac{1}{3}q^2 - 76q + 6000$ y la función de costo promedio es $\overline{C} = 600 - q + \frac{100000}{3q}$. a) Verifique que la utilidad es de $ 90 000 cuando se demandan 100 unidades. b) Determinar la utilidad cuando x el número de unidades tiende a cero.

259

a) La función costo promedio se define como la relación entre el costo (C) y las unidades producidas q:

$$\overline{C}(x) = \frac{C}{q} \qquad (1).$$

Despejando el costo de la ecuación 1 se tiene:

$$C = q\,\overline{C}(x) \qquad (2).$$

La función costo promedio es:

$$\overline{C} = 600 - q + \frac{100000}{3q} \qquad (3).$$

Sustituyendo la ecuación 3 en la ecuación 2 obtenemos la función costo:

$$C = q\,\overline{C}(x) = q\left(600 - q + \frac{100000}{3q}\right) \rightarrow C(q) = 600q - q^2 + \frac{100000}{3} \qquad (4).$$

El ingreso $I(q)$ se define como el producto del número de unidades (q) y el precio por unidad (p), es decir:

$$I(q) = pq \qquad (5).$$

La relación en la demanda es:

$$P(q) = \frac{1}{3}q^2 - 76q + 6000 \qquad (6).$$

Sustituyendo la ecuación 6 en la ecuación 5 obtenemos la función ingreso:

$$I(q) = pq = q\left(\frac{1}{3}q^2 - 76q + 6000\right) \rightarrow I(q) = \frac{1}{3}q^3 - 76q^2 + 6000q \qquad (7).$$

La función utilidad es:

$$u(q) = I(q) - C(q) = \frac{1}{3}q^3 - 76q^2 + 6000q - 600q + q^2 - \frac{100\,000}{3} \rightarrow \boldsymbol{u(q) = \frac{1}{3}q^3 - 75q^2 + 5400q - \frac{100000}{3}} \quad (8).$$

Sustituyendo el valor de 100 unidades en la ecuación (8) se tiene:

$$u(100) = \frac{1}{3}(100)^3 - 75(100)^2 + 5400(100) - \frac{100\,000}{3} = \$\,90\,000$$

Se verifica que la utilidad es de $ 90 000 cuando se demandan 100 unidades.

b) Para encontrar la utilidad cuando x tiende a cero, tenemos que construir el límite correspondiente:

$$\lim_{q\to 0}\left[\frac{1}{3}q^3 - 75q^2 + 5400q - \frac{100\,000}{3}\right].$$

Luego procedemos a su evaluación:

$$\lim_{q\to 0}\left[\frac{1}{3}q^3 - 75q^2 + 5400q - \frac{100\,000}{3}\right] = \frac{1}{3}\lim_{q\to 0} q^3 - 75\lim_{q\to 0} q^2 + 5400\lim_{q\to 0} q - \lim_{q\to 0}\frac{100\,000}{3}$$

$$= \frac{1}{3}(0) - 75(0) + 5400(0) - \frac{100\,000}{3}.$$

En consecuencia, obtenemos:

$$\boxed{\lim_{x\to 0} \boldsymbol{u(x)} = -\frac{\mathbf{100\,000}}{\mathbf{3}} \approx \mathbf{-33\,333.33}}$$

Interpretación: Cuando la producción tiende a cero, la utilidad es negativa (una pérdida). Esto representa los **costos fijos** de la empresa, que deben pagarse incluso si no se vende nada. En este caso, la pérdida es de **$ 33 333.33**.

Cuando $q \rightarrow 0$, los términos que dependen de la producción ($600q$ y $-q^2$) ecuación 4 desaparecen, pero la constante **$ 33 333.33** permanece. Esta cifra representa los **Costos Fijos Totales**.
Interpretación: Son los gastos que el monopolista debe cubrir, aunque no produzca ni una sola unidad (como alquileres, contratos de servicios básicos o seguros).

260

Para el producto de un monopolista la ecuación de la demanda es $p = 72 - 0.04x$ y la función costo es $C = 500 + 30x$. A un nivel de producción de 525 unidades encontrar la utilidad. Determinar la utilidad cuando x el número de unidades tiende a cero.

El ingreso $I(x)$ se define como el producto del número de unidades (x) y el precio por unidad (p), es decir:

$$I(x) = px \qquad (1).$$

La relación en la demanda es:

$$P(x) = 72 - 0.04x \qquad (2).$$

Sustituyendo la ecuación 2 en la ecuación 1 se tiene la función ingreso:

$$I(x) = px = x(72 - 0.04x\ ) \rightarrow \quad I(x) = 72x - 0.04x^2 \qquad (3).$$

Sustituyendo la ecuación 3 en la ecuación 4 y con $C(x)$ se obtiene la ecuación de la utilidad $u(x)$:

$$u(x) = I(x) - C(x)\ (4) \rightarrow u(x) = 72x - 0.04x^2 - 500 - 30x \rightarrow \boldsymbol{u(x) = -0.04x^2 + 42x - 500} \ \ (5).$$

Con la ecuación 5 podemos obtener la utilidad para 525 unidades:

$$\boldsymbol{u(x) = -0.04x^2 + 42x - 500} \ \rightarrow \ \boldsymbol{u(525) = -0.04(525)^2 + 42(525) - 500}$$
$$\boldsymbol{= -11025 + 22050 - 500 = 10525}$$

$$\boxed{\boldsymbol{u(525) = 10\,525}}$$

Para encontrar la utilidad cuando x tiende a cero, tenemos que construir el límite correspondiente para luego hacer su evaluación:

$$\lim_{x\to 0}[-0.04x^2 + 42x - 500] = -0.04 \lim_{x\to 0} x^2 + 42 \lim_{x\to 0} x - \lim_{x\to 0} 500$$
$$= -0.04(0) + 42(0) - 500 = -500$$

$$\boxed{\lim_{x\to 0} \boldsymbol{u(x) = -500}}$$

Interpretación: Cuando la producción tiende a cero, la utilidad es de -500. Esto representa una pérdida, que equivale exactamente a los **costos fijos** de la empresa (el término independiente en la función de costo).

Para un producto la ecuación de la demanda es $P = 42 - 4x$ y la función del costo promedio es $\overline{C} = 2 + \frac{80}{x}$. Encontrar la utilidad cuando el número de unidades es igual a 65. Determinar la utilidad cuando x el número de unidades tiende a cero.

261

La función costo promedio se define como la relación entre el costo (C) y las unidades producidas x:

$$\overline{C}(x) = \frac{C} {x} \qquad (1).$$

Despejando el costo de la ecuación 1 se tiene:

$$C = x\,\overline{C}(x) \qquad (2).$$

La función costo promedio es:

$$\overline{C} = 2 + \frac{80}{x} \qquad (3).$$

Sustituyendo la ecuación 3 en la ecuación 2 obtenemos la función costo:

$$C = x\,\overline{C}(x) = x\left(2 + \frac{80}{x}\right) \;\rightarrow\; C(x) = 2x + \frac{80x}{x} \;\rightarrow\; \boldsymbol{C(x) = 2x + 80} \qquad (4).$$

El ingreso $I(x)$ se define como el producto del número de unidades (x) y el precio por unidad (p), es decir:

$$I(x) = px \qquad (5).$$

La relación en la demanda es:

$$P(x) = 42 - 4x \qquad (6).$$

Sustituyendo la ecuación 6 en la ecuación 5 obtenemos la función ingreso:

$$I(x) = px = x(42 - 4x) \rightarrow\; I(x) = 42x - 4x^2 \qquad (7).$$

La función utilidad es:

$$u(x) = I(x) - C(x) = 42x - 4x^2 - 2x - 80 \rightarrow \boldsymbol{u(x) = -4x^2 + 40x - 80} \qquad (8).$$

Con la ecuación 8 podemos obtener la utilidad para 65 unidades:

$$u(x) = -4x^2 + 40x - 80 \quad \rightarrow \quad u(65) = -4(65)^2 + 40(65) - 80$$

$$= -4(65)^2 + 40(65) - 80 = -16900 + 2600 - 80$$

$$\boxed{\boldsymbol{u(65) = -14\,380}}$$

El resultado es negativo, lo que indica una **pérdida** considerable de 14 380 unidades monetarias al producir esa cantidad.

Para encontrar la utilidad cuando x tiende a cero, tenemos que construir el límite correspondiente:

$$\lim_{x\to 0}[-4x^2 + 40x - 80\,] = -4\lim_{x\to 0} x^2 + 40\lim_{x\to 0} x - \lim_{x\to 0} 80$$

Luego procedemos a su evaluación:

$$\lim_{x\to 0}\,[-4x^2 + 40x - 80\,] = -4(0) + 40)0) - 80$$

$$= -0 + 0 - 80$$

En consecuencia, tenemos:

$$\boxed{\lim_{x\to 0} \boldsymbol{U(x) = -80}}$$

Interpretación y comentarios:
Cuando el número de unidades tiende a cero, la utilidad es de $\boldsymbol{-80}$. Esto representa los **costos fijos** de la empresa, ya que, aunque no se venda nada, el costo constante de 80 sigue existiendo.

Si observamos la ecuación de la demanda $P = 42 - 4x$, cuando $x \rightarrow 0$, el precio tiende a **42**.
Esto se conoce como el **Precio de Reserva** o el precio máximo que el mercado está dispuesto a pagar.
A pesar de que el precio es el más alto posible en ese punto, la utilidad es mínima (negativa) porque el volumen de ventas es nulo y no alcanza para cubrir la estructura de costos.

262

Un fabricante de radiorreceptores determina que su ecuación de la demanda semanal es: $5p = 375 - 2x$, el costo de producción es: $400 + 13x + \frac{x^2}{4}(dólares)$. Determinar la utilidad para un x igual a 95 unidades. Determinar la utilidad cuando x el número de unidades tiende a cero

El ingreso $I(x)$ se define como el producto del número de unidades (x) y el precio por unidad (p), es decir:

$$I(x) = px \qquad (1).$$

La ecuación de la demanda está escrita en forma implícita, por tanto, se reescribe así:

$$5p = 375 - 2x \;\rightarrow\; P(x) = 375 - 2x/5 \;\rightarrow\; P(x) = 75 - 0.4x \qquad (2).$$

Sustituyendo la ecuación 2 en la ecuación 1 se tiene la función ingreso:

$$I(x) = px \;\rightarrow\; I(x) = x(75 - 0.4x) \;\rightarrow\; I(x) = 75x - 0.4x^2 \qquad (3).$$

Sustituyendo la ecuación 3 en la ecuación 4 y con $C(x)$ se obtiene la ecuación de la utilidad $u(x)$:

$$u(x) = I(x) - C(x)\ (\mathbf{4}) \rightarrow u(x) = 75x - 0.4x^2 - 400 - 13x - \frac{x^2}{4} \rightarrow \boldsymbol{u(x) = -0.65x^2 + 62x - 400} \quad (5).$$

Con la ecuación 5 podemos obtener la utilidad para 95 unidades:

$$u(x) = -0.65x^2 + 62x - 400 \;\rightarrow\; u(95) = -0.65(95)^2 + 62(95) - 400 \;\rightarrow\; u(95) = -376.25$$

$$\boxed{\boldsymbol{u(95) = -376.25\ dólares}}$$

(El resultado negativo indica que a este nivel de producción hay una pérdida de $\mathbf{376.25}$).

Para encontrar la utilidad cuando x tiende a cero, tenemos que construir el límite correspondiente para luego hacer su respectiva evaluación. En consecuencia, obtenemos:

$$\lim_{x\to 0}[-0.65x^2 + 62x - 400] = -0.65 \lim_{x\to 0} x^2 + 62 \lim_{x\to 0} x - \lim_{x\to 0} 400 = -400 \rightarrow \boxed{\lim_{x\to 0} \boldsymbol{U(x) = -400}}$$

Interpretación:

Cuando la producción tiende a cero, la utilidad es de $\mathbf{-400}$ **dólares**.

Esto tiene sentido económico, ya que representa los **costos fijos** (el alquiler, maquinaria, etc.) que el fabricante debe pagar, aunque no produzca nada.

Una fábrica determinó que el precio de su artículo a través del tiempo t (en meses) está dado por la función $P(t) = \frac{at+8}{t+b}$, si se sabe que el precio del artículo el próximo mes será de \$6.50, y el siguiente mes será de \$6.00. Encontrar: a) El precio del artículo para este mes. b) En qué mes el precio será de \$5.50. c) ¿Qué ocurre con el precio a largo plazo?

263

La función que determina el precio del artículo es:

$$P(t) = \frac{at+8}{t+b} \qquad (1).$$

Para que la función $P(t)$ este definida totalmente tenemos que calcular el valor de a y el valor de b. Para ello, se construye un sistema de ecuaciones con la información que nos suministra el ejercicio. Asumimos que para $t = 0$ se refiere al mes actual. Para $t = 1$ el próximo mes. Para $t = 2$ el siguiente mes (con respecto al anterior). Y así sucesivamente. Con lo anterior establecemos las siguientes condiciones para construir el sistema de ecuaciones:

$$P(1) = 6.50 \;\; y \;\; P(2) = 6.00$$

Para $P(1) = 6.50$ se tiene:

$$P(1) = 6.50 \;\; \rightarrow \;\; P(t) = \frac{at+8}{t+b} = 6.50 = \frac{a(1)+8}{b+1} \;\; \rightarrow \boldsymbol{a - 6.50b = -1.50} \qquad (2).$$

Para $P(2) = 6.00$ se tiene:

$$P(2) = 6.00 \;\; \rightarrow \;\; P(t) = \frac{at+8}{t+b} = 6.00 = \frac{a(2)+8}{b+2} \;\; \rightarrow \;\; \boldsymbol{a - 3b = 2} \qquad (3).$$

Resolviendo el sistema formado por la ecuación 2 y la ecuación 3 tenemos:

$$\boldsymbol{a = 5} \;\; y \;\; \boldsymbol{b = 1}\,.$$

En consecuencia, se tiene que la función queda definida en los siguientes términos:

$$P(t) = \frac{5t+8}{t+1} \qquad (4).$$

Ahora si procedemos a encontrar lo que nos pide el ejercicio.

a) El precio del artículo para este mes ($t = 0$) es:

$$P(0) = \frac{5(0)+8}{0+1} = \frac{8}{1} = 8$$

$$\boxed{\boldsymbol{P(0) = \$\,8.00}}$$

$b)$ $P(t) = 5.50$. Con esta condición se encuentra el mes a que se refiere el precio de $\$\,5.50$:

$$P(t) = 5.50 \quad \rightarrow \quad 5.50 = \frac{5t+8}{t+1} = \frac{2.50}{0.50} \quad \rightarrow \quad t = 5\,.$$

En el mes cinco el precio del artículo será de $\$\,5.50$.

c) Cuando decimos a largo plazo nos referimos a $t \rightarrow \infty$. Luego construimos el límite y lo evaluamos para determinar que ocurre con su precio:

$$\lim_{t\to\infty} \frac{5t+8}{t+1} = \frac{\infty}{\infty} \quad \rightarrow \quad \lim_{t\to\infty} \frac{5t+8}{t+1} = \lim_{t\to\infty} \frac{\frac{5t}{t}+\frac{8}{t}}{\frac{t}{t}+\frac{1}{t}} = \lim_{t\to\infty} \frac{5+\frac{8}{t}}{1+\frac{1}{t}} = \frac{5+\frac{8}{\infty}}{1+\frac{1}{\infty}} = \frac{5+0}{1+0} = 5\,.$$

A largo plazo el precio del artículo tiende a $ 5.00

El Significado de las Constantes:

En la función $P(t) = \frac{at+8}{t+b}$, cada valor tiene un rol específico:

El término independiente en el numerador (8): Representa la base del precio inicial. Como vimos, al ser $b = 1$, el precio en $t = 0$ empezó en $\$\,8$.

La constante $\boldsymbol{b}$: Determina la velocidad con la que el precio cambia al principio. Un valor pequeño de b hace que la curva sea más pronunciada en los primeros meses.

La constante $\boldsymbol{a}$: En esta función racional es, posiblemente, el elemento más importante desde el punto de vista del análisis matemático y económico, ya que define el **comportamiento final** del modelo.

264

Se estima que dentro de t años, la población P de un cierto país será de $P(t)=\frac{80}{8+12e^{-0.06t}}$, millones de habitantes. Encontrar a) ¿Cuál es la población actual? b) Cuál será la población dentro de 50 años? c) ¿Después de cuánto tiempo la población será de 5 millones de habitantes? d) ¿Qué le sucederá a la población a largo plazo?

La función que determina la población P de un país es:

$$P(t)=\frac{80}{8+12e^{-0.06t}} \qquad (1).$$

a) Para la población actual se hace $t=0$:

$$P(t)=\frac{80}{8+12e^{-0.06t}} \quad\to\quad P(t)=\frac{80}{8+12e^{-0.06(0)}}=\frac{80}{8+12}=\frac{80}{20}=4\,.$$

La población actual es de 4 millones de habitantes.

b) Hacemos $t=50$:

$$P(t)\approx\frac{80}{8+12e^{-0.06t}} \quad\to\quad P(t)\approx\frac{80}{8+12e^{-0.06(50)}}\approx\frac{80}{8.60}\approx 9.3$$

La población dentro de 50 años será aproximadamente de 9.3 millones de habitantes.

$$c)\qquad 5=\frac{80}{8+12e^{-0.06t}} \quad\to\quad 40=60e^{-0.06t} \quad\to\quad t\approx\frac{ln\left(\frac{10}{15}\right)}{-0.06} \quad\to\quad t\approx 6.8$$

Dentro de 6.8 años la población será aproximadamente de 5 millones de habitantes.

d) Cuando decimos a largo plazo nos referimos a $t\to\infty$. Luego construimos el límite y lo evaluamos:

$$\lim_{t\to\infty}\frac{80}{8+12e^{-0.06t}}=\lim_{t\to\infty}\frac{80}{8+\frac{12}{e^{0.06t}}}=\frac{80}{8+\frac{12}{\infty}}=\frac{80}{8+12(0)}=10$$

A largo plazo, la población se estabilizará en 10 millones de habitantes. Este valor se conoce técnicamente como la "capacidad de carga" del entorno.

Se estima que t meses después de inicio de la crisis económica, el porcentaje de la población económicamente activa (PEA) que se encontrará desempleada estará dado por $P(t) = \frac{a}{1+e^{-0.2t}} + b$. Si se sabe que inicialmente el 4% de la PEA está desempleada y al cabo de 5 meses lo estará el 4.58%. Encontrar: a) Los valores de a y b. b) ¿Qué porcentaje estará desempleado al cabo de un año? c) ¿Qué porcentaje estará desempleado a largo plazo?

265

La función que determina el porcentaje de la población económicamente activa es

$$P(t) = \frac{a}{1+e^{-0.2t}} + b \qquad (1).$$

Para que la función $P(t)$ este definida totalmente tenemos que calcular el valor de a y el valor de b. Para ello, se construye un sistema de ecuaciones con la información que nos suministra el ejercicio. Si se sabe que inicialmente el 4% de la PEA está desempleada y al cabo de 5 meses lo estará el 4.58% entonces podemos definir las siguientes condiciones:

$$P(0) = 4 \quad y \quad P(5) = 4.58$$

a) Los valores de a y b son:

Para $P(0) = 4$ se tiene

$$P(0) = 4 \rightarrow P(t) = \frac{a}{1+e^{-0.2t}} + b \rightarrow 4 = \frac{a}{1+e^{-0.2(0)}} + b = 4 = \frac{a}{2} + b \rightarrow \boldsymbol{a + 2b = 8} \ (2).$$

Para $P(5) = 4.58$ se tiene:

$$P(5) = 4.58 \rightarrow 4.58 = \frac{a}{1+e^{-0.2(5)}} + b = 4.58 = \frac{a}{1.368} + b \rightarrow \boldsymbol{a + 1.368b = 6.265} \ (3).$$

Resolviendo el sistema formado por la ecuación 2 y la ecuación 3 tenemos:

$$\boldsymbol{a = 2.51 \quad y \quad b = 2.745}$$

En consecuencia, se tiene que la función queda definida en los siguientes términos:

$$P(t) = \frac{2.51}{1 + e^{-0.2t}} + 2.745 \qquad (4).$$

b) Como el tiempo está definido en meses se tiene que 1 año equivale a 12 meses:

$$P(12) = \frac{2.51}{1 + e^{-0.2(12)}} + 2.745 \quad \rightarrow \quad P(12) = 5.04$$

Al cabo de un año el 5,04% de la población económicamente activa estará desempleada.

c) Cuando decimos a largo plazo nos referimos a $t \to \infty$. Luego construimos el límite y lo evaluamos:

$$\lim_{t\to\infty}\left[\frac{2.51}{1 + e^{-0.2t}} + 2.745\right] \rightarrow \lim_{t\to\infty}\left[\frac{2.51}{1 + \frac{1}{e^{0.2t}}} + 2.745\right] = \frac{2.51}{1 + 1(0)} + 2.745 = 5.26$$

El desempleo se estabilizará en un 5.26% a largo plazo.

La Naturaleza de la Función:

La estructura $P(t) = \frac{a}{1+e^{-0.2t}} + b$ representa un crecimiento que comienza con una tasa variable pero que, a diferencia de una función lineal o exponencial pura, tiene un techo o "asíntota horizontal".

El papel de $\boldsymbol{b}$: Representa el "piso" o el nivel base de desempleo antes de que la crisis actúe plenamente sobre el modelo.

El papel de $\boldsymbol{a}$: Es el incremento máximo que la crisis puede añadir al desempleo base.

El exponente $\boldsymbol{-0.2t}$: Determina la velocidad con la que se alcanza el punto crítico. Un valor más alto significaría una crisis que impacta de forma más agresiva en menos tiempo.

EDITORIAL INFINITO
¡Haciendo Historia!
Producido por Editorial Infinito (República Bolivariana de Venezuela)

Aplicaciones de los Límites a modelos matemáticos

EDITORIAL INFINITO

¡Haciendo Historia!

Producido por Editorial Infinito (República Bolivariana de Venezuela)

La función posición $s(t) = -4.9t^2 + 150$, nos da la altura (en metros) de un objeto que cae desde una altura de 150 m. La velocidad en el instante $t = a$ segundos está dada por $\lim_{t \to a} \frac{s(a)-s(t)}{a-t}$. Encontrar la velocidad del objeto cuando $t = 3\ segundos$.

266

La velocidad del objeto en el instante $t = a$ segundos está dada por:

$$\lim_{t \to a} \frac{s(a) - s(t)}{a - t} \qquad (1).$$

Al evaluar el límite de la ecuación 1 por sustitución directa se obtiene la indeterminación:

$$\lim_{t \to a} \frac{s(a) - s(t)}{a - t} = \lim_{t \to a} \frac{s(a) - s(a)}{a - t} = \frac{0}{0}.$$

La indeterminación es de la forma $\frac{0}{0}$, por tanto, procedemos a factorizar la función posición para luego cancelar términos semejantes. Y así levantar la indeterminación para encontrar la velocidad del objeto para $t = 3\ segundos$:

$$\lim_{t \to a} \frac{s(a) - s(t)}{a - t} = \lim_{t \to a} \frac{(-4.9a^2 + 150) - (-4.9t^2 + 150)}{a - t} = \lim_{t \to a} \frac{-4.9a^2 + 150 + 4.9t^2 - 150}{a - t}$$

$$= \lim_{t \to a} \frac{-4.9a^2 + 4.9t^2}{a - t} = \lim_{t \to a} \frac{-4.9(a^2 - t^2)}{a - t} = \lim_{t \to a} \frac{-4.9(a + t)(a - t)}{(a - t)}$$

$$\lim_{t \to a} \frac{s(a) - s(t)}{a - t} = \lim_{t \to a} -4.9(a + t) = -9.8a$$

La velocidad para $t = a = 3$ es:

$$\boxed{\boldsymbol{v(a) = -9.8(a) = -9.8(3) = -29.4m/s}}$$

Comentario: El signo negativo es totalmente normal; nos indica que el objeto se está moviendo **hacia abajo** (hacia el suelo). Si fuera positivo, ¡tendríamos un problema con la gravedad!

267

La función posición $s(t) = -4.9t^2 + 150$, nos da la altura (en metros) de un objeto que cae desde una altura de 150 m. La velocidad en el instante $t = a$ segundos está dada por $\lim_{t\to a} \frac{s(a)-s(t)}{a-t}$. ¿A qué velocidad golpea el suelo?

La velocidad del objeto en el instante $t = a$ segundos está dada por:

$$\lim_{t\to a} \frac{s(a) - s(t)}{a - t} \qquad (1).$$

Al evaluar el límite de la ecuación 1 por sustitución directa se obtiene la indeterminación:

$$\lim_{t\to a} \frac{s(a) - s(t)}{a - t} = \lim_{t\to a} \frac{s(a) - s(a)}{a - t} = \frac{0}{0}.$$

La indeterminación es de la forma $\frac{0}{0}$, por tanto, procedemos a factorizar la función posición para luego cancelar términos semejantes. Y así levantar la indeterminación para encontrar la velocidad del objeto cuando golpea el suelo:

$$\lim_{t\to a} \frac{s(a) - s(t)}{a - t} = \lim_{t\to a} \frac{(-4.9a^2 + 150) - (-4.9t^2 + 150)}{a - t} = \lim_{t\to a} \frac{-4.9a^2 + 150 + 4.9t^2 - 150}{a - t}$$

$$= \lim_{t\to a} \frac{-4.9a^2 + 4.9t^2}{a - t} = \lim_{t\to a} \frac{-4.9(a^2 - t^2)}{a - t} = \lim_{t\to a} \frac{-4.9(a + t)(a - t)}{(a - t)}$$

$$\lim_{t\to a} \frac{s(a) - s(t)}{a - t} = \lim_{t\to a} -4.9(a + t) = -9.8a$$

Para encontrar la velocidad es necesario determinar el tiempo de impacto del objeto con el suelo:

$$s(t) = -4.9t^2 + 150 = 0 \;\rightarrow\; -4.9t^2 = -150 \;\rightarrow\; t = 5.53\, segundos.$$

La velocidad con que golpea el suelo para $t = a = 5.53$ es:

$$\boxed{\boldsymbol{v(a) = -9.8(a) = -9.8(5.53) = -54.19m/s}}$$

La función posición $s(t) = -16t^2 + 1000$, nos da la altura (en pies) de un objeto que lleva cayendo t segundos desde una altura de 1000 pies. La velocidad en el instante $t = a$ segundos está dada por $\lim_{t \to a} \frac{s(a)-s(t)}{a-t}$. Si a un albañil se le cae una herramienta desde una altura de 1000 pies, ¿a qué velocidad estará cayendo luego de 5 segundos?

268

La velocidad del objeto en el instante $t = a$ segundos está dada por:

$$\lim_{t \to a} \frac{s(a) - s(t)}{a - t} \qquad (1).$$

Al evaluar el límite de la ecuación 1 por sustitución directa se obtiene la indeterminación:

$$\lim_{t \to a} \frac{s(a) - s(t)}{a - t} = \lim_{t \to a} \frac{s(a) - s(a)}{a - t} = \frac{0}{0}.$$

la indeterminación es de la forma $\frac{0}{0}$, por tanto, procedemos a factorizar la función posición para luego cancelar términos semejantes. Y así levantar la indeterminación para encontrar la velocidad del objeto que va cayendo.

$$\lim_{t \to a} \frac{s(a) - s(t)}{a - t} = \lim_{t \to a} \frac{(-16a^2 + 1000) - (-16t^2 + 1000)}{a - t} = \lim_{t \to a} \frac{-16a^2 + 1000 + 16t^2 - 1000}{a - t}$$

$$= \lim_{t \to a} \frac{-16a^2 + 16t^2}{a - t} = \lim_{t \to a} \frac{-16(a^2 - t^2)}{a - t} = \lim_{t \to a} \frac{-16(a + t)(a - t)}{(a - t)}$$

$$\lim_{t \to a} \frac{s(a) - s(t)}{a - t} = \lim_{t \to a} -16(a + t) = -32a\,.$$

En consecuencia, la velocidad del objeto que va cayendo para $t = a = 5$ es:

$$\boxed{\boldsymbol{v(a) = -32(a) = -32(5) = -160\ pies/s}}$$

269

La función posición $s(t) = -16t^2 + 1000$, nos da la altura (en pies) de un objeto que lleva cayendo t segundos desde una altura de 1000 pies. La velocidad en el instante $t = a$ segundos está dada por $\lim_{t \to a} \frac{s(a)-s(t)}{a-t}$. Si a un albañil se le cae una herramienta desde una altura de 1000 pies, ¿a qué velocidad se producirá el impacto?

La velocidad del objeto en el instante $t = a$ segundos está dada por:

$$\lim_{t \to a} \frac{s(a) - s(t)}{a - t} \qquad (1).$$

Al evaluar el límite de la ecuación 1 por sustitución directa se obtiene la indeterminación:

$$\lim_{t \to a} \frac{s(a) - s(t)}{a - t} = \lim_{t \to a} \frac{s(a) - s(a)}{a - t} = \frac{0}{0}.$$

la indeterminación es de la forma $\frac{0}{0}$, por tanto, procedemos a factorizar la función posición para luego cancelar términos semejantes. Y así levantar la indeterminación para encontrar la velocidad del objeto que producirá el impacto:

$$\lim_{t \to a} \frac{s(a) - s(t)}{a - t} = \lim_{t \to a} \frac{(-16a^2 + 1000) - (-16t^2 + 1000)}{a - t} = \lim_{t \to a} \frac{-16a^2 + 1000 + 16t^2 - 1000}{a - t}$$

$$= \lim_{t \to a} \frac{-16a^2 + 16t^2}{a - t} = \lim_{t \to a} \frac{-16(a^2 - t^2)}{a - t} = \lim_{t \to a} \frac{-16(a + t)(a - t)}{(a - t)}$$

$$\lim_{t \to a} \frac{s(a) - s(t)}{a - t} = \lim_{t \to a} -16(a + t) = -32a .$$

Para encontrar la velocidad es necesario determinar el tiempo de impacto del objeto con el suelo:

$$s(t) = -16t^2 + 1000 = 0 \;\; \rightarrow \;\; -16t^2 = -1000 \;\; \rightarrow \;\; t = 7.91\ segundos.$$

En consecuencia, la velocidad del impacto es:

$$\boxed{\boldsymbol{v(a) = -32(a) = -32(7.91) \approx -253\ pies/s}}$$

270

Una patrulla está estacionada a 50 pies de un gran almacén (ver figura). La luz giratoria de la parte superior del automóvil gira a un ritmo o velocidad de $\frac{1}{2}$ revolución por segundo. El ritmo o velocidad al que se desplaza el haz de luz a lo largo de la pared es $r = 50\pi\ sec^2\theta\ pies/s.$ a) Calcular el ritmo o velocidad cuando $\theta\ es\ \frac{\pi}{6}$. b) Determinar el ritmo o velocidad cuando $\theta\ es\ \frac{\pi}{3}$. c) Encontrar el límite de r cuando $\theta \rightarrow \frac{\pi}{2}$.

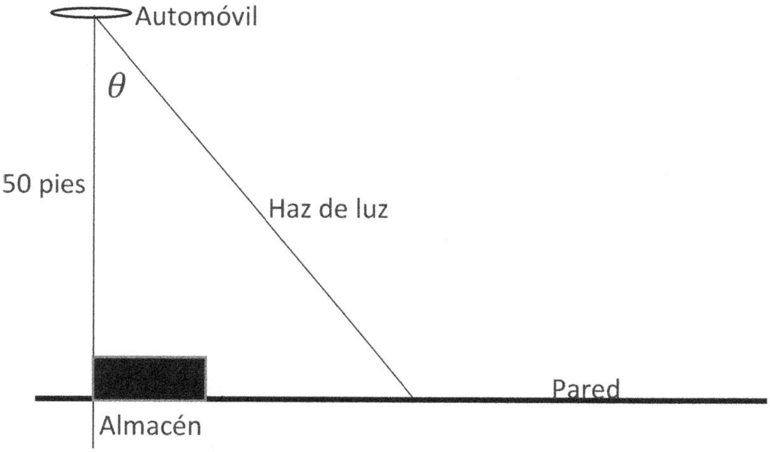

El ritmo o velocidad de desplazamiento del haz de luz es:

$$r = 50\pi sec^2\theta \qquad (1).$$

Se reescribe la ecuación 1 de la siguiente forma:

$$r = \frac{50\pi}{cos^2\theta} \qquad (2)$$

a) Cuando θ es $\pi/6$ se tiene:

Teniendo en cuenta que: $\pi/6 \quad \rightarrow \quad 30^0 \quad \rightarrow \quad cos(30^0) = \frac{\sqrt{3}}{2}$.

En consecuencia, se tiene:

$$r = \frac{50\pi}{\left(\frac{\sqrt{3}}{2}\right)^2} = \frac{50\pi}{\frac{3}{4}} = \frac{200\pi}{3} \quad \rightarrow \quad \boxed{\boldsymbol{r = \frac{200\pi}{3} \approx 209.44\ \frac{pies}{s}}}$$

b) Cuando θ es $\pi/3$ se tiene:

Teniendo en cuenta que: $\pi/3 \quad \rightarrow \quad 60^0 \quad \rightarrow \quad cos(60^0) = \frac{1}{2}$.

En consecuencia, se tiene:

$$r = \frac{50\pi}{\left(\frac{1}{2}\right)^2} = \frac{50\pi}{\frac{1}{4}} = 200\pi \quad \rightarrow \quad \boxed{\boldsymbol{r = 200\pi \approx 628.32\ \frac{pies}{s}}}$$

c) Para encontrar el límite de r cuando $\theta \rightarrow \pi/2$ se procede de la siguiente forma:

$$\lim_{\theta \to \frac{\pi}{2}} \frac{50\pi}{cos^2\theta} = \frac{50\pi}{\left(cos\frac{\pi}{2}\right)^2} = \frac{50}{0}\ .$$

En consecuencia, se ha encontrado el límite de r cuando $\theta \rightarrow \pi/2$:

$$\lim_{\theta \to \frac{\pi}{2}} r = \infty.$$

Interpretación del resultado;

Cuando $\theta \rightarrow \pi/2$ el ritmo o velocidad de desplazamiento del haz de luz tiende **infinito**. Esto significa que cuando el haz de luz está casi paralelo a la pared, la velocidad a la que se desplaza por ella se vuelve increíblemente rápida, tendiendo al infinito.

271

Una escalera de 25 pies de largo está apoyada en una pared (ver figura). Si por alguna razón la base de la escalera se aleja de la pared a un ritmo de 2 pies por segundo, la parte superior descenderá con un ritmo dado por $r = \frac{2x}{\sqrt{625-x^2}}$ pies/s, donde x es la distancia que hay entre la base de la escalera y la pared. a) Calcular el ritmo o velocidad cuándo x es 7 pies. b) Calcular el ritmo o velocidad cuándo x es 15 pies. c) Encontrar el límite de r cuando $x \to 25^{-}$.

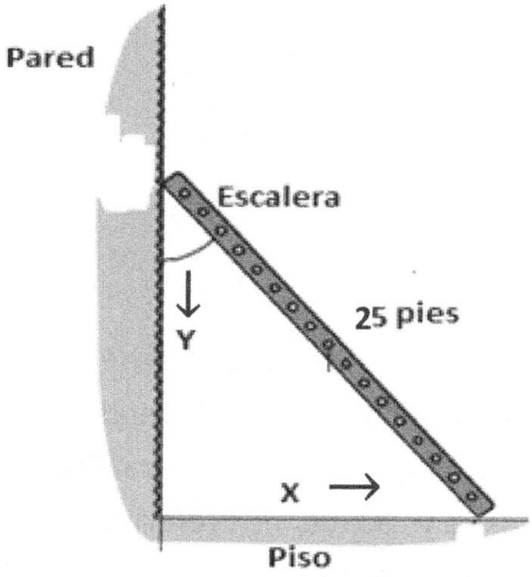

La información que nos proporciona el problema es:

Longitud de la escalera: 25 pies.

Valores numéricos para la base: 7 y 15 pies:

La escalera se aleja de la pared a un ritmo de:

$$r = 2\, pies/s$$

a) Cuando x es 7 pies:

$$r = \frac{2x}{\sqrt{625 - x^2}} = \frac{2(7)}{\sqrt{625 - 7^2}} = \frac{14}{\sqrt{576}} = \frac{14}{24} \quad \rightarrow \quad \boxed{\boldsymbol{r = \frac{7}{12} \approx 0.583\, \frac{pies}{s}}}$$

b) Cuando x es 15 pies:

$$r = \frac{2x}{\sqrt{625 - x^2}} = \frac{2(15)}{\sqrt{625 - 15^2}} = \frac{30}{\sqrt{400}} = \frac{30}{20} \quad \rightarrow \quad \boxed{\boldsymbol{r = \frac{3}{2} \approx 1.5\, \frac{pies}{s}}}$$

c) Encontrar el límite de r cuando $x \rightarrow 25^-$:

$$\lim_{x \to 25^-} \frac{2x}{\sqrt{625 - x^2}} = \frac{2(25)}{\sqrt{625 - 25^2}} = \frac{50}{0}.$$

En consecuencia, se ha encontrado el límite de r cuando $x \rightarrow 25^-$:

$$\lim_{x \to 25^-} r = \infty.$$

Interpretación del resultado:
Esto significa que, teóricamente, en el instante en que la base de la escalera llega a los 25 pies (quedando totalmente plana en el suelo), la parte superior tendría que descender a una velocidad infinita para mantener la integridad de la longitud de la escalera. Cuando hablamos de la **"integridad de la longitud"** en este problema de física y cálculo, nos referimos simplemente al hecho de que la escalera es un cuerpo rígido: **su longitud no cambia**.

De acuerdo con la teoría de la relatividad, la masa m de una partícula depende de su velocidad v, es decir: $m = \frac{m_0}{\sqrt{1-\frac{v^2}{c^2}}}$, donde m_0 es la masa cuando la partícula está en reposo, y c la velocidad de la luz. Calcular el límite de la masa cuando v tiende a c^-.

272

La masa de una partícula que depende de su velocidad es:

$$m = \frac{m_0}{\sqrt{1 - \frac{v^2}{c^2}}} \qquad (1).$$

El límite de la masa cuando v tiende a c^- es:

$$\lim_{v \to c^-} \frac{m_0}{\sqrt{1 - \frac{v^2}{c^2}}} = \frac{m_0}{\sqrt{1 - \frac{c^2}{c^2}}} = \frac{m_0}{\sqrt{1 - 1}} = \frac{m_0}{0}.$$

Cuando dividimos una constante positiva (m_0) por un número que se hace cada vez más pequeño y cercano a cero, el resultado crece sin control o tiende al infinito.

Interpretación de la física relativista:
Esto significa que a medida que un objeto con masa en reposo (m_0) se acerca a la velocidad de la luz, su masa relativa aumenta sin límite. Por esta razón, se requeriría una cantidad infinita de energía para que una partícula con masa alcance exactamente la velocidad de la luz, lo cual explica por qué solo las partículas sin masa (como los fotones) pueden viajar a esa velocidad.

273

En un gas a temperatura constante, la presión p es inversamente proporcional al volumen V. Calcular el límite de p cuando $V \to 0^+$.

p es inversamente proporcional a V y su expresión matemática es:

$$P \, \alpha \, \frac{1}{V}$$

Para convertir la proporcionalidad en una igualdad se introduce una constante k, es decir:

$$P = \frac{k}{V}$$

Ahora construimos el límite de p para su respectivo análisis:

$$P = \lim_{V \to 0^+} \frac{k}{V}$$

Análisis del comportamiento:

Numerador: La constante k permanece fija.

Denominador: El volumen V se hace cada vez más pequeño, pero siempre manteniendo un valor positivo (por eso el símbolo $+$).

Resultado: Al dividir una constante positiva entre un número que se acerca infinitamente a cero, el resultado crece sin control. Por tanto, se tiene:

$$P = \lim_{V \to 0^+} \frac{k}{V} = \frac{k}{0}, \qquad con \, k > 0.$$

Cuando dividimos una constante positiva (k) por un número que se hace cada vez más pequeño y cercano a cero, el resultado crece sin control o tiende al infinito. Es decir:
El límite de P cuando $V \to 0^+$ tiende al infinito.

274

El alcohol es eliminado del organismo por los pulmones, por los riñones y mediante procesos químicos en el hígado. A niveles de concentración moderados el hígado efectúa la mayor parte del trabajo de eliminación del alcohol. El hígado procesa el alcohol de la corriente sanguínea en una proporción r relacionada con la concentración de alcohol en la sangre x según una función racional de la forma: $r(x) = \frac{\alpha x}{x+\beta}$, para ciertas constantes positivas. Encontrar el límite de r cuando $x \to \infty$ e interpretar el resultado.

La función racional que relaciona la proporción r con la concentración de alcohol x es:

$$r(x) = \frac{\alpha x}{x + \beta} \qquad (1).$$

Se escribe la función racional en términos de un límite:

$$r(x) = \lim_{x \to \infty} \frac{\alpha x}{x + \beta} \qquad (2).$$

Se evalúa el límite por sustitución directa para determinar la forma de la indeterminación:

$$\lim_{x \to \infty} \frac{\alpha x}{x + \beta} = \frac{\alpha(\infty)}{\infty + \beta} = \frac{\infty}{\infty}\ .$$

A continuación, se procede a levantar la indeterminación para encontrar el límite:

$$\lim_{x \to \infty} \frac{\alpha x}{x + \beta} = \lim_{x \to \infty} \frac{\frac{\alpha x}{x}}{\frac{x}{x} + \frac{\beta}{x}} = \lim_{x \to \infty} \frac{\alpha}{1 + \frac{\beta}{x}} = \frac{\alpha}{1 + 0} = \alpha\ .$$

Interpretación: Como los valores de r aumentan cuando x crece, se puede interpretar α como la proporción de eliminación máxima posible. Para los seres humanos un valor típico de α es aproximadamente entre **0.1 y 0.2 gramos de alcohol por litro de sangre cada hora** (o entre 10 y 15 ml de alcohol puro por hora).

275

El costo, en millones de dólares, que le supone a una agencia gubernamental confiscar $x\%$ de una droga ilegal es $C = \frac{528x}{100-x}, 0 \leq x < 100$. a) Calcular el costo por confiscar 25%, b) Calcular el costo por confiscar 50%, c) Calcular el costo por confiscar 75%, d) Encontrar el límite de C cuando $x \to 100$ e interpretar su resultado.

La función costo para confiscar $x\%$ de una droga ilegal es:

$$C = \frac{528x}{100 - x}$$

a) Costo por confiscar el 25%:

$$C = \frac{528x}{100 - x} = \frac{528(25)}{100 - 25} = \frac{13200}{75} = 176\, millones\ de\ dólares.$$

b) Costo por confiscar de 50%:

$$C = \frac{528x}{100 - x} = \frac{528(50)}{100 - 50} = \frac{528(50)}{50} = 528\, millones\ de\ dólares.$$

c) Costo por confiscar de 75%:

$$C = \frac{528x}{100 - x} = \frac{528(75)}{100 - 75} = \frac{528(75)}{25} = \frac{39600}{25} = 1\,584\, millones\ de\ dólares.$$

Se escribe la función costo en términos de un límite y se evalúa:

$$C = \lim_{x \to 100} \frac{528x}{100 - x} = \frac{528(100)}{100 - 100} = \frac{52800}{0} \quad \to \quad C = \lim_{x \to 100} = \infty.$$

Significa que es económicamente imposible confiscar el 100% de la droga. A medida que la agencia intenta acercarse al total, el costo crece sin límite (tiende al infinito). Esto sucede porque encontrar y eliminar hasta el último gramo de una sustancia ilegal requeriría recursos prácticamente infinitos.

La cantidad de un fármaco en el torrente sanguíneo t horas después de ser inyectado intramuscularmente es $h(t) = \frac{15t}{t^2+5}$. Al transcurrir el tiempo, encontrar el límite para determinar la cantidad de fármaco en la sangre.

276

La función para determinar la cantidad de fármaco en la sangre es:

$$h(t) = \frac{15t}{t^2 + 5} \qquad (1).$$

Se escribe la función respectiva en términos de un límite tomando en consideración que la variable tiempo tiende al infinito ($t \to \infty$), esto se debe a la expresión (al transcurrir el tiempo):

$$h(t) = \lim_{t \to \infty} \frac{15t}{t^2 + 5}$$

Se evalúa el límite de forma directa para determinar el tipo de indeterminación:

$$h(t) = \lim_{t \to \infty} \frac{15t}{t^2 + 5} = \frac{15(\infty)}{\infty^2 + 5} = \frac{\infty}{\infty}$$

Luego se procede a levantar la indeterminación dividiendo cada término por t^2:

$$\lim_{t \to \infty} \frac{\frac{15t}{t^2}}{\frac{t^2}{t^2} + \frac{5}{t^2}} = \lim_{t \to \infty} \frac{\frac{15}{t}}{1 + \frac{5}{t^2}} = \frac{\frac{15}{\infty}}{1 + \frac{5}{\infty^2}} = \frac{0}{1 + 0} = \frac{0}{1} = 0.$$

Interpretación: Al transcurrir el tiempo la cantidad de fármaco en la sangre es 0.

Interpretación técnica: Esto significa que, con el paso de las horas, el cuerpo metaboliza y elimina el medicamento por completo, haciendo que la concentración en el torrente sanguíneo desaparezca gradualmente.

277

En un centro para estudios biológicos, la población de una colonia (en millones), después de x días está dada por $y(x) = \frac{4}{2+8e^{-2x}}$. a) Calcular la población inicial de la colonia. b) Encontrar el límite cuando $t \to \infty^{+}$para determinar si la población crece indefinidamente o tiende a estabilizase en algún valor fijo.

la función población de la colonia es:

$$y(x) = \frac{4}{2 + 8e^{-2x}}$$

Se reescribe la función:

$$y(x) = \frac{4}{2 + \frac{8}{e^{2x}}} \qquad (1)$$

a) Para calcular la población inicial hacemos $t = 0$:

$$y(x) = \frac{4}{2 + \frac{8}{e^{2x}}} = \frac{4}{2 + \frac{8}{e^{2(0)}}} = \frac{4}{2 + 8} = \frac{4}{10} = 0.4$$

$$y(0) = 400\ 000\ bacterias.$$

b) Se escribe la ecuación 1 en términos de un límite y se evalúa:

$$y(x) = \lim_{t \to \infty^{+}} \frac{4}{2 + \frac{8}{e^{2x}}} = \frac{4}{2 + \frac{8}{\infty}} = \frac{4}{2} = 2\ millones.$$

Interpretación: La población no crece indefinidamente; tiende a estabilizarse en 2 millones de individuos. Este valor se conoce comúnmente en biología como la capacidad de carga del entorno.

278

La institución que se encarga de planificar y organizar la caza de venados introduce 75 venados en una determinada región para su respectiva multiplicación. Se espera que el número de venados crezca siguiendo el modelo $N(t) = \frac{15(3+t)}{2+0.06t}$, donde t es el tiempo en años. a) calcular el número de venados que habrá luego de 7 y 12 años. b) Encontrar el límite para determinar la población cuando t tiende al infinito.

La función del modelo matemático es:

$$N(t) = \frac{15(3+t)}{2+0.06t} \qquad (1).$$

La función del modelo se escribe en términos de un límite:

$$N(t) = \lim_{t\to\infty} \frac{15(3+t)}{2+0.06t} \qquad (2).$$

a) Número de venados para 7 y 15 años respectivamente:

$$N(7) = \frac{15(3+7)}{2+0.06(7)} = \frac{150}{2.42} = \mathbf{62}\ \boldsymbol{venados}$$

$$N(12) = \frac{15(3+12)}{2+0.06(12)} = \frac{225}{2.72} = \mathbf{83}\ \boldsymbol{venados}$$

b) Se procede a encontrar el límite para determinar la población cuando t tiende al infinito:

$$N(t) = \lim_{t\to\infty} \frac{15(3+t)}{2+0.06t} = \lim_{t\to\infty} \frac{45+15t}{2+0.06t} = \frac{\infty}{\infty} \quad \rightarrow \quad N(t) = \lim_{t\to\infty} \frac{45+15t}{2+0.06t} = \mathbf{250}\ \boldsymbol{venados}.$$

La población es de $\mathbf{250}\ \boldsymbol{venados}$.

Nota: La indeterminación es de la forma $\frac{\infty}{\infty}$, para levantar la indeterminación se divide el coeficiente de t del numerador con el coeficiente de t del denominador. Reglas de inferencia estudiadas en el presente libro.

279

Un cultivo de bacterias crece siguiendo la ley: $y = \frac{1.25}{1+0.25e^{-0.4t}}$, donde el tiempo $t \geq 0$ se mide en horas y el peso del cultivo en gramos. a) Calcular el peso del cultivo transcurridos 60 minutos. b) ¿Cuál será el peso del mismo cuando el número de horas crece indefinidamente?

La ley del modelo matemático es:

$$y(t) = \frac{1.25}{1 + 0.25e^{-0.4t}} \qquad (1).$$

El peso del cultivo cuando crece el número de horas indefinidamente se determina a través del siguiente límite:

$$\lim_{t\to\infty} \frac{1.25}{1 + 0.25e^{-0.4t}} \qquad (2)$$

a) El peso del cultivo para una hora es:

$$y(1) = \frac{1.25}{1 + 0.25e^{-0.4t}} = \frac{1.25}{1 + 0.25e^{-0.4(1)}} = \frac{1.25}{1 + 0.1675} \approx \frac{1.25}{1.1675}$$

$$\boxed{\boldsymbol{y(1) \approx 1.07\ gramos}}$$

b) Se procede a evaluar el límite por sustitución directa:

$$\lim_{t\to\infty} \frac{1.25}{1 + 0.25e^{-0.4t}} = \lim_{t\to\infty} \frac{1.25}{1 + \frac{0.25}{e^{0.4t}}} = \frac{1.25}{1 + \frac{0.25}{e^{0.4(\infty)}}} = \frac{1.25}{1 + 0} = 1.25$$

Interpretación: Si el tiempo crece **indefinidamente**, el peso del cultivo se estabilizará en **1.25 gramos**. A esto se le conoce técnicamente como la "capacidad de carga" del entorno del cultivo.

En la academia de mecanografía "La secretaria ideal", el número medio de palabras N por minuto escritas luego de t semanas de lecciones prácticas, está dado por $N(t) = \frac{157}{1+5.4e^{-0.12t}}$. a) Calcular el número medio de palabras por minuto que puede escribir un estudiante luego de haber recibido lecciones durante 10 semanas. b) Encontrar el número medio de palabras por minuto que pueden escribirse cuando la cantidad de semanas crece indefinidamente.

280

La función del modelo matemático es:

$$N(t) = \frac{157}{1 + 5.4e^{-0.12t}} \qquad (1).$$

El número de palabras por minuto se determina a través del límite:

$$N(t) = \lim_{t\to\infty} \frac{157}{1 + 5.4e^{-0.12t}} \qquad (2)$$

a) Para t igual a 10 semanas se tiene:

$$N(10) = \frac{157}{1 + 5.4e^{-0.12(10)}} = \frac{157}{1 + 1.63} \quad \rightarrow \quad \boxed{\boldsymbol{N(10) \approx 60\, palabras/min}}$$

b) Se procede a evaluar el límite por sustitución directa:

$$N(\infty) = \lim_{t\to\infty} \frac{157}{1 + \frac{5.4}{e^{0.12t}}} = \lim_{t\to\infty} \frac{157}{1 + \frac{5.4}{e^{0.12(\infty)}}} = \frac{157}{1 + 0} = 157\,.$$

Si el estudiante practica indefinidamente, el número medio de palabras por minuto se estabilizará en **157 palabras por minuto.**

281

Los ingenieros industriales han estudiado un trabajo particular en una línea de montaje, la función del modelo $y = f(t) = 120 - 80e^{-0.3t}$ es la curva de aprendizaje que describe el número de unidades terminadas por hora para un empleado normal de acuerdo al número de horas de experiencia t que él tiene en su trabajo. a) Determine el número de unidades que puede terminar un empleado en el momento que ingresa a esa empresa y luego de su primera hora de experiencia. b) ¿Cuántas unidades puede terminar un empleado cuando el número de horas de experiencia en la fábrica crece indefinidamente?

La función del modelo es:

$$y = f(t) = 120 - 80e^{-0.3t}$$

a) En el momento que ingresa a la empresa el número de unidades terminadas es:

$$y = f(0) = 120 - 80e^{-0.3(0)} = \mathbf{40\ \textit{unidades por hora}}.$$

Número de unidades terminadas en su primera hora de experiencia:

$$y = f(1) = 120 - 80e^{-0.3(1)} = \mathbf{61\ \textit{unidades por hora}}.$$

b) Se procede a evaluar el siguiente límite por sustitución directa, para determinar el número de unidades terminadas cuando el número de horas de experiencia crece indefinidamente:

$$y = f(\infty) = \lim_{t \to \infty} 120 - 80e^{-0.3t} = 120 - \frac{80}{e^{0.3(\infty)}} = 120 - 0 = \mathbf{120\ \textit{unidades}}.$$

Interpretación: Cuando la experiencia **crece indefinidamente**, el número de unidades que un empleado puede terminar se estabiliza en un máximo de **120 unidades por hora**. Este valor representa el límite físico o técnico de la tarea.

Una institución está preparando una campaña para recaudar fondos. Por experiencia se sabe que los aportes totales son función de la duración de la campaña. En una ciudad se ha determinado esta función respuesta que expresa el porcentaje de la población R (expresado en fracción decimal) que hará un donativo en función del número de días de la campaña. La expresión de la misma es $R = 0.7(1 - e^{-0.05t})$. a) ¿Qué porcentaje de la población hará un donativo a los 10 días de haberse iniciado la campaña y luego de 20 días? b) Calcule el porcentaje de la población que habrá contribuido con la institución si una campaña publicitaria continua por tiempo indefinido.

282

La función matemática correspondiente del modelo es:

$$R(t) = 0.7(1 - e^{-0.05t})$$

a) Para $t = 10$ días se tiene:

$$R(10) = 0.7(1 - e^{-0.05t}) = 0.7\left(1 - e^{-0.05(10)}\right) \rightarrow \boxed{\boldsymbol{R = 27.54\ \%}}$$

Para $t = 20$ días se tiene:

$$R(20) = 0.7(1 - e^{-0.05t}) = 0.7\left(1 - e^{-0.05(20)}\right) \rightarrow \boxed{\boldsymbol{R = 44.25\ \%}}$$

b) El porcentaje de la población que habrá contribuido con la institución si una campaña publicitaria continua por tiempo indefinido. Se procede a evaluar el siguiente límite por sustitución directa:

$$\lim_{t\to\infty} R(t) = 0.7\left(1 - e^{-0.05t}\right) = \lim_{t\to\infty} R(t) = 0.7\left(1 - \frac{1}{e^{0.05t}}\right) = 0.7\left(1 - \frac{1}{e^{0.05(\infty)}}\right)$$

$$\lim_{t\to\infty} R(t) = 0.7$$

Convertido a porcentaje: $0.7 * 100 \rightarrow \boxed{\boldsymbol{R = 70\ \%}}$

Si la campaña fuera eterna, el **70% de la población** acabaría donando. El 30% restante, por la razón que sea, se considera que nunca participará bajo este modelo.

283

Un banco ofrece una tarjeta de crédito. Por datos obtenidos a lo largo del tiempo, han determinado que el porcentaje de cobranza de las que otorgan en un mes cualquiera es función del tiempo transcurrido después de concederlas. La función $P(t) = 0.9(1 - 3^{-0.08t})$, donde P es el porcentaje de cuentas por cobrar t meses después de otorgar la tarjeta. a) ¿Qué porcentaje se espera cobrar luego de 2 y 5 meses? b) Si el número de meses transcurridos desde el otorgamiento de la tarjeta crece indefinidamente, determine el porcentaje de las mismas que se espera cobrar.

a) Para $t = 2$ meses se tiene:

$$P(2) = 0.9(1 - 3^{-0.08t}) = 0.9\left(1 - 3^{-0.08(2)}\right) \quad \rightarrow \quad \boxed{\boldsymbol{P = 14.51\%}}$$

Para $t = 5$ meses se tiene:

$$P(5) = 0.9(1 - 3^{-0.08t}) = 0.9\left(1 - 3^{-0.08(5)}\right) \quad \rightarrow \quad \boxed{\boldsymbol{P = 32\%}}$$

b) Se procede a evaluar el siguiente límite por sustitución directa, para determinar el porcentaje de las tarjetas que se espera cobrar cuando el número de meses crece indefinidamente:

$$\lim_{t\to\infty} P(t) = 0.9\left(1 - 3^{-0.08t}\right) = \lim_{t\to\infty} P(t) = 0.9\left(1 - \frac{1}{3^{0.08t}}\right) = 0.9\left(1 - \frac{1}{3^{0.08(\infty)}}\right) = 0.9$$

$$\lim_{t\to\infty} P(t) = 0.9$$

Convertido a porcentaje: $0.9 * 100 \quad \rightarrow \quad \boxed{\boldsymbol{P = 90\%}}$

Esto significa que, por más tiempo que pase, el banco nunca llegará al 100 %. El límite máximo de recuperación es del 90 %. El otro 10 % bueno, parece que se queda en la columna de "deudas incobrables".

284

El tejido vivo sólo puede ser excitado por una corriente eléctrica si esta alcanza o excede un cierto valor que se designa con V. Este valor depende de la duración t de la corriente. La de Weiis establece que $V = \frac{a}{t} + b$ donde a y b son constantes positivas. Analice el campamiento de V cuando: a) t se aproxima a cero por la derecha. b) t tiende a infinito.

Este es un problema clásico de biofísica que utiliza la **Ley de Weiss** para describir la excitabilidad de los tejidos.

La ley de Weiss establece que:

$$V = \frac{a}{t} + b, \qquad donde\ a\ y\ b \text{ son constantes positivas.} \qquad (1).$$

Para analizar el comportamiento tanto en $\boldsymbol{a}$ *como en* $\boldsymbol{b}$ trabajamos con los siguientes límites:

$$\lim_{t \to 0^+} \left(\frac{a}{t} + b\right) \quad y \quad \lim_{t \to \infty} \left(\frac{a}{t} + b\right).$$

a) Cuando $t \to 0^+$ se tiene:

$$\lim_{t \to 0^+} \left(\frac{a}{t} + b\right) = \frac{a}{0} + b \to \infty.$$

Interpretación: Para que el tejido se excite con un estímulo de duración casi nula, se necesitaría un voltaje o una intensidad de corriente **infinitamente grande**.

b) Cuando $t \to \infty$ se tiene:

$$\lim_{t \to \infty} \left(\frac{a}{t} + b\right) = \frac{a}{\infty} + b = b.$$

Interpretación: El valor de V se estabiliza en la constante $\boldsymbol{b}$. En fisiología, este valor $\boldsymbol{b}$ se conoce como reobase. Es la intensidad mínima necesaria para excitar el tejido; si aplicas un voltaje menor a $\boldsymbol{b}$, no importa cuánto tiempo dejes conectada la corriente, el tejido nunca se excitará.

285

Un pastel se retira de un horno a 210°F(98.88°C) y se deja enfriar a temperatura ambiente, la cual es de 70°F(21.11°C). La función que describe el modelo es $T(t) = 70 + 140e^{-0.023104906t}$ ¿Cuándo estará a 100°F(37.77°C)? Si el tiempo transcurrido crece indefinidamente, hacia ¿qué valor tiende la temperatura del pastel?

La función del modelo es:

$$T(t) = 70 + 140e^{-0.023104906t} \qquad (1).$$

El límite que nos permite encontrar la temperatura a que tiende el pastel es:

$$\lim_{t\to\infty} 70 + 140e^{-0.023104906t} \qquad (2).$$

La pregunta es: ¿Cuándo estará a 100°F(37.77°C)?

$$T(t) = 70 + 140e^{-0.023104906t} = 100 - 70 = 140e^{-0.023104906t}$$

$$\frac{30}{140} = e^{-0.023104906t} \quad \rightarrow \quad \ln(0.214) = -0.023104906t$$

$$\boxed{t = 66.72\ minutos}$$

Respuesta: El pastel estará a **100**°F aproximadamente a los $\mathbf{66.72\ minutos}$.

Si el tiempo crece indefinidamente, ¿hacia qué valor tiende la temperatura?

$$T(\infty) = \lim_{t\to\infty} 70 + 140e^{-0.023104906t} = \lim_{t\to\infty} 70 + \frac{140}{e^{-0.023104906t}} = 70 + \frac{140}{e^{-0.023104906(\infty)}} = 70\,.$$

Respuesta: La temperatura tiende a 70°F que es exactamente la temperatura ambiente. Esto tiene todo el sentido del mundo: ¡un pastel no se va a enfriar más allá de la temperatura del lugar donde está!

Si el costo total de un producto está dado por $C = 300x + 6$, donde x representa el número de unidades producidas y C el costo que genera producirlas. ¿Cuál es el valor límite del costo promedio a largo plazo?

286

La función costo total está dado por:

$$C = 300x + 6 \qquad (1).$$

La función costo promedio se define como:

$$\bar{C} = \frac{C}{x} \qquad (2).$$

Sustituyendo la ecuación 1 en la ecuación 2 tenemos:

$$\bar{C} = \frac{C}{x} = \frac{300x + 6}{x} = \frac{300x}{x} + \frac{6}{x} = 300 + \frac{6}{x} \quad \rightarrow \quad \boldsymbol{\bar{C} = 300 + \frac{6}{x}} \qquad (3).$$

Para determinar el límite del costo promedio es necesario construir el límite y hacer su respectiva evaluación. La expresión a largo plazo significa que la variable x tiende al infinito ($x \rightarrow \infty$).

A medida que el valor de $\boldsymbol{x}$ se hace extremadamente grande, la fracción $\frac{6}{x}$ se vuelve tan pequeña que su valor tiende a **0**. Por tanto:

$$\lim_{x\to\infty} \bar{C} = \lim_{x\to\infty}\left[300 + \frac{6}{x}\right] = \lim_{x\to\infty} 300 + \lim_{x\to\infty}\frac{6}{x} = 300 + \frac{6}{\infty} = 300 + 0 = 300$$

Interpretación: Esto significa que, a medida que produces más y más unidades, el costo fijo (**6**) se diluye tanto que el costo por unidad se estabiliza prácticamente en el costo variable (**300**).

$$\boxed{\lim_{x\to\infty}\left[300 + \frac{6}{x}\right] = 300}$$

287

Para una relación huésped – parásito se determinó que cuando la densidad del huésped (número de huéspedes por unidad de área) es x, el número de huéspedes parasitados en un periodo de tiempo es $y = \frac{900x}{10+50x}$. Si la densidad de los huéspedes estuviera creciendo indefinidamente, ¿Cuántos parásitos habría?

La función que determina el número de huéspedes parasitados es:

$$y = \frac{900x}{10 + 50x} \qquad (1).$$

Para determinar el número de parásitos es necesario construir el límite para luego hacer su respectiva evaluación. El ejercicio nos dice que la densidad crece indefinidamente, eso significa que la variable $x \to \infty$.

Evaluando el límite por sustitución directa se tiene:

$$\lim_{x\to\infty} y = \lim_{x\to\infty} \left[\frac{900x}{10 + 50x}\right] = \frac{\infty}{\infty}.$$

El resultado es una indeterminación de la forma $\frac{\infty}{\infty}$, la cual procedemos a levantar:

$$\lim_{x\to\infty} \left[\frac{900x}{10 + 50x}\right] = \lim_{x\to\infty} \frac{\frac{900x}{x}}{\frac{10}{x} + \frac{50x}{x}} = \lim_{x\to\infty} \frac{900}{\frac{10}{x} + 50} = \frac{900}{50} = 18\,.$$

Interpretación: Si la densidad de los huéspedes creciera indefinidamente, el número de huéspedes parasitados se estabilizaría en un máximo de 18. En ecología, esto se conoce como una asíntota horizontal, que representa el límite de saturación del sistema.

También se hubiese levantado la indeterminación, aplicando las reglas de inferencia estudiadas en el presente libro.

El costo en dólares de eliminar x % de la contaminación del agua en cierto riachuelo es $C(x) = \frac{75000x}{100-x}$ para $0 \leq x < 100$. a) Hallar el costo de eliminar la mitad de la contaminación. b) ¿Qué porcentaje de la contaminación se puede eliminar con 20 000? c) Evaluar e interpretar el resultado del límite cuando x tiende a 100.

288

La función costo para eliminar la contaminación del agua es:

$$C(x) = \frac{75\,000x}{100 - x} \qquad (1)$$

a) El costo para eliminar el 50% de la contaminación es:

$$C(x) = \frac{75\,000(50)}{100 - 50} = \frac{3\,750\,000}{50} = 75\,000\,.$$

El costo es de 75 000 dólares.

b) Se despeja x de la ecuación 1 y tomando en consideración los 20 000 se tiene:

$$20000 = \frac{75000x}{100 - x} \rightarrow 75000x = 2000000 - 20000x \rightarrow 95000x = 2000000 \rightarrow x = \frac{2000}{95}$$

Resultado: Con **$20 000** se puede eliminar aproximadamente el **21.05%** de la contaminación.

c) evaluar e interpretar el límite cuando $x \rightarrow 100$ es:

$$\lim_{x \to 100}\left[\frac{75000x}{100 - x}\right] = \frac{7500000}{100 - 100} = \frac{7500000}{0} \quad \rightarrow \quad \lim_{x \to 100}\left[\frac{75000x}{100 - x}\right] = \infty.$$

Interpretación: Significa que es económicamente imposible eliminar el 100% de la contaminación. A medida que intentas limpiar el último rastro de polución, el costo crece sin control (se vuelve **infinito**). Es la ley de los rendimientos decrecientes: limpiar lo último siempre es lo más caro.

289

Para una relación particular huésped – parásito, se determinó que cuando la densidad de huésped (número de huésped por unidad de área) es x, entonces el número de parásitos a lo largo de un periodo es: $y = 23\left(1 - \frac{1}{1+2x}\right)$. Si la densidad de huésped estuviese aumentando sin cota, ¿a qué valor se aproximaría y?

La ecuación que determina el número de parásitos es:

$$y = 23\left(1 - \frac{1}{1+2x}\right) \quad (1).$$

Se reescribe la ecuación 1 en los siguientes términos:

$$y = 23 - \frac{23}{1+2x} \quad (2).$$

La expresión **aumentando sin cota** es equivalente a **largo plazo** y eso significa que la variable densidad de huésped $x \to \infty$.

Luego construimos el límite y lo evaluamos para determinar a qué valor se aproxima y:

$$y(\infty) = \lim_{x\to\infty}\left[23 - \frac{23}{1+2x}\right] = \lim_{x\to\infty} 23 - \lim_{x\to\infty}\frac{23}{1+2x} = 23 - \frac{23}{1+2(\infty)} = 23 - 0 = 23$$

Si la densidad de huéspedes aumenta sin límite, el número de parásitos se aproximará a **23.** En términos biológicos, esto significa que **23** es el "techo" o la capacidad de saturación para esta relación parásito-huésped en particular.

En consecuencia, se ha encontrado el valor aproximado del límite:

$$\boxed{y(\infty) = \lim_{x\to\infty}\left[23 - \frac{23}{1+2x}\right] \approx 23}$$

Para una relación particular presa – depredador, se determinó que el número y de presas consumidas por un depredador a lo largo de un periodo fue una función de la densidad de presas x (el número de presas por unidad de área). Suponga que: $y = f(x) = \frac{10x}{1+0.1x}$. Si la densidad de presas aumenta sin cota, ¿a qué valor se aproximaría y?

290

La función que permite determinar el número de presas consumidas por el depredador es:

$$y = f(x) = \frac{10x}{1 + 0.1x} \qquad (1).$$

Se reescribe la ecuación 1 en los siguientes términos:

$$y = \frac{10x}{1 + 0.1x} \qquad (2).$$

La expresión **aumentando sin cota** es equivalente a **largo plazo** y eso significa que la variable densidad de presas $x \to \infty$.

Luego construimos el límite y lo evaluamos para determinar a qué valor se aproxima y:

$$\lim_{x\to\infty}\left[\frac{10x}{1 + 0.1x}\right] = \frac{\infty}{\infty} \;\to\; y = \lim_{x\to\infty}\frac{\frac{10x}{x}}{\frac{1}{x} + \frac{0.1x}{x}} = \lim_{x\to\infty}\frac{10}{\frac{1}{x} + 0.1} = \frac{10}{0.1} = 100\,.$$

Esto significa que el depredador tiene un "techo" o límite de saciedad; no importa cuántas presas haya disponibles, no podrá consumir más de **100** en ese periodo de tiempo. Gráficamente, esto representa una asíntota horizontal en $y = 100$.

En consecuencia, se ha encontrado el valor del límite:

$$\boxed{\boldsymbol{y = \lim_{x\to\infty}\left[\frac{10x}{1 + 0.1x}\right] = 100}}$$

291

Un problema en la ciencia pesquera consiste en calcular el número de peces que desovan actualmente en los ríos y emplear esta información para predecir el número de peces maduros o ¨reclutas” que volverán a los ríos durante el siguiente periodo de reproducción. Si S, es el número de peces hembra y R el número de reclutas, la función hembra – recluta de Beverton y Holt es $R(S) = \frac{S}{(\alpha S+\beta)}$, en donde $\alpha\, y\, \beta$ son constantes positivas. Demuestre que esta función predice un reclutamiento aproximadamente constante cuando el número de hembras es suficientemente grande.

La función que permite predecir el número de peces maduros o “reclutas” es:

$$R(S) = \frac{S}{(\alpha S + \beta)} \qquad (1).$$

La expresión **suficientemente grande** significa que la variable peces hembras $S \to \infty$.

Se construye el límite y lo evaluamos para determinar si el reclutamiento es aproximadamente constante:

$$\lim_{S\to\infty} \frac{S}{(\alpha S + \beta)} = \frac{\infty}{\infty} \quad \to \quad R(S) = \lim_{S\to\infty} \frac{\frac{S}{S}}{\frac{\alpha S}{S} + \frac{\beta}{S}} = \lim_{S\to\infty} \frac{1}{\alpha + \frac{\beta}{S}} = \frac{1}{\alpha + \frac{\beta}{\infty}} \approx \frac{1}{\alpha} \; (\, \alpha \; es \; constante).$$

Esto demuestra que el número de reclutas no crece indefinidamente. La función tiene una asíntota horizontal en $R = 1/\alpha$, lo que significa que el ecosistema tiene una "capacidad de carga" máxima. Por muchas hembras que desoven, el número de nuevos peces que regresarán se estabilizará en ese valor constante debido a factores como la competencia por alimento o espacio.

Se aplica una fuerza electromotriz de $30V$ a un circuito en serie LR con $0.1h$ de inductancia y 50Ω de resistencia. La corriente $i(t)$ está dada por la siguiente ecuación $i(t) = \frac{3}{5} - \frac{3}{5}e^{-500t}$. Encontrar la corriente cuando $t = 0$ y la corriente cuando $t \to \infty$.

292

La corriente $i(t)$ está dada por la siguiente ecuación:

$$i(t) = \frac{3}{5} - \frac{3}{5}e^{-500t} \qquad (1).$$

Para $t = 0$ la corriente en el circuito es:

$$i(t) = \frac{3}{5} - \frac{3}{5}e^{-500t} \quad \to \quad i(0) = \frac{3}{5} - \frac{3}{5}e^{-500(0)} = \frac{3}{5} - \frac{3}{5} = 0$$

Por tanto, se tiene:

$$\boxed{\boldsymbol{i(0) = 0}}$$

Resultado: En el instante inicial, la corriente es $0\ A$. (Físicamente, esto sucede porque el inductor se opone al cambio repentino de corriente).

Para hallar el valor de la corriente cuando $t \to \infty$ se procede así:

$$i(\infty) = \lim_{t \to \infty} \left[\frac{3}{5} - \frac{3}{5}e^{-500t}\right] = \lim_{t \to \infty} \frac{3}{5} - \frac{3}{5}\lim_{t \to \infty} e^{-500t} = \frac{3}{5} - \frac{3}{5e^{500(\infty)}} = \frac{3}{5} - (0) = \frac{3}{5} = 0.6$$

$$\boxed{\boldsymbol{Cunado\ t \to \infty\ ;\ i = 0.6\ A}}$$

Coherencia: Si te fijas en los datos del problema, la ley de Ohm $(I = V/R)$ nos daría $30V/50\ \Omega =$, $0.6A$ lo cual confirma que el resultado es totalmente coherente con la física del circuito.

Comentario:

En la ecuación $i(t) = \frac{3}{5} - \frac{3}{5}e^{-500t}$ sus términos se refieren a:

El término $\frac{3}{5}$ es la corriente máxima (V/R).

El término e^{-500t} dicta qué tan rápido se "carga" el inductor.

293

Se aplica una fuerza electromotriz de $100V$ a un circuito en serie RC, donde la resistencia es 200Ω y la capacitancia es $10^{-4}f$. La ecuación que modela el ejercicio es $q(t) = \frac{1}{100} - \frac{1}{100}e^{-50t}$. Encontrar la carga en el capacitor cuando $t = 0$ y $t \to \infty$.

La carga $q(t)$ está dada por la siguiente ecuación:

$$q(t) = \frac{1}{100} - \frac{1}{100}e^{-50t} \qquad (1).$$

Para $t = 0$ la carga en el capacitor es:

$$q(t) = \frac{1}{100} - \frac{1}{100}e^{-50t} \quad \to \quad q(0) = \frac{1}{100} - \frac{1}{100}e^{-50(0)} = \frac{1}{100} - \frac{1}{100} = 0$$

Por tanto, se tiene:

$$\boxed{\boldsymbol{q(0) = 0}}$$

Resultado: La carga inicial en el capacitor es 0 coulombios.

Para hallar el valor de la carga cuando $t \to \infty$ se procede así:

$$q(\infty) = \lim_{t \to \infty}\left[\frac{1}{100} - \frac{1}{100}e^{-50t}\right] = \lim_{t \to \infty}\frac{1}{100} - \frac{1}{100}\lim_{t \to \infty}e^{-50t} = \frac{1}{100} - \frac{1}{100e^{50(\infty)}}$$

$$q(\infty) = \frac{1}{100} - (0) = \frac{1}{100} \quad \to \quad \boxed{\boldsymbol{Cuando\ t \to \infty\ ;\ q = \frac{1}{100}}}$$

Resultado: La carga máxima en el capacitor es 0.01 culombios o 1/100 C.

Nota técnica: Este resultado tiene sentido físico, ya que un capacitor inicialmente descargado en un circuito de corriente continua se carga gradualmente hasta alcanzar su capacidad máxima permitida por el voltaje de la fuente ($Q = C\ .\ V$). Si verificamos:$10^{-4}F\ .\ 100V = 0.01\ C$, lo cual coincide perfectamente con el modelo matemático.

Cuando el azúcar se disuelve en agua, la cantidad A que permanece sin disolverse después de t minutos satisface la ecuación $A(t) = A_o e^{-0.287682t}$. Encontrar la cantidad de azúcar cuando $t = 0$ y $t \to \infty$.

294

La cantidad de azúcar está dada por la siguiente ecuación:

$$A(t) = A_o e^{-0.287682t} \qquad (1).$$

Para $t = 0$ la cantidad de azúcar es:

$$A(t) = A_o e^{-0.287682t} \quad \to \quad A(0) = A_o e^{-0.287682(0)} = A_o$$

$$\boxed{A(0) = A_o}$$

Resultado: En $t = 0$, la cantidad de azúcar es A_o. Esto representa la carga total de azúcar antes de que empiece a disolverse.

Para un tiempo suficientemente largo, es decir, $t \to \infty$ la cantidad de azúcar es:

$$A(\infty) = \lim_{t\to\infty} A_o e^{-0.287682t} \quad \to \quad A(\infty) = \lim_{t\to\infty} \frac{A_o}{e^{0.287682t}}.$$

Evaluando el límite anterior se tiene:

$$A(\infty) = \lim_{t\to\infty} \frac{A_o}{e^{0.287682t}} = \frac{A_o}{e^{0.287682(\infty)}} = \frac{A_o}{\infty} = 0.$$

Resultado: Cuando el tiempo tiende al infinito, la cantidad de azúcar sin disolver tiende a 0. Esto tiene sentido físico, ya que significa que, con el tiempo suficiente, todo el azúcar terminará por disolverse en el agua.

La rapidez de la disolución:
Si observas el exponente de la función, el valor -0.287682 representa la constante de proporcionalidad.

1. Al ser un número negativo, nos indica que la cantidad de azúcar disminuye con el tiempo.

2. Si ese número fuera más grande (por ejemplo, -0.5), el azúcar se disolvería mucho más rápido. Si fuera más pequeño (como -0.1), el proceso sería más lento.

295

Suponga que el pentobarbital de sodio se usa para anestesiar a un perro. Éste queda anestesiado cuando su torrente sanguíneo contiene al menos 45 mg de pentobarbital de sodio por kilogramo de peso. La ecuación que modela el ejercicio es: $M(t) = M_o e^{-0.13862943t}$. ¿Qué dosis se le debe administrar a un perro de 50 kilogramos de peso para anestesiarlo durante 1 hora? Si para un tiempo lo suficientemente largo $t \to \infty$, ¿qué podemos decir con respecto al fármaco en el torrente sanguíneo del perro?

Se despeja M_o (Cantidad de medicamento a ser administrado al perro) de la ecuación del modelo:

$$M_o = \frac{M(t)}{e^{-0.13862943t}} \quad \to \quad M_o = M(t)e^{0.13862943t} \qquad (\mathbf{1}).$$

El perro pesa 50 kilogramo y por cada kilogramo de peso se deben aplicar 45 mg de pentobarbital de sodio, es decir: $50 * 45 = 2\,250\ mg$. Sustituyendo este valor en la ecuación 1 se tiene:

$$M_o = 2\,250e^{0.13862943t}.$$

Se pide encontrar la cantidad mínima del fármaco que se le debe aplicar al perro para mantenerlo anestesiado durante una hora.

$$M_o = 2250e^{0.13862943t} \quad \to \quad M_o = 2250e^{0.13862943(1)}$$

$$\boxed{\boldsymbol{M_o = 2584.5712\ mg\ de}\ \textbf{pentobarbital de sodio}}$$

Para un tiempo suficientemente largo, es decir, $t \to \infty$ la cantidad de fármaco es:

$$M(\infty) = \lim_{t\to\infty} \mathbf{2584.5712}e^{-0.13862943t} = \lim_{t\to\infty} \frac{\mathbf{2584.5712}}{e^{0.13862943t}} = \frac{\mathbf{2584.5712}}{e^{0.13862943(\infty)}} = 0\,.$$

Interpretación: Con el paso del tiempo, el cuerpo metaboliza y elimina el fármaco por completo. Matemáticamente, la cantidad de pentobarbital en el torrente sanguíneo tiende a 0 mg. En términos biológicos, esto significa que el efecto de la anestesia desaparece totalmente y el perro recupera la conciencia (siempre que la dosis no sea letal).

296

Un tanque contiene 200 litros de agua en que se han disuelto 30 gramos de sal y le entran 4 l/min de solución con un gramo de sal por litro (1g/l); está bien mezclado, y de él sale líquido con el mismo flujo (4 l/min). La ecuación que modela el ejercicio es: $A(t) = 200 - 170\, e^{\frac{-t}{50}}$. Donde $A(t)$ es la cantidad de sal (en gramos) en el tanque en cualquier momento. Encontrar el valor de $A(t)$ cuando $t = 0$ y para un tiempo suficientemente largo.

La cantidad de sal (en gramos) en el tanque en cualquier momento está dada por la siguiente ecuación:

$$A(t) = 200 - 170\, e^{\frac{-t}{50}} \qquad (1).$$

Valor $A(t)$ cuando $t = 0$:

Este valor representa la **cantidad inicial** de sal en el tanque antes de que el proceso de flujo comience a alterar la mezcla:

$$A(t) = 200 - 170\, e^{\frac{-t}{50}} \quad \rightarrow \quad A(0) = 200 - 170\, e^{\frac{-0}{50}} = 200 - 170 = 30\,.$$

Resultado: En el momento inicial ($t = 0$), hay 30 gramos de sal.

Para un tiempo suficientemente largo, es decir, $t \rightarrow \infty$ $A(\infty)$ es:

$$A(\infty) = \lim_{t\rightarrow\infty} 200 - 170\, e^{\frac{-t}{50}} = \lim_{t\rightarrow\infty} 200 - \frac{170}{e^{\frac{t}{50}}} = 200 - \frac{170}{e^{\frac{\infty}{50}}} = 200 - 0 = 200$$

En consecuencia, se tiene:

$$\boxed{A(\infty) = 200}$$

Resultado: Para un tiempo suficientemente largo, la cantidad de sal en el tanque será de **200 gramos**.

297

Una persona deposita cierta cantidad de capital en un banco a plazo fijo. Al cabo de t años, el monto a recuperar viene dado por la función $C(t) = 5^6(1 + 4e^{-2t})^{-1}$. Encontrar: a) La cantidad de capital que depositó en el banco. b) Para un tiempo suficientemente largo que le sucede al capital. c) Cuanto tiempo tiene que esperar para retirar 15 600 USD. d) vale la pena esperar más tiempo?

La función que permite determinar el monto a recuperar es:

$$C(t) = 5^6(1 + 4e^{-2t})^{-1} \qquad (1).$$

Se reescribe la función de la siguiente forma:

$$C(t) = \frac{5^6}{(1 + 4e^{-2t})} \qquad (2)$$

a) Para encontrar La cantidad de capital que depositó en el banco hacemos $t = 0$, y lo sustituimos en la ecuación 2:

$$C(0) = \frac{5^6}{1 + 4e^{-2(0)}} = \frac{5^6}{5} = 3125$$

Resultado: El capital que depositó fue de 3 125 USD.

b) Cuando decimos para un tiempo suficientemente largo, estamos indicando que la variable tiempo tiende al infinito, es decir $t \to \infty$. Luego construimos un límite y lo evaluamos para determinar que le sucede al capital:

$$C(\infty) = \lim_{t \to \infty} \frac{5^6}{1 + 4e^{-2t}} = \lim_{t \to \infty} \frac{5^6}{1 + \frac{4}{e^{2t}}} = \frac{5^6}{1 + \frac{4}{e^{2(\infty)}}} = \frac{5^6}{1 + \frac{4}{\infty}} = \frac{5^6}{1 + 0} = 15\,625\,.$$

Para un tiempo suficientemente largo, el capital se estabiliza en 15 625 USD. Por mucho tiempo que pase, el monto nunca superará esa cifra.

c) Para encontrar el tiempo que tiene que esperar para retirar 15 600 USD, despejamos t en la ecuación 2:

$$C(t)=\frac{5^6}{1+4e^{-2t}} \quad\rightarrow\quad C(t)\,(1+4e^{-2t})=5^6 \quad\rightarrow\quad 1+4e^{-2t}=\frac{5^6}{C(t)}$$

$$4e^{-2t}=\frac{5^6}{C(t)}-1 \quad\rightarrow\quad e^{-2t}=\frac{1}{4}\left(\frac{5^6}{C(t)}-1\right).$$

Aplicamos logaritmo neperiano a ambos lados de la ecuación anterior:

$$-2tlne=ln\left[\frac{1}{4}\left(\frac{5^6}{C(t)}-1\right)\right] \quad\rightarrow\quad t=-\frac{1}{2}ln\left[\frac{1}{4}\left(\frac{5^6}{C(t)}-1\right)\right] \qquad (3).$$

Sustituimos el capital a retirar (15 600USD) en la ecuación 3:

$$t=-\frac{1}{2}ln\left[\frac{1}{4}\left(\frac{5^6}{15600}-1\right)\right]=-\frac{1}{2}ln(4.0064x10^{-4})=-\frac{1}{2}(-7.82)=3.9$$

Tiene que esperar 3.9 años para retirar 15 600 USD.

d) **No realmente.** Como vimos en el inciso **(b)**, el capital máximo posible es **15 625 USD**. Si en el año **3.9** ya tienes **15 600 USD**, solo podrías ganar **25 USD adicionales,** aunque esperes décadas. El crecimiento se estanca casi por completo al acercarse a un "techo" o asíntota horizontal en **15 625 USD.**

Comentario:

Un detalle matemático interesante sobre este modelo es que se trata de una **función logística**.
A diferencia de un interés compuesto tradicional (donde el dinero crece exponencialmente hacia el infinito), este modelo sugiere que el banco o la inversión tiene una **capacidad de carga** o un límite máximo de beneficios.

El desarrollo de cierta epidemia se caracteriza por tener un comportamiento dado por la función $f(t) = \frac{250}{1+e^{-2t}}$ que representa la cantidad de personas que adquieren la enfermedad en un tiempo t medido es semanas. Encontrar: a) Cuantas personas están contagiadas al comienzo de la epidemia. b) Qué nos indica el valor de $\lim_{t\to\infty} f(t)$.

298

La función del modelo matemático epidemia es:

$$f(t) = \frac{250}{1+e^{-2t}} \qquad (1)$$

a) Para cuantificar el número de personas contagiadas al comienzo de la epidemia hacemos $t = 0$ y lo sustituimos en la ecuación 1:

$$f(0) = \frac{250}{1+e^{-2(0)}} = \frac{250}{1+1} = \frac{250}{2} = 125\,.$$

El número de personas contagiadas al comienzo de la epidemia es 125.

b) $\lim_{t\to\infty} f(t)$: Este límite representa el comportamiento de la enfermedad a largo plazo, es decir, cuando ha pasado mucho tiempo:

$$f(\infty) = \lim_{t\to\infty}\left(\frac{250}{1+e^{-2t}}\right) = \lim_{t\to\infty}\left(\frac{250}{1+\frac{1}{e^{2t}}}\right) = \frac{250}{1+\frac{1}{e^{2(\infty)}}} = 250\,.$$

Interpretación: Este valor de **250** representa la **asíntota horizontal** de la función. En el contexto de la epidemia, nos indica el **techo o límite máximo de contagios**.
Indica que, bajo este modelo, la epidemia se estabilizará y el número total de personas que contraerán la enfermedad no superará las **250 personas**. Es la "capacidad de carga" de la población afectada.

299

Cierta función de costo se define $C(x) = \left[\frac{4x^2-100}{x-5}\right]$, $x \neq 5$ en donde x es el número de artículos producidos (en cientos) y C es el costo de producción (en miles de bolívares). Encontrar e interpretar a) $\lim_{x\to 5} C(x)$, b) $\lim_{x\to 3} C(x)$ y c) $\lim_{x\to 0} C(x)$.

a) Encontrar e interpretar para:

$$\lim_{x\to 5}\left[\frac{4x^2-100}{(x-5)}\right] = \frac{0}{0} \quad \to \quad \lim_{x\to 5}\frac{(2x)^2-(10)^2}{(x-5)} = \lim_{x\to 5}\frac{(2x-10)(2x+10)}{(x-5)} = \lim_{x\to 5}\frac{2(x-5)(2x+10)}{(x-5)}$$

$$\lim_{x\to 5}(4x+20) = 40\,.$$

Al levantar la indeterminación el resultado es 40. En $x = 5$ la función es discontinua, lo cual puede interpretarse como el hecho de no estar preparado el montaje de la producción de los artículos, para funcionar aproximadamente cuando el número de artículos producidos sean 40.

b) Encontrar e interpretar para:

$$\lim_{x\to 3}\left[\frac{4x^2-100}{x-5}\right] = \frac{4(3)^2-100}{3-5} = \frac{36-100}{-2} = \frac{-64}{-2} = 32$$

El costo aproximado de los tres artículos es 32 (miles de bolívares) en él se incluyen todos los gastos que genera la elaboración de cada uno de los artículos.

c) Encontrar e interpretar para:

$$\lim_{x\to 0}\left[\frac{4x^2-100}{x-5}\right] = \frac{4(0)^2-100}{0-5} = \frac{-100}{-5} = 20$$

El costo o gasto que puede prever la empresa para iniciar la producción de los artículos son 20 (miles de bolívares).

El volumen de una piscina que se vacía viene expresado, en función del tiempo t minutos, por $V(t) = \frac{2-\sqrt{t-3}}{7-t}\ m^3$. Encontrar el valor a que se aproxima el volumen cuando el tiempo se aproxima a 7 minutos.

300

La función del volumen de la piscina es:

$$V(t) = \frac{2-\sqrt{t-3}}{7-t} \qquad (1).$$

Para encontrar el valor a que se aproxima el volumen tenemos que resolver el siguiente límite y hacer su respectiva evaluación:

$$\lim_{t\to 7} \frac{2-\sqrt{t-3}}{7-t} = \frac{0}{0}.$$

Se procede a levantar la indeterminación para encontrar el valor del límite:

$$\lim_{t\to 7} \frac{2-\sqrt{t-3}}{7-t} = \lim_{t\to 7} \frac{(2-\sqrt{t-3})(2+\sqrt{t-3})}{(7-t)(2+\sqrt{t-3})} = \lim_{t\to 7} \frac{4-t+3}{(7-t)(2+\sqrt{t-3})}$$

$$= \lim_{t\to 7} \frac{(7-t)}{(7-t)(2+\sqrt{t-3})} = \lim_{t\to 7} \frac{1}{2+\sqrt{t-3}} = \frac{1}{2+\sqrt{7-3}} = \frac{1}{4} = 0.25$$

El valor a que se aproxima el volumen es $0.25\ m^3$, lo cual quiere decir que la piscina se ha vaciado.

Apéndice

EDITORIAL INFINITO

¡Haciendo Historia!

Producido por Editorial Infinito (República Bolivariana de Venezuela)

Interpretación de la forma $\frac{\mathbf{0}}{\boldsymbol{k}}$

La forma $\frac{\mathbf{0}}{\boldsymbol{k}}$, representa una fracción y su cociente es cero. Es decir, $\frac{\mathbf{0}}{\boldsymbol{k}} = \mathbf{0}$. En efecto, la fracción representa el cociente de la división de su numerador (0) entre su denominador (k) y es igual a cero. Por tanto, el cociente o sea el valor de la fracción será (0) porque $0\ x\ k = 0$.

Interpretación de la forma $\frac{\boldsymbol{k}}{\mathbf{0}}$

Sea la fracción $\frac{\boldsymbol{k}}{\boldsymbol{x}}$, donde k es una constante y x es una variable. Cuanto menor sea x, mayor es el valor de la fracción.

$$Para\ x = 1 \ \rightarrow \ \frac{k}{x} = \frac{k}{1} = k\ , \qquad Para\ x = \frac{1}{10} \ \rightarrow \ \frac{k}{x} = \frac{k}{\frac{1}{10}} = 10k$$

$$Para\ x = \frac{1}{100} \ \rightarrow \ \frac{k}{x} = \frac{k}{\frac{1}{100}} = 100k\ , \ Para\ x = \frac{1}{1000} \ \rightarrow \ \frac{k}{x} = \frac{k}{\frac{1}{1000}} = 1000k$$

En la medida que el denominador x se aproxime al límite 0 el valor de la fracción aumenta indefinidamente. Este principio se expresa de este modo: $\frac{\boldsymbol{k}}{\mathbf{0}} \rightarrow \infty$.

Interpretación de la forma $\frac{\boldsymbol{k}}{\infty}$

Sea la fracción $\frac{\boldsymbol{k}}{\boldsymbol{x}}$, donde k es una constante y x es una variable. Cuanto mayor sea x, menor es el valor de la fracción.

$$Para\ x = 1 \ \rightarrow \ \frac{k}{x} = \frac{k}{1} = k\ , \qquad Para\ x = 10 \ \rightarrow \ \frac{k}{x} = \frac{k}{10} = \frac{1}{10}k$$

$$Para\ x = 100 \ \rightarrow \frac{k}{x} = \frac{k}{100} = \frac{1}{100}k, etc.$$

En la medida que el denominador x sea suficientemente grande, el valor de la fracción $\frac{\boldsymbol{k}}{\boldsymbol{x}}$ será tan pequeño como queramos. Este principio se expresa de este modo: $\frac{\boldsymbol{k}}{\infty} = \mathbf{0}$.

Operaciones con el Infinito

SUMAS Y RESTAS CON INFINITO

Infinito más un número	$\infty + \boldsymbol{k} = \infty$
Infinito menos un número	$\infty - \boldsymbol{k} = \infty$
Infinito más Infinito	$\infty + \infty = \infty$
Infinito menos Infinito	$\infty - \infty \rightarrow \boldsymbol{Indeterminación}$

PRODUCTOS CON INFINITO

Infinito por un número	$\infty * (\pm\boldsymbol{k}) = \pm\infty, \boldsymbol{si\ k \neq 0}$
Infinito por infinito	$\infty * \infty = \infty$
Infinito por cero	$\mathbf{0} * \infty \rightarrow \boldsymbol{indeterminación}$

COCIENTES CON INFINITO Y CERO

Cero partidos por un número	$\frac{\mathbf{0}}{\boldsymbol{k}} = \mathbf{0}$
Un número partido por cero	$\frac{\boldsymbol{k}}{\mathbf{0}} \to +\infty \ \boldsymbol{o} - \infty$
Un número partido por infinito	$\frac{\boldsymbol{k}}{\infty} = \mathbf{0}$
Infinito partido por un número	$\frac{\infty}{\boldsymbol{k}} \to +\infty \ \boldsymbol{o} - \infty$
Cero partidos por infinito	$\frac{\mathbf{0}}{\infty} = \mathbf{0}$
Infinito partido por cero	$\frac{\infty}{\mathbf{0}} \to +\infty \ \boldsymbol{o} - \infty$
Cero partidos por cero	$\frac{\mathbf{0}}{\mathbf{0}} \to \ \boldsymbol{Indeterminación}$
Infinito partido por infinito	$\frac{\infty}{\infty} \to \ \boldsymbol{Indeterminación}$

POTENCIAS CON INFINITO Y CERO

Un número elevado a cero	$\boldsymbol{k^0 = 1}$
Cero elevado a cero	$\boldsymbol{0^0 \rightarrow Indeterminación}$
Infinito elevado a cero	$\boldsymbol{\infty^0 \rightarrow Indeterminación}$
Cero elevado a un número	$\boldsymbol{0^k = \begin{cases} 0 & si\, k > 0 \\ \nexists\mathbb{R} & si\, k < 0 \end{cases}}$
Un número elevado al infinito	$\boldsymbol{k^\infty = \begin{cases} \infty & si \quad k > 1 \\ 0 & si \quad 0 < k < 1 \end{cases}}$
Cero elevado a infinito	$\boldsymbol{0^\infty = 0}$
Infinito elevado a infinito	$\infty^\infty = \infty$
Uno elevado a infinito	$\boldsymbol{1^\infty \rightarrow Indeterminado}$

Propiedades de los límites con ejemplos

1. El límite de la suma (o resta) de dos funciones en un punto es igual a la suma (o resta) de límites de estas funciones en el punto en cuestión, es decir:

Si $\lim_{x\to c} f(x) = L$ y $\lim_{x\to c} g(x) = K$ entonces $\mathbf{\lim_{x\to a}(f \pm g)(x) = L \pm K}$

Ejemplo. $f(x) = 4x^2 + 3$, $g(x) = \sqrt{x}$ con $x \to 4$. Si $\lim_{x\to 4}(4x^2 + 3) = 67$ y $\lim_{x\to 4}\sqrt{x} = 2$ entonces $\lim_{x\to 4}(f + g)(x) = 69$

2. El límite del producto de dos funciones en un punto es igual al producto de límites de estas funciones en el punto en cuestión, es decir:

Si $\lim_{x\to c} f(x) = L$ y $\lim_{x\to c} g(x) = K$ entonces $\mathbf{\lim_{x\to a}(f * g)(x) = L * K}$

Ejemplo. $f(x) = x + 3$, $g(x) = x^2$ con $x \to 2$. Si $\lim_{x\to 2} x + 3 = 5$ y $\lim_{x\to 2} x^2 = 4$ entonces $\lim_{x\to 2}(f * g)(x) = 20$

3. Siguiendo estas dos primeras propiedades, podemos afirmar que si la función f(x) es un polinomio, el límite en cualquier punto es igual al valor del polinomio en ese punto, es decir:

Ejemplo. Si $f(x) = x$ y $g(x) = -2$ entonces $\lim_{x\to c} f(x) = \lim_{x\to c} x = c$ y $\lim_{x\to c} g(x) = \lim_{x\to c} -2 = -2$

4. El límite del cociente de dos funciones en un punto es igual al cociente de límites de estas funciones en el punto en cuestión, siempre que el denominador no sea 0, es decir:

Si $\lim_{x\to c} f(x) = L$ **y** $\lim_{x\to c} g(x) = K$ entonces $\mathbf{\lim_{x\to a}(f/g)(x) = L/K}$

Ejemplo. Si $f(x) = x - 2$ y $g(x) = x$ con $x \to 4$. Si $\lim_{x\to 4}(x - 2) = 2$ y $\lim_{x\to 4} x = 4$ entonces $\mathbf{\lim_{x\to a}}(\boldsymbol{f/g})(x) = \mathbf{\frac{2}{4} = \frac{1}{2}}$

5. El límite de la potencia de dos funciones en un punto es igual a la potencia de límites de estas funciones en el punto en cuestión, siempre que ambas funciones no sean 0 al mismo tiempo, es decir:

Si $\lim_{x\to c} f(x) = L$ y $\lim_{x\to c} g(x) = K$ entonces $\lim_{x\to c} f(x)^{g(x)} = L^K$

Ejemplo. Si $f(x) = x^2 - 2$ y $g(x) = 3$ con $x \to 2$. Si $\lim_{x\to 2}(x^2 - 2) = 2$ y $\lim_{x\to 2} 3 = 3$ entonces $\lim_{x\to 2} f(x)^{g(x)} = 2^3 = 8$

6. El límite de una potencia

Si $\lim_{x\to c} f(x) = L$ $entonces$ $\lim_{x\to c}[f(x)]^n = L^n$

Ejemplo. Si $f(x) = x^3 - 2$ con $x \to 2$ y n=3, $\lim_{x\to 2}(x^3 - 2) = 6$ entonces $\lim_{x\to 2}[f(x)]^n = 6^3 = 216$

7. Múltiplo escalar

Si $\lim_{x\to c} f(x) = L\ y\ b(escalar)$ $entonces$ $\lim_{x\to c}[bf(x)] = bL$

Ejemplo. Si $f(x) = x$ con $x \to 2$ y b=3, $\lim_{x\to 2}(x) = 2$ entonces $\lim_{x\to 2}[bf(x)] = bL = 3 * 2 = 6$

8. Límite de una raíz

El límite de la raíz $n - ésima$ de una función, es la raíz $n - ésima$ del límite siempre que el límite exista y tenga una raíz $n - ésima$ real.

Teorema

Sea $\boldsymbol{\lim_{x\to a} f(x) = L}$ y sea y n un entero positivo. $Si\ L > 0$ cuando n es cualquier entero positivo, o si $L \leq 0$ cuando n es un entero positivo impar, entonces

$$\boldsymbol{\lim_{x\to a}[f(x)]^{\frac{1}{n}} = L^{\frac{1}{n}}}$$

Ejemplo. Evaluar $\boldsymbol{\lim_{x\to 9}\sqrt{x}}$. $\boldsymbol{\lim_{x\to 9} x = 9 > 0}$, por el teorema anterior se tiene que

$$\lim_{x\to 9}\sqrt{x} = \left[\lim_{x\to 9} x\right]^{\frac{1}{2}} = 9^{\frac{1}{2}} = 3$$

Límites de funciones trigonométricas

Sea c un número real en el dominio de una función trigonométrica dada.

1. $\lim_{x\to c} sen\, x = sen\, c$ 2. $\lim_{x\to c} cos\, x = cos\, c$ 3. $\lim_{x\to c} tan\, x = tan\, c$

4. $\lim_{x\to c} cot\, x = cot\, c$ 5. $\lim_{x\to c} secx = sex\, c$ 6. $\lim_{x\to c} cscx = csc\, c$

Ejemplos. a) $\lim_{x\to 0} tan\, x = tan\,(0) = 0$ b) $\lim_{x\to \pi}(x\, cos\, x) = \left(\lim_{x\to\pi} x\right)\left(\lim_{x\to\pi} \cos x\right) = \pi\cos(\pi) = -\pi$
c) $\lim_{x\to 0} sen^2 x = \lim_{x\to 0}(sen\, x)^2 = 0^2 = 0$

Dos límites especiales o notables

1. $\lim_{x\to 0} \frac{sen\, x}{x} = 1$ 2. $\lim_{x\to 0} \frac{1-\cos x}{x} = 0$

Una estrategia para el cálculo de límites

1. Aprenda a reconocer cuáles límites pueden evaluarse por medio de la sustitución directa (estos límites se encuentran en las propiedades de los límites).

2. Si el límite $f(x)$ cuando x se aproxima a c no se puede evaluar por sustitución directa, tratar de encontrar una función g que coincida con f para todo x distinto de x=c. (Seleccionar una g tal que el límite de g(x) se pueda evaluar por medio de la sustitución directa.)

Algebra.

Exponentes y radicales

1. $a^0 = 1\,, a \neq 0$ 2. $(ab)^x = a^x b^x$ 3. $a^x\ a^y = a^{x+y}$

4. $\frac{a^x}{a^y} = a^{x-y}$ 5. $(a^x)^y = a^{xy}$ 6. $a^{-x} = \frac{1}{a^x}$

7. $\left(\frac{a}{b}\right)^x = \frac{a^x}{b^x}$

8. $a^{\frac{1}{n}} = \sqrt[n]{a}$

9. $a^{\frac{m}{n}} = \sqrt[n]{a^m} = \left(\sqrt[n]{a}\right)^m$

10. $\sqrt[n]{ab} = \sqrt[n]{a}\,\sqrt[n]{b}$

11. $\sqrt[n]{\frac{a}{b}} = \frac{\sqrt[n]{a}}{\sqrt[n]{b}}$

Cuadrado y cubo de un binomio (suma y resta)

12. $(a+b)^2 = a^2 + 2ab + b^2$

13. $(a-b)^2 = a^2 - 2ab + b^2$

14. $(a+b)^3 = a^3 + 3a^2b + 3ab^2 + b^3$

15. $(a-b)^3 = a^3 - 3a^2b + 3ab^2 - b^3$

Factorización

16. $a^2 + 2ab + b^2 = (a+b)^2$

17. $a^2 - 2ab + b^2 = (a-b)^2$

18. $a^3 + b^3 = (a+b)(a^2 - ab + b^2)$

19. $a^3 - b^3 = (a-b)(a^2 + ab + b^2)$

20. $a^2 - b^2 = (a+b)(a-b)$

Trigonometría

Identidades Fundamentales

1. $\sec x = \frac{1}{cosx}$

2. $cosec\ x = \frac{1}{senx}$

3. $\tan x = \frac{sen\ x}{\cos x}$

4. $\cot x = \frac{\cos x}{\text{sen}\, x}$

5. $sen^2x + cos^2x = 1$

6. $1 + tan^2x = sec^2x$

7. $1 + cot^2x = cosec^2x$

8. $sen\,(-x) = -sen\,x$

9. $cos\,(-x) = cos\,x$

10. $\tan(-x) = -tanx$

Identidades de suma y diferencia

11. $sen\,(x + y) = sen\,x \cos y + \cos x\; sen\,y$

12. $sen\,(x - y) = sen\,x \cos y - \cos x\; sen\,y$

13. $\cos(x + y) = \cos x \cos y - sen\,x\; sen\,y$

14. $\cos(x - y) = \cos x \cos y + sen\,x\; sen\,y$

15. $\tan(x + y) = \dfrac{\tan x + \tan y}{1 - \tan x \tan y}$

16. $\tan(x - y) = \dfrac{\tan x - \tan y}{1 + \tan x \tan y}$

17. $\cot(x + y) = \dfrac{\cot x \cot y - 1}{\cot y + \cot x}$

18. $\cot(x - y) = \dfrac{\cot x \cot y + 1}{\cot y - \cot x}$

Identidades del Ángulos Dobles Triples

19. $sen\,2x = 2\,sen\,x \cos x$

20. $\cos 2x = cos^2x - sen^2x = 1 - 2\,sen^2x = 2\,cos^2x - 1$

21. $sen\,3x = 3\,sen\,x - 4\,sen^3x$

22. $\cos 3x = 4\,cos^3x - 3\cos x$

EDITORIAL
INFINITO

¡Haciendo Historia!

Producido por Editorial Infinito (República Bolivariana de Venezuela)

EDITORIAL INFINITO

¡Haciendo Historia!

Producido por Editorial Infinito (República Bolivariana de Venezuela)

Made in the USA
Monee, IL
08 November 2026

68027076R00168